高等职业教育"十二五"规划教材（通信类）

通信工程造价与实务项目教程

主　编　管　平　刘　昊
副主编　周德云　迟　曲
参　编　吕　健　钟啸剑
　　　　张　鹏　胡媛媛
主　审　唐彦儒

机械工业出版社

本书结合通信工程在建设过程中对工程造价岗位的要求，采用基于工作过程，结合项目导引、模块组合、任务驱动的方式进行编写。书中以真实的通信工程建设项目为实例，分析通信工程建设的建设需求，并以此为项目导引，按照工程造价人员的工作流程为主线，将本书分为通信工程造价基础、通信工程造价实务、通信工程经济分析三个教学项目。每个教学项目按照学员的认知规律，设有若干个模块，每个模块均按照"项目案例"、"案例分析"、"知识储备"、"能力拓展"等环节进行教学实施，使工作过程和学习过程一体化，企业环境与教学环境一体化。

本书可作为高职高专院校计算机网络技术、通信工程、建筑智能化等相关专业的工程造价教材，也可作为工程造价、工程预算、工程内业等岗位的培训教材。读者在使用本书的过程中，应具备一定的专业知识，如通信原理、通信工程制图、综合布线、通信电源、通信线路工程、通信管道工程等相关专业知识。

为方便教学，本书配有免费电子课件、模拟试卷及答案等，凡选用本书作为授课教材的学校，均可来电（010- 88379564）或邮件（cmpqu@163. com）索取，有任何技术问题也可通过以上方式联系。

图书在版编目（CIP）数据

通信工程造价与实务项目教程/管平，刘昊主编. —北京：
机械工业出版社，2014.9
高等职业教育"十二五"规划教材. 通信类
ISBN 978-7-111-47257-5

Ⅰ.①通… Ⅱ.①管… ②刘… Ⅲ.①通信工程 - 工程造价 - 高等职业教育 - 教材 Ⅳ.①TN91

中国版本图书馆 CIP 数据核字（2014）第 211905 号

机械工业出版社（北京市百万庄大街 22 号 邮政编码 100037）
策划编辑：曲世海 责任编辑：曲世海 冯睿娟
责任校对：路清双 封面设计：陈 沛
责任印制：李 洋
北京市四季青双青印刷厂印刷
2014 年 11 月第 1 版第 1 次印刷
184mm×260mm · 17.75 印张 · 408 千字
000 1-2 000 册
标准书号：ISBN 978-7-111-47257-5
定价：38.00 元

前　言

在通信工程建设过程中，工程造价是控制工程建设成本、保证工程效益的重要手段之一。因此，通信工程造价和经济分析就成为了与通信工程建设相关的设计、施工、监理等岗位人员必备的知识和技能。

本书以通信工程造价员的实际工作流程为主线，以具体通信工程概、预算的编制为载体，采用项目化的形式组织相关内容，既方便高等职业教育课程的项目化教学，也方便企业相关人员的自主学习。

本书结合工程造价员的岗位能力与未来需求，将课程内容分为 3 个教学项目，分别为通信工程造价基础、通信工程造价实务、通信工程经济分析。项目一（通信工程造价基础）介绍了通信工程造价的分类、工程量计价、定额等相关基础知识；项目二（通信工程造价实务）介绍了项目建设需求，并以此为项目导引，按照项目建设特点并结合通信工程造价的基础知识，参照预算定额手册，分别介绍了通信工程项目建设中所涉及的通信电源工程、通信有线设备安装工程、通信无线设备安装工程、通信线路工程、通信管道工程等工程预算；项目三（通信工程经济分析）以工程预算为基础，制订工程项目的成本计划，开展投资的经济分析，讲解项目实施过程中的成本分析与成本控制，深入浅出地介绍了工程造价员所需的必备知识。每个教学项目均相互独立，从实践角度出发，多角度、全方位地进行阐述，强调了在不同的工作任务中需要不同知识结构与实践技能，培养学生的工作意识和工作习惯，强化学生的实践技能，培养学生职业能力和职业素质。

在教学培训过程中，建议以"项目案例"作为课程导引，"案例分析"引出知识点和技能需求，"知识储备"作为各岗位掌握的基础知识与技能，"能力拓展"作为各岗位所需的专业知识与技能。

本书由唐彦儒主审；管平编写项目三、附录 A 和 B；刘昊编写项目一中的模块三；周德云编写项目二中的模块一、三、四、五；迟曲编写项目一中的模块四、五及项目二中的模块二；吕健编写附录 C；钟啸剑编写项目一中的模块一、二和附录 E；张鹏编写附录 F；胡媛媛编写附录 D。

本书在编写过程中，得到了国脉通信规划设计有限公司、黑龙江省东源电子工程有限公司、黑龙江省新桥机房工程有限公司、哈尔滨凯纳科技股份有限公司、哈尔滨新天翼电子有限公司等业内知名企业的大力支持，这些企业为本书提供了大量的案例，图样，设计文档，概、预算文件，人力资源评价体系等资源，在此深表感谢。

本书在编写过程中参考了许多网络资料，由于大部分无法知晓作者的姓名，因此未能在参考文献中一一列出，在此一并深表感谢。

由于编者水平有限，加之时间仓促，书中难免有疏漏与不妥之处，恳请广大读者批评指正。

编　者

目 录

项目一

通信工程造价基础

模块一 通信工程造价体系结构

1.1.1 项目案例

某通信工程公司承揽某移动通信公司的4G通信网络建设项目,该项目需要以现代化的4G通信技术为基础,建成一个具有技术先进、扩展性强、结构合理等优势的移动通信网络,并在此基础上能够满足"三网融合"的发展趋势,即该网络同时满足语音、视频和数据的传输,为使用移动终端的各类人员提供完备的信息服务解决方案。

工程技术人员按照前期的需求分析和设计方案,绘制设计图样、施工图样。工程造价人员根据这些资料进行工程预算与工程经济分析,遴选方案,最终选择性价比最高的建设方案。

1.1.2 案例分析

通信工程建设项目是指按一个总体设计进行建设,需要一定的投资,按照一定的程序,在一定时间内完成,符合质量要求的以形成固定资产为明确目标的一次性任务。通信工程项目设计、实施均有独立的组织形式,在经济上实行统一核算、统一管理,包括主体工程和附属配套工程、综合利用工程等。

通信工程按照工程性质可以归纳成基础建设工程和通信设备安装工程两大类工程。其中:

1) 基础建设工程分为:通信建筑工程、通信电源建设工程、通信线路工程、通信管道工程等。其中通信建筑工程又可分为:土建工程、给排水工程、通风空调工程、消防工程、安全防范工程等。

2) 通信设备安装工程分为:通信有线设备安装工程、通信无线设备安装工程等。

由此可知,通信工程建设项目涵盖的建设内容较多、投资较大、专业性强、多专业联合施工、建设周期长,一般分期、分批建设。

1.1.3 知识储备

一、通信系统模型

通信的目的就是传递信息，通信中产生和发送信息的一端称为信源，接收信息的一端称为信宿，信源和信宿之间的通信线路称为信道，通信系统的模型结构如图1-1所示。

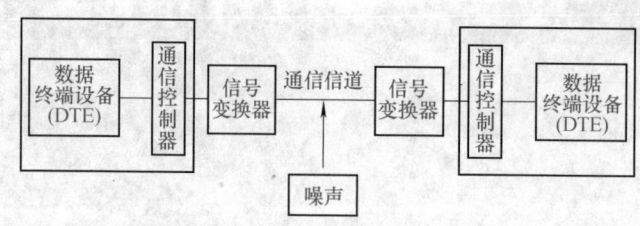

图1-1 通信系统的模型结构

其中：

（1）数据终端设备（DTE）与通信控制器 数据终端设备（DTE）与通信控制器的作用是把待传输的各种信息，按照事先约定好的协议进行信息加工与编码，有利于信息进一步的加工。

（2）信号变换器 信号变换器的作用是将信息的编码按照事先约定好的协议进行加工与编码，使之能更好地在信道上传输。

（3）通信信道 通信信道的作用是正确传输与交换各种信号，主要包括连接通信两端的通信介质、通信设备、各种协议转换设备以及相关的配套设施等，是通信系统中结构最复杂、实施难度最大的部分。

1）通信介质按照物理结构分为以下几种：

① 有线介质，如通信电缆、通信光缆等。

② 无线介质，如激光、射频、蓝牙、红外、电磁波等。

2）通信设备按照应用通信介质不同，可分为以下几种：

① 有线设备，如数据交换机、程控交换机、干线放大器等。

② 无线设备，如卫星接收天线、无线AP、红外接收器等。

3）协议转换设备主要作用是促使不同协议之间能够互相兼容，从而保证通信的顺畅，如路由器、SDH设备、光端机等。

4）相关的配套设施主要包括通信线路工程、通信管道工程、其他辅助工程等。

（4）噪声 干扰通信的一切外来因素均视为噪声，如电磁辐射、热源等。

二、通信工程项目体系构成

1. 单项工程

单项工程是指具有单独的设计文件，建成后能够独立发挥生产能力或效益的工程。相对于建设项目，单项工程是一个相对较小的工程管理概念，一个较大的建设项目一般可以分成多个单项工程进行建设和管理。

2. 单位工程

单位工程是指具有独立的设计，可以独立组织施工，但建成后不能够独立发挥生产能力或效益的工程。单位工程是一个比单项工程相对更小的工程管理概念。

3. 分部分项工程

分部分项工程是指工程项目不能独立设计，可以独立组织施工，建成后不能够独立发挥生产能力或效益的工程。分部分项工程又是一个比单位工程相对更小的工程管理概念。

三者之间的关系如图 1-2 所示，单项工程由若干单位工程组成，单位工程由若干分部分项工程组成。

如：中国移动通信公司基于 TD-LTE 的 4G 移动通信网络建设项目，就可以将各省份的网络建设作为单项工程分期、分批进行建设和管理，最后再将各省份的网络互相连接成一张覆盖全国的移动通信网络来进行管理。

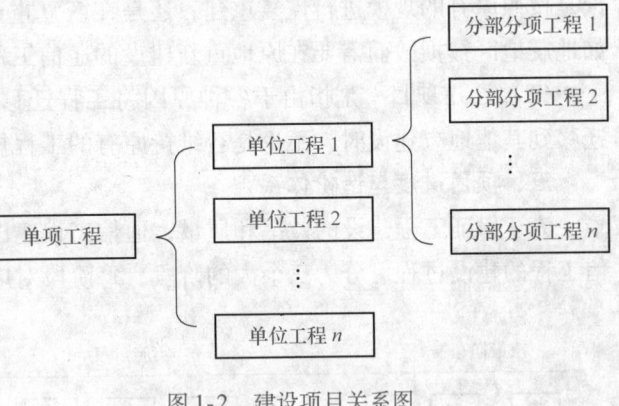

图 1-2　建设项目关系图

三、通信工程项目建设体系

通信工程项目建设按照工程性质可以归纳成基础建设工程和通信设备安装工程两大类工程。

1. 基础建设工程

（1）通信建筑工程　按照工程专业与结构性质可分为土建工程、给排水工程、通风空调工程、消防工程、安全防范工程、防雷接地工程等。

（2）通信电源工程　如通信电源、UPS（不间断电源）、发电机组等。

（3）通信线路工程　如综合布线工程、线路架设工程等。

（4）通信管道工程　如通信专用管道工程、线路直埋工程等。

2. 通信设备安装工程

（1）通信有线设备安装工程　如程控交换机安装、4G 设备安装等。

（2）通信无线设备安装工程　如 WiFi、基站工程、天线工程等。

四、通信工程项目建设类型

根据通信工程建设的基础和起点的不同，通常又将通信工程项目建设分成如下几类：

（1）新建项目　顾名思义，新建项目是指从无到有、新开始建设的项目。同时按照国家的相关规定，对于基础较小，需要重新进行总体设计，且建成后新增加的固定资产价值超过原有固定资产价值 3 倍以上的项目，也看作新建项目。如我国第三代移动通信工程的建设项目，由于是从无到有的过程，因此属于新建项目。

（2）扩建项目　是指为了扩大原有项目的生产能力和效益，或者为了使原有项目增加新的生产能力或效益而在原有项目基础上扩充建设的项目。如通信网络的扩容项目就属于扩建项目。

（3）改建项目　是指为提高原有项目的生产效益、改进产品质量，而对原有项目的设备或工艺流程进行改进的建设项目，包括在原有项目基础上增加的附属和辅助性的生产设施建设项目、生产设备的改装项目等。如通过增加相应的部分设备，将2G移动通信网络升级到2.5G、3G、4G移动通信网络的工程项目就属于通信网络的改建项目。

（4）恢复项目　是指因自然灾害、战争或人为的灾害等原因造成项目全部或部分报废，而后又投资在原地进行恢复建设的工程项目。对于因灾被毁而需要重新建设的工程项目，不论是按照原有的规模进行恢复重建，还是在恢复重建时进行规模的扩充，都作为恢复项目。如地震地区被损毁而需要在原地重新建设的通信工程建设项目即是恢复项目。

（5）迁建项目　是指由于各种原因将工程迁移到其他地方建设的工程项目。当将工程迁移到其他地方建设时，不论是否维持原有的工程规模都作为迁建项目。

五、项目进度与造价体系

为了保证工程建设的效率和质量，通信工程建设需要遵循一定的基本管理过程。一般通信工程的建设过程可分为三个大的阶段，每阶段对应不同的工程造价文件，如图1-3所示。

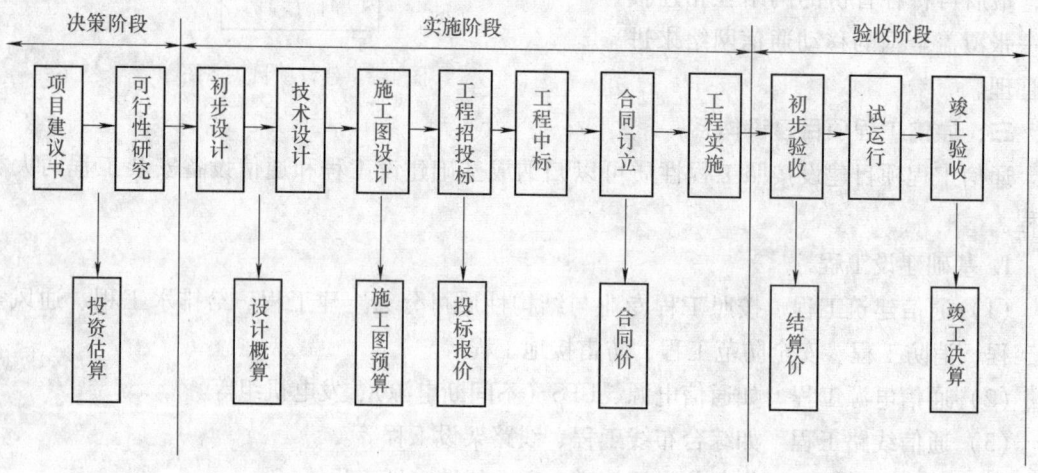

图1-3　通信工程造价体系

1. 决策阶段

决策阶段是工程建设的起始阶段，也是工程建设的准备阶段，决策阶段要完成的主要工作包括：

（1）提出项目建议书　凡列入长期计划或建设前期工作计划的项目，应该有批准的项目建议书。各部门、各地区、各企业根据国民经济和社会发展的长远规划、行业规划、地区规划等要求，经过调查、预测、分析，提出项目建议书。

（2）可行性研究　对于投资加大、较为复杂的建设项目，在决策阶段应对项目的可行性进行研究，并编制可行性研究报告。可行性研究的主要目的是对项目在技术上是否可行和经济上是否合理来进行科学的分析和论证，为项目的立项提供较为充分的依据。

在项目建议书及可行性研究阶段，结合市场或相关规定，由投资单位或建设单位对建设工程项目做投资估算，用于项目投资的估算与可行性分析。

2. 实施阶段

通信工程建设经过决策阶段的可行性研究并获得立项批准后，就可以进入工程实施阶段。工程实施阶段是通信工程建设的具体施工阶段，也是最主要的工程建设阶段，工程实施阶段包含的工作内容较多，主要包括：

(1) 初步设计 初步设计是指根据批准的可行性研究报告，以及有关的设计标准、规范，并通过现场勘察对工程进行的设计。此时可能一些具体的细节问题还不能确定，因此只能先对工程的总体情况进行比较粗略的初步设计。

一个建设项目，在资源利用上是否合理；设备选型是否得当；技术、工艺、流程是否先进合理；生产组织是否科学、严谨；是否能以较少的投资，取得产量多、质量好、效率高、消耗少、成本低、利润大的综合效果，在很大程度上取决于设计质量的好坏和水平的高低，因此设计文件必须由具有工程勘察设计证书和相应资质等级的设计单位编制。通常情况下，一般都是由具有相应设计资质的通信工程设计单位负责完成。初步设计文件是安排建设项目和组织施工的主要依据。

(2) 技术设计 技术设计又称详细设计，是指随着设计过程的不断深入，那些初步设计阶段没有明确的细节问题不断得到明确，此时就可对工程建设的各种细节进行比较详细的设计。通信工程的详细设计是通信工程施工招标和设备购买的主要依据。

在完成项目的初步设计、技术设计时，根据批准的可行性研究报告，结合市场或相关规定，由建设单位或设计单位对建设工程项目所做设计概算，主要作为施工图预算的依据和招标的标底。

(3) 施工图设计 所谓施工图设计是指根据施工现场的实际环境和施工技术条件，对工程建设的施工细节进行设计，并最终绘制出工程的施工图样，是直接指导工程施工的技术文件。

在施工图设计阶段，根据批准的设计文件与设计预算，结合市场或相关规定，由建设单位或设计单位、施工单位单位对建设工程项目所做的施工图预算，主要用于施工期间的成本计划、成本控制以及成本分析的依据，有时也作为标底使用。

(4) 工程招投标 在通信工程的设计完成后，为了降低通信工程的施工成本，参照有关的法律法规，进行工程招标，用于确定工程的承包方。投标单位结合招标文件的相关规定，对建设工程项目所做的投标预算，主要用于建设工程的投标。

(5) 工程中标 评标委员会评选出中标人，中标人成为承包方。

(6) 合同订立 发包方与承包方就工程建设项目签订承包合同，合同价是指承包人与发包人签订合同时形成的价格。

(7) 工程实施 承包方按照已签订的项目建设合同、施工图的要求完成工程的施工。

由于施工周期较长，在工程施工期间产生的工程预付款、工程变更等均产生各种相应的费用，结算价是指在合同实施阶段，承包人与发包人结算工程价款时形成的价格。

3. 验收阶段

在施工方完成工程施工后，经过工程试运行完全满足建设要求后，就可以组织工程的建设验收，验收通过后，进行竣工决算，工程交付使用。竣工决算是指工程竣工验收后，实际的工程造价。

1.1.4 能力拓展

一、基础知识

通信工程建设中常见的专业名词如下：

1. 带宽

带宽（Band Width）是指在固定的时间内可传输的资料数量，即在传输管道中传递数据的能力，在模拟信号系统中又叫频宽。在数字设备中，带宽的单位通常以 bit/s 表示，即每秒可传输的位数。在模拟设备中，频宽的单位通常以赫兹（Hz）来表示。对于数字信号而言，带宽指单位时间能通过链路的数据量。

2. 数据传输速度

数据传输速度是数据传输系统的重要技术指标之一，其在数值上等于每秒传输的二进制的比特数，单位为比特/秒，记作 bit/s。

3. 调频

调频（FM），载波频率按照调制信号的要求改变其频率的调制方式。已调波频率变化的大小由调制信号的大小决定，变化的周期由调制信号的频率决定，已调波的振幅保持不变。

4. 调相

载波的相位对其参考相位的偏离值随调制信号的瞬时值成比例变化的调制方式，称为相位调制，或称调相。调相和调频有密切的关系。调相时，同时有调频伴随发生；调频时，也同时有调相伴随发生，不过两者的变化规律不同。实际使用时很少采用调相制，它主要是用来作为得到调频的一种方法。

5. 调幅

调幅（AM）是一种调制方式，属于基带调制，是使高频载波的振幅随信号改变的调制。该调制方式中，载波信号的振幅随着调制信号的某种特征的变换而变化。例如 0 或 1 分别对应于无载波或有载波输出，电视的图像信号使用调幅。

6. QAM

QAM（Quadrature Amplitude Modulation），正交振幅调制。QAM 是数字信号的一种调制方式。在调制过程中，同时以载波信号的幅度和相位来代表不同的数字比特编码，把多进制与正交载波技术结合起来，进一步提高频带利用率。QAM 是用两路独立的基带信号对两个相互正交的同频载波进行抑制载波双边带调幅，利用这种已调信号的频谱在同一带宽内的正交性，实现两路并行的数字信息的传输。该调制方式通常有二进制 QAM（4QAM）、四进制 QAM（16QAM）、八进制 QAM（64QAM）等。

7. 单工通信

所谓单工通信，是指消息只能单方向传输的工作方式。例如遥控、遥测就是单工通信。单工通信信道是单向信道，发送端和接收端的身份是固定的。发送端只能发送信息，不能接收信息；接收端只能接收信息，不能发送信息。数据信号仅从一端传送到另一端，即信息流是单方向的。单工通信属于点到点的通信。根据收发频率的异同，单工通信可分为同频通信和异频通信。

8. 半双工通信

半双工通信方式可以实现双向的通信，但不能在两个方向上同时进行，必须轮流交替地进行。也就是说，通信信道的每一端都可以是发送端，也可以是接收端。但同一时刻，信息只能有一个传输方向，如日常生活中的步话机、对讲机等。

9. 全双工通信

全双工通信又称为双向同时通信，即通信的双方可以同时发送和接收信息的信息交互方式。通信双方之间采用发送线和接收线各自独立的方法，可以使数据在两个方向上同时进行传送操作。旨在发送数据的同时也能够接收数据，两者同步进行，这好比平时打电话一样，说话的同时也能够听到对方的声音。全双工方式在发送设备的发送方和接收设备的接收方之间采取点到点的连接，这意味着在全双工的传送方式下，可以得到更高的数据传输速度。

10. 串行通信

串行通信是指使用一条数据线，将数据一位一位地依次传输，每一位数据占据一个固定的时间长度。只需要少数几条线就可以在系统间交换信息，特别适用于计算机与计算机、计算机与外设之间的远距离通信。

11. 并行通信

在计算机和终端之间的数据传输，通常是靠电缆或信道上的电流或电压变化实现的。如果一组数据的各数据位在多条线上同时被传输，这种传输方式称为并行通信。

12. 协议

通信网是由许多具有信息交换和处理能力的节点互连而成的，要使整个网络有条不紊地工作，就要求每个节点必须遵守一些事先约定好的有关数据格式及时序等的规则。这些为实现网络数据交换而建立的规则、约定或标准就称为网络协议。协议是通信双方为了实现通信而设计的约定或通话规则。协议由三要素组成：

1）语法，即数据与控制信息的结构或格式。

2）语义，即需要发出何种控制信息、完成何种动作以及做出何种响应。

3）时序（同步），即事件实现顺序的详细说明。

协议还有其他的特点：

1）通信各方在通信过程中都必须了解协议，并且预先知道所要完成的所有步骤。

2）通信各方在通信过程中都必须同意并遵循它。

3）协议必须是清楚的，每一步必须有明确定义，并且不会引起误解。

二、设计概算

通信工程概、预算是通信工程文件的重要组成部分，是根据各个不同设计阶段的深度和建设内容，按照国家主管部门颁发的概、预算定额，设备、材料价格，编制方法、费用定额、费用标准等有关规定，对通信建设项目、单项工程按实物工程量法预先计算和确定的全部费用文件。

在通信工程建设不同的设计阶段，通信工程概、预算所需计算和统计的内容不同，正确选择通信工程的工程类型是编制通信工程建设概、预算的一项必不可少的基础工作，实际的通信工程建设项目，都应按照相关规定编制通信工程建设概、预算，具体分述如下：

1. 设计概算的作用

设计概算是指在初步设计或扩大初步设计阶段，根据设计要求对工程造价进行的概略计算。设计概算在通信工程建设过程中的主要作用包括：

1）设计概算是确定和控制固定资产的投资、编制和安排投资计划、控制施工图预算的主要依据。以正确编制的设计概算为依据去确定投资额度和年度投资计划，才能既满足工程建设的需要，又尽可能地节约投资资金。

2）设计概算是核定贷款额度的主要依据。通信工程建设往往需要大笔资金，只靠企业本身的流动资金常常无法满足通信工程建设的需要，因此通信工程的建设大都需要向银行进行贷款以解决所需的大量资金。通信工程建设的造价概算就是银行核定贷款额度的主要依据。建设单位根据批准的设计概算总投资额办理建设贷款，安排投资计划，控制贷款规模。如果建设项目投资额突破设计概算，应查明原因后由建设单位报请上级主管部门调整或追加设计概算总投资额。

3）设计概算是考核工程设计技术经济合理性和工程造价的主要依据。为了在保证使用性能的情况下尽可能节约工程投资，对于通信建设项目，通常同时初步设计多种方案进行比选，以找出一种性价比较高的建设方案。在进行不同通信工程建设方案比选时，方案的技术经济合理性是通常考虑的一个重要因素，而设计概算就是项目建设方案（或设计方案）经济合理性的反映，可以用来对不同的建设方案进行技术和经济合理性比较，以便选择最佳的建设方案或设计方案，因此，设计概算是考核工程设计方案技术经济合理性的主要依据，同时也是确定整个通信工程造价的主要依据。

4）设计概算是筹备设备、材料和签订订货合同的主要依据。当设计概算经主管部门批准后，建设单位即可开始按照设计提供的设备、材料清单，对多个生产厂家的设备性能及价格进行调查、询价，按设计要求进行比较，在设备性能、技术服务等相同的条件下，选择最优惠的厂家生产的设备，签订订货合同，进行建设准备工作。

5）设计概算在工程招标承包制中是确定标底的主要依据。根据我国相关规定，通信工程建设单位的选定应采用招投标的方式，建设单位在按设计概算进行工程施工招标发包时，须以设计概算为基础编制标底，以此作为评标决标的依据。

6）设计概算的编制依据如下：

① 批准的可行性研究报告；

② 初步设计图样及有关资料；

③ 国家相关管理部门发布的有关法律、法规、标准规范；

④《通信建设工程预算定额》（目前通信工程用预算定额代替概算定额编制概算）、《通信建设工程费用定额》、《通信建设工程施工机械、仪表台班费用定额》及其有关文件；

⑤ 建设项目所在地政府发布的土地征用和赔补费等有关规定；

⑥ 有关合同、协议等。

2. 施工图预算的作用

当通信工程进入详细设计阶段后，就需编制施工图预算。施工图预算是设计概算的进一步具体化，它是根据施工图计算出的工程量，参照现行预算定额及取费标准，结合签订的设备材料合同价或设备材料预算价格等，进行计算和编制的工程费用文件。施工图预算在通信工程的建设过程中同样起着非常重要的作用，主要表现为：

1）施工图预算是考核工程成本，确定工程造价的主要依据。

确定工程的成本造价是进行通信工程建设考核的一个重要内容，而工程造价是根据工程的施工图样计算出其实物工程量，然后按现行工程预算定额、费用标准等资料，计算出工程的施工生产费用，再加上上级主管部门规定应计列的其他费用而计算出来的，也即是说通信工程的工程成本或工程造价是根据施工图预算而得到的。因此，施工图预算是考核工程成本、确定工程造价的主要依据，只有正确地编制施工图预算，才能合理地确定工程的预算造价，并可据此落实和调整年度建设投资计划。

2）施工图预算是签订工程承、发包合同的依据。

建设单位与施工企业的经济费用往来，是以双方签订的承、发包合同为依据的，而施工图预算正是确定合同价格的主要依据。

对于实行施工招标的工程，施工图预算是建设单位确定标底的主要依据之一，对于不实行施工招标的工程，建设单位和施工单位双方以施工图预算为基础签订工程承包合同，明确双方的经济责任。实行项目建设投资包干，也可以以施工图预算为依据进行包干，即通过建设单位、施工单位协商，以施工图预算为基础，再按照一定的系数进行调整，施工图预算作为合同价格由施工承包单位"一次包死"。

3）施工图预算是工程价款结算的主要依据。

项目竣工验收点交之后，除按概算、预算加系数包干的工程外，追加的工程项目都要编制项目结算，以结清工程价款。结算工程价款是以施工图预算为基础进行的，即以施工图预算中的工程量和单价，再根据施工中设计变更后的实际施工情况，以及实际完成的工程量情况编制项目结算。

4）施工图预算是考核施工图设计技术经济合理性的主要依据。

施工图预算要根据设计文件的编制程序进行编制，它对确定单项工程造价具有特别重要的作用。施工图预算的工料统计表列出了各单位工程对各类人工和材料的需要量等，是施工企业编制施工计划、做施工准备和进行统计、核算等不可缺少的依据。

5）施工图预算的编制依据如下：

① 批准的初步设计概算及有关文件；

② 施工图、标准图、通用图及其编制说明；

③ 国家相关管理部门发布的有关法律、法规、标准规范；

④《通信建设工程预算定额》、《通信建设工程费用定额》、《通信建设工程施工机械、仪表台班费用定额》及其有关文件；

⑤ 建设项目所在地政府发布的土地征用和赔补费用等有关规定；

⑥ 有关合同、协议等。

模块二　通信工程概、预算的编制

1.2.1　项目案例

　　某通信工程公司承揽某移动通信公司的 4G 通信网络建设项目，工程技术人员按照前期的需求分析和设计方案，绘制设计图样、施工图样，工程造价人员根据这些资料进行工程预算编制。在编制的过程中，参照国家有关的编制方法进行工程预算的编制。

1.2.2　案例分析

　　通信工程概、预算不仅是通信工程的建设方控制工程造价的基本依据，也是主管部门对通信工程立项的依据，以及银行核定贷款规模、工程招投标等方面的依据，因此通信工程概、预算编制时的依据必须要得到通信工程建设相关的投资方、施工方、贷款银行、主管部门等相关方面的认可，这就要求通信工程概、预算编制的依据必须可靠、充分。在我国通信工程概、预算编制的最主要依据是中华人民共和国工业和信息化部 2008 年 5 月 24 日所颁布的工信部规〔2008〕75 号文件，即"关于发布《通信建设工程概算、预算编制办法》及相关定额的通知"，该文件规定了通信工程概、预算编制的基本方法和相关定额，也规定了通信工程概、预算编制的主要依据。

1.2.3　知识储备

　　通信工程概、预算是对通信工程投资的计算和统计，在通信工程的建设过程中起着非常重要作用，这主要牵涉两个大的方面的内容：一是概、预算编制的依据的公正性，即我们应该依据什么来编制通信工程的概、预算，其结果才是准确、可信的；二是编制通信工程概、预算的工作流程，即概、预算文件的内容组成和编制过程。

　　一、通信工程概、预算编制的基本依据

　　通信工程概、预算编制的基本依据是中华人民共和国工业和信息化部 2008 年 5 月 24 日所颁布的工信部规〔2008〕75 号文件，即"关于发布《通信建设工程概算、预算编制办法》及相关定额的通知"（以下简称《办法和定额》），以及相应的设计方案、图样等设计资料和设计委托合同。

　　《办法和定额》规定了通信工程概、预算编制的主要依据，规定了通信工程总体的建设费用不仅包含通信工程建设过程中直接消耗的人工、材料、机械仪表费用，还应包含按照国家相关规定应当计列的一些其他费用，如工程建设其他费、建筑安装工程费中的一些费用等，这些费用的计取和工程的专业类型、施工现场距施工企业的距离等工程实际信息相关，因此在计算通信工程建设的费用之前必须先明确这些工程实际施工的相关信息，以便正确计算工程的相关费用。

　　根据概、预算编制的相关规定和实际概、预算文件编制的相关内容和格式要求，需要确定的概、预算信息可以分为两个大的方面：

（1）工程基本信息　工程基本信息主要是指通信工程的一些总体的基本信息，主要包括：

1）建设项目名称：指建设项目的名称，如×××通信网络建设项目。

2）单项工程名称：指本概、预算文件所对应的单项工程的名称。

3）建设单位名称：指工程的投资建设单位的名称。

4）概、预算编制单位名称：指本概、预算文件的编制单位的名称。

5）概、预算编制相关人员信息：主要指本概、预算编制相关的编制人员、校对人员、审核人员的姓名。

（2）工程属性信息　工程属性信息主要是指通信工程按照专业特性划分为若干属性信息，主要包括：

1）所要编制的概、预算类型：指所要编制的费用文件的类型，可选类型包括概算、预算、结算、决算。

2）单项工程的建设性质：指单项工程的建设性质是新建工程、扩建工程还是改建工程。

3）单项工程类型：指单项工程的专业类型，包括：通信线路工程、通信管道建设工程、通信传输设备安装工程、微波通信设备安装工程、卫星通信设备安装工程、移动通信设备安装工程、通信交换设备安装工程、数据通信设备安装工程、供电设备安装工程等类型，如表1-1所示。

表1-1　通信建设单项工程项目划分表

专 业 类 别	单项工程名称	备　注
通信线路工程	1. ××光、电缆线路工程 2. ××水底光、电缆工程（包括水线房建筑及设备安装） 3. ××用户线路工程（包括主干及配线光、电缆，交接及配线设备，集线器，杆路等） 4. ××综合布线系统工程	进局及中继光（电）缆工程可将每个城市作为一个单项工程
通信管道建设工程	通信管道建设工程	
通信传输设备安装工程	1. ××数字复用设备及光、电设备安装工程 2. ××中继设备、光放设备安装工程	
微波通信设备安装工程	××微波通信设备安装工程（包括天线、馈线）	
卫星通信设备安装工程	××地球站通信设备安装工程（包括天线、馈线）	
移动通信设备安装工程	1. ××移动控制中心设备安装工程 2. 基站设备安装工程（包括天线、馈线） 3. 分布系统设备安装工程	
通信交换设备安装工程	××通信交换设备安装工程	
数据通信设备安装工程	××数据通信设备安装工程	
供电设备安装工程	××电源设备安装工程（包括专用高压供电线路工程）	

二、概、预算编制流程

通信工程概、预算的编制是一个复杂性、系统性的工作，为了保证概、预算结果的准确可靠，通信工程概、预算的编制一般要按照如下工作流程进行：

1. 收集资料，熟悉图样

这是编制通信工程概、预算的基础性工作，因为只有根据相关资料读懂设计和施工图样，才能清楚该通信工程具体的施工内容和施工要求。此时主要了解工程概况、搞清楚图样中每一个线条和符号的含义、每一项说明的含义，为后继统计工程量打下基础。

2. 工程量统计

工程量统计就是根据设计和施工图样及相关说明要求，列出工程建设过程中所要进行的各项工程施工内容，并计算和统计每项施工内容工程量的多少。工程量的计算和统计应做到不重复、不遗漏，并使工程量统计的条目名称及单位和相关定额保持一致，以便接下来查询相关定额，计算各项费用。

3. 套用定额，选用价格

工程量计算和统计完成之后，接下来要做的工作是查询和套用相关定额，得到每项施工内容在人力、材料以及机械仪表方面的消耗量，同时还要根据市场调查或参考价格选定工程所用各项材料的价格，查询相应的费用定额，选定人工工日价格以及所用机械仪表的台班价格，以便为后继的费用计算做好相应准备。

4. 计算各项费用，填写相应概、预算表格

此步骤主要是根据前面所得到的工程在人力、材料、机械仪表等方面消耗量的大小和选定的消耗单价，并参照国家主管部门发布的相关规定以及相关各方签订的合同、协议中各项应计取费用及相应计取方法，计算通信工程建设过程中所需的各项费用，完成通信工程概、预算各项费用的计算和统计，并将计算出的各项费用填入相应的概、预算表格中。

5. 复核

工程造价人员将预算文件交予复核人员进行预算复核，防止因造价人员疏忽造成预算文件的纰漏。

6. 写编制说明

工程造价人员结合工程概况、性质、类型、编制依据等信息编写说明，以便审核。

7. 审核出版

预算文件以公司的名义进行出版。

三、通信工程建设项目总费用构成

通信工程建设项目总费用由各单项工程总费用构成，各单项工程总费用由工程费、工程建设其他费、预备费、建设期利息四部分构成，单项工程总费用构成如图1-4所示。

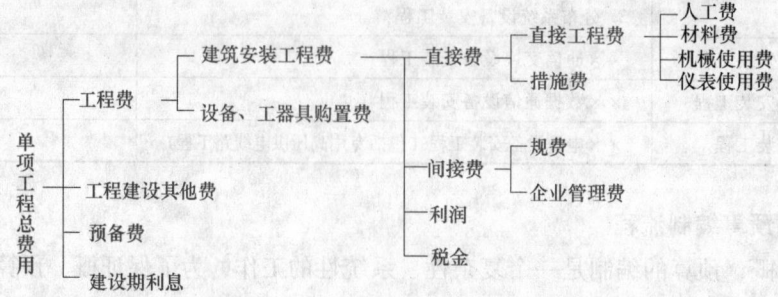

图1-4　单项工程总费用构成

（一）直接费

直接费是在工程建设中，直接用于施工的费用，主要由直接工程费、措施费构成。具体内容如下：

1. 直接工程费

指施工过程中耗用的构成工程实体和有助于工程实体形成的各项费用，包括人工费、材料费、机械使用费、仪表使用费，其中：

（1）人工费 指直接从事建筑安装工程施工的生产人员开支的各项费用，内容包括：

1）基本工资：指发放给生产人员的岗位工资和技能工资。

2）工资性补贴：指规定标准的物价补贴，包括煤或燃气补贴、交通费补贴、住房补贴、流动施工津贴等。

3）辅助工资：指生产人员年平均有效施工天数以外非作业天数的工资，包括职工学习、培训期间的工资；调动工作、探亲、休假期间的工资；因气候影响的停工工资；女工哺乳期间的工资；病假在六个月以内的工资及产、婚、丧假期的工资。

4）职工福利费：指按规定标准计提的职工福利费。

5）劳动保护费：指规定标准的劳动保护用品的购置费及修理费、徒工服装补贴、防暑降温等保健费用。

（2）材料费 指施工过程中实体消耗的直接材料费用与辅助材料所发生的费用总和，内容包括：

1）材料原价：供应价或供货地点价。

2）材料运杂费：是指材料自来源地运至工地仓库（或指定堆放地点）所发生的费用。

3）运输保险费：指材料（或器材）自来源地运至工地仓库（或指定堆放地点）所发生的保险费用。

4）采购及保管费：指在组织材料采购及材料保管过程中所需要的各项费用。

5）采购代理服务费：指委托中介采购代理服务的费用。

6）辅助材料费：指对施工生产起辅助作用的材料费用。

（3）机械使用费 是指施工机械作业所发生的机械使用费以及机械安拆费，内容包括：

1）折旧费：指施工机械在规定的使用年限内，陆续收回其原值及购置资金的时间价值。

2）大修理费：指施工机械按规定的大修理间隔台班进行必要的大修理，以恢复其正常功能所需的费用。

3）经常修理费：指施工机械除大修理以外的各级保养和临时故障排除所需的费用，包括为保障机械正常运转所需替换设备与随机配备工具和附具的摊销、维护费用；机械运转中日常保养所需润滑与擦拭的材料费用及机械停滞期间的维护和保养费用等。

4）安拆费：安拆费指施工机械在现场进行安装与拆卸所需的人工、材料、机械和试运转费用以及机械辅助设施的折旧、搭设、拆除等费用。

5）人工费：指机上操作人员和其他操作人员的工作日人工费及上述人员在施工机械规定的年工作台班以外的人工费。

6）燃料动力费：指施工机械在运转作业中所消耗的固体燃料（煤、木柴）、液体燃料（汽油、柴油）及水、电等。

7）养路费及车船使用税：指施工机械按照国家规定和有关部门规定应缴纳的养路费、车船使用税、保险费及年检费等。

（4）仪表使用费　指施工作业所发生的属于固定资产的仪表使用费，内容包括：

1）折旧费：是指施工仪表在规定的年限内，陆续收回其原值及购置资金的时间价值。

2）经常修理费：指施工仪表的各级保养和临时故障排除所需的费用，包括为保证仪表正常使用所需备件（备品）的摊销和维护费用。

3）年检费：指施工仪表在使用寿命期间定期标定与年检的费用。

4）人工费：指施工仪表操作人员在台班定额内的人工费。

2. 措施费

措施费指为完成工程项目施工，发生于该工程前和施工过程中非工程实体项目的费用，内容包括：

（1）环境保护费　指施工现场为达到环保部门要求所需要的各项费用。

（2）文明施工费　指施工现场文明施工所需要的各项费用。

（3）工地器材搬运费　指由工地仓库（或指定地点）至施工现场转运器材而发生的费用。

（4）工程干扰费　通信线路工程、通信管道工程由于受市政管理、交通管制、人流密集、输配电设施等影响工效的补偿费用。

（5）工程点交、场地清理费　指按规定编制竣工图及资料、工程点交、施工场地清理等发生的费用。

（6）临时设施费　指施工企业为进行工程施工所必须设置的生活和生产用的临时建筑物、构筑物和其他临时设施费用等。临时设施费用包括：临时设施的租用或搭设、维修、拆除费或摊销费。

（7）工程车辆使用费　指工程施工中接送施工人员、生活用车等（含过路、过桥）费用。

（8）夜间施工增加费　指因夜间施工所发生的夜间补助费、夜间施工降效、夜间施工照明设备摊销及照明用电等费用。

（9）冬雨季施工增加费　指在冬雨季施工时所采取的防冻、保温、防雨等安全措施及工效降低所增加的费用。

（10）生产工具用具使用费　指施工所需的不属于固定资产的工具用具等的购置、摊销及维修费。

（11）施工用水、电、蒸汽费　指施工生产过程中使用水、电、蒸汽所发生的费用。

（12）特殊地区施工增加费　指在原始森林地区、海拔 2000m 以上高原地区、化工区、核污染区、沙漠地区、山区无人值守站等特殊地区施工所需增加的费用。

（13）已完工程及设备保护费　指竣工验收前，对已完工程及设备进行保护所需的费用。

（14）运土费　指直埋光（电）缆、管道工程施工，需从远离施工地点取土及必须向外倒运出土方所发生的费用。

（15）施工队伍调遣费　指因建设工程的需要，应支付施工队伍的调遣费用。内容包括：调遣人员的差旅费、调遣期间的工资、施工工具与用具等的运费。

（16）大型施工机械调遣费　指大型施工机械调遣所发生的运输费用。

（二）间接费

间接费是在工程建设中，间接用于施工的费用，由规费、企业管理费构成，其中：

1. 规费

规费指政府和有关部门规定必须缴纳的费用（简称规费），包括：

（1）工程排污费　指施工现场按规定缴纳的工程排污费。

（2）社会保障费　指施工单位劳动人员参加各种社会保障的费用，其中：

1）养老保险费：指企业按规定标准为职工缴纳的基本养老保险费。

2）失业保险费：指企业按照国家规定标准为职工缴纳的失业保险费。

3）医疗保险费：指企业按照规定标准为职工缴纳的基本医疗保险费。

4）住房公积金：指企业按照规定标准为职工缴纳的住房公积金。

5）危险作业意外伤害保险：指企业为从事危险作业的建筑安装施工人员支付的意外伤害保险费。

2. 企业管理费

企业管理费指施工企业组织施工生产和经营管理所需费用，内容包括：

（1）管理人员工资　指管理人员的基本工资、工资性补贴、职工福利费、劳动保护费等。

（2）办公费　指企业管理办公用的文具、纸张、账表、印刷、邮电、书报、会议、水电、烧水和集体取暖（包括现场临时宿舍取暖）用煤等费用。

（3）差旅费　指职工因公出差、调动工作的差旅费、补助费，市内交通费和误餐补助费，职工探亲路费，劳动力招募费，职工离退休、退职一次性路费，工伤人员就医路费，工地转移费以及管理部门使用的交通工具的油料、燃料、养路费及牌照费。

（4）固定资产使用费　指管理和试验部门及附属生产单位使用的属于固定资产的房屋、设备仪器等的折旧、大修、维修或租赁费。

（5）工具用具使用费　指管理使用的不属于固定资产的生产工具、器具、家具、交通工具和检验、测绘、消防用具等的购置、维修和摊销费。

（6）劳动保险费　指由企业支付离退休职工的异地安家补助费、职工退职金、六个月以上的病假人员工资、职工死亡丧葬补助费、抚恤金、按规定支付给离退休干部的各项经费。

（7）工会经费　指企业按职工工资总额计提的工会经费。

（8）职工教育经费　指企业为职工学习先进技术和提高文化水平，按职工工资总额计提的费用。

（9）财产保险费　指施工管理用财产、车辆保险费用。

（10）财务费　指企业为筹集资金而发生的各种费用。

（11）税金　指企业按规定缴纳的房产税、车船使用税、土地使用税、印花税等。

（12）其他　包括技术转让费、技术开发费、业务招待费、绿化费、广告费、公证费、法律顾问费、审计费、咨询费等。

（三）利润

利润指施工企业完成所承包工程获得的盈利。

（四）税金

税金指按国家税法规定应计入建筑安装工程造价内的营业税、城市维护建设税及教育费附加。

（五）设备、工器具购置费

设备、工器具购置费指根据设计提出的设备（包括必需的备品备件）、仪表、工器具清单，按设备原价、运杂费、采购及保管费、运输保险费和采购代理服务费计算的费用。

（六）工程建设其他费

工程建设其他费指应在建设项目的建设投资中开支的固定资产其他费用、无形资产费用和其他资产费用。

1. 建设用地及综合赔补费

建设用地及综合赔补费指按照《中华人民共和国土地管理法》等规定，建设项目征用土地或租用土地应支付的费用。内容包括：

1）土地征用及迁移补偿费，经营性建设项目通过出让方式购置的土地使用权（或建设项目通过划拨方式取得无限期的土地使用权）而支付的土地补偿费、安置补偿费、地上附着物和青苗补偿费、余物迁建补偿费、土地登记管理费等；行政事业单位的建设项目通过出让方式取得土地使用权而支付的出让金；建设单位在建设过程中发生的土地复垦费用和土地损失补偿费用；建设期间临时占地补偿费。

2）征用耕地按规定一次性缴纳的耕地占用税，征用城镇土地在建设期间按规定每年缴纳的城镇土地使用税；征用城市郊区菜地按规定缴纳的新菜地开发建设基金。

3）建设单位租用建设项目土地使用权而支付的租地费用。

4）建设单位因建设项目期间租用建筑设施、场地费用以及因项目施工造成所在地企事业单位或居民的生产、生活干扰而支付的补偿费用。

2. 建设单位管理费

建设单位发生的管理性质的开支，包括：差旅交通费、工具用具使用费、固定资产使用费、必要的办公及生活用品购置费、必要的通信设备及交通工具购置费、零星固定资产购置费、招募生产工人费、技术图书资料费、业务招待费、设计审查费、合同契约公证费、法律顾问费、咨询费、完工清理费、竣工验收费、印花税和其他管理性质开支。如果成立筹建机构，建设单位管理费还应包括筹建人员工资类开支。

3. 可行性研究费

在建设项目前期工作中，编制和评估项目建议书（或预可行性研究报告）、可行性研究报告所需的费用。

4. 研究试验费

为本建设项目提供或验证设计数据、资料等进行必要的研究试验及按照设计规定在建设过程中必须进行试验、验证所需的费用。

5. 勘察设计费

委托勘察设计单位进行工程水文地质勘察、工程设计所发生的各项费用，包括：工程勘察费、初步设计费、施工图设计费。

6. 环境影响评价费

按照《中华人民共和国环境保护法》、《中华人民共和国环境影响评价法》等规定，为全面、详细评价本建设项目对环境可能产生的污染或造成的重大影响所需的费用，包括编制环境影响报告书（含大纲）、环境影响报告表和评估环境影响报告书（含大纲）、评估环境影响报告表等所需的费用。

7. 劳动安全卫生评价费

按照《职业健康安全管理体系》GB/T 28000—2011 和《建设工程安全生产管理条例》的有关规定，为预测和分析建设项目存在的职业危险、危害因素的种类和危险危害程度，并提出先进、科学、合理可行的劳动安全卫生技术和管理对策所需的费用，包括编制建设项目劳动安全卫生预评价大纲和劳动安全卫生预评价报告书以及为编制上述文件所进行的工程分析和环境现状调查等所需费用。

8. 建设工程监理费

建设单位委托工程监理单位实施工程监理的费用。

9. 安全生产费

施工企业按照国家有关规定和建筑施工安全标准，购置施工防护用具、落实安全施工措施以及改善安全生产条件所需要的各项费用。

10. 工程质量监督费

工程质量监督费指工程质量监督机构对通信工程进行质量监督所发生的费用。

11. 工程定额编制测定费

工程定额编制测定费指建设单位发包工程按规定上缴工程造价（定额）管理部门的费用。

12. 引进技术及进口设备其他费

引进技术及进口设备其他费，费用内容如下：

1）引进项目图样资料翻译复制费、备品备件测绘费；

2）出国人员费用，包括买方人员出国设计联络、出国考察、联合设计、监造、培训等所发生的差旅费、生活费、制装费等；

3）来华人员费用，包括卖方来华工程技术人员的现场办公费用、往返现场交通费用、工资、食宿费用、接待费用等；

4）银行担保及承诺费，指引进项目由国内外金融机构出面承担风险和责任担保所发生的费用，以及支付贷款机构的承诺费用。

13. 工程保险费

建设项目在建设期间根据需要对建筑工程、安装工程及机器设备进行投保而发生的保险费用，包括建筑安装工程一切险、引进设备财产和人身意外伤害险等。

14. 工程招标代理费

工程招标代理费指招标人委托代理机构编制招标文件、编制标底、审查投标人资格、组织投标人踏勘现场并答疑，组织开标、评标、定标，以及提供招标前期咨询、协调合同的签订等业务所收取的费用。

15. 专利及专用技术使用费

专利及专用技术使用费，内容包括：

1）国外设计及技术资料费，引进有效专利、专有技术使用费和技术保密费；

2）国内有效专利、专有技术使用费用；

3）商标使用费、特许经营权费等。

16. 生产准备及开办费

指建设项目为保证正常生产（或营业、使用）而发生的人员培训费、提前进场费以及投产使用初期必备的生产生活用具、工器具等购置费用，包括：

1）人员培训费及提前进厂费，自行组织培训或委托其他单位培训的人员工资、工资性补贴、职工福利费、差旅交通费、劳动保护费、学习资料费等；

2）为保证初期正常生产、生活（或营业、使用）所必需的生产办公、生活家具用具购置费；

3）为保证初期正常生产（或营业、使用）必需的第一套不够固定资产标准的生产工具、器具、用具购置费（不包括备品备件费）。

（七）预备费

在初步设计及概算内难以预料的工程费用。预备费包括基本预备费和价差预备费。

（1）基本预备费　为防止在项目实施过程中不可预测的因素发生而准备的费用，包括：

1）进行技术设计、施工图设计和施工过程中，在批准的初步设计和概算范围内所增加的工程费用。

2）由一般自然灾害所造成的损失和预防自然灾害所采取的措施费用。

3）竣工验收时为鉴定工程质量，必须开挖和修复隐蔽工程的费用。

（2）价差预备费　设备、材料的价差。

（八）建设期利息

建设项目贷款在建设期内发生并应计入固定资产的贷款利息等财务费用。

1.2.4　能力拓展

为适应深化工程计价改革的需要，根据国家有关法律、法规及相关政策，在总结原建设部、财政部《关于印发＜建筑安装工程费用项目组成＞的通知》（建标〔2003〕206 号）（以下简称《通知》）执行情况的基础上，住房与城乡建设部于 2013 年修订完成了《建筑安装工程费用项目组成》（以下简称《费用组成》）。由于建筑行业在我国发展成熟，工信部在制定工程费用标准的时候参考建筑行业的标准进行制定，预计工信部在未来几年内也同样会将原有的费用进行调整，为保证读者能与新标准顺利对接，现将新调整的内容解读如下：

一、建筑安装工程费用项目组成（按费用构成要素划分）

建筑安装工程费按照费用构成要素划分，由人工费、材料（包含工程设备，下同）费、施工机具使用费、企业管理费、利润、规费和税金组成。其中人工费、材料费、施工机具使用费、企业管理费和利润包含在分部分项工程费、措施项目费、其他项目费中，如图 1-5 所示。

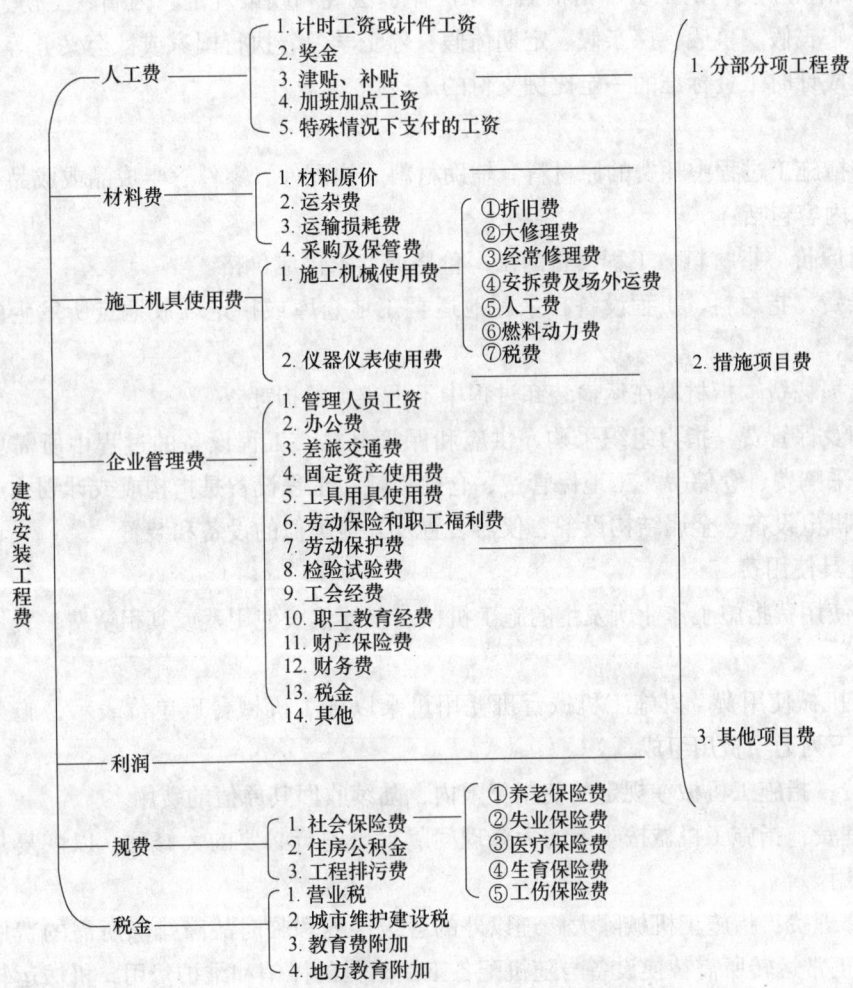

图 1-5　建筑安装工程费用项目组成（按费用构成要素划分）

1. 人工费

人工费是指按工资总额构成规定，支付给从事建筑安装工程施工的生产工人和附属生产单位工人的各项费用。内容包括：

（1）计时工资或计件工资　指按计时工资标准和工作时间或对已做工作按计件单价支付给个人的劳动报酬。

（2）奖金　指对超额劳动和增收节支支付给个人的劳动报酬，如节约奖、劳动竞赛奖等。

（3）津贴、补贴　指为了补偿职工特殊或额外的劳动消耗和因其他特殊原因支付给个人的津贴，以及为了保证职工工资水平不受物价影响支付给个人的物价补贴，如流动施工津贴、特殊地区施工津贴、高温（寒）作业临时津贴、高空津贴等。

（4）加班加点工资　指按规定支付的在法定节假日工作的加班工资和在法定工作日时间外延时工作的加点工资。

（5）特殊情况下支付的工资　指根据国家法律、法规和政策规定，因病、工伤、产假、计划生育假、婚丧假、事假、探亲假、定期休假、停工学习、执行国家或社会义务等原因按计时工资标准或计时工资标准的一定比例支付的工资。

2. 材料费

材料费是指施工过程中耗费的原材料、辅助材料、构配件、零件、半成品或成品、工程设备的费用，内容包括：

（1）材料原价　指材料、工程设备的出厂价格或商家供应价格。

（2）运杂费　指材料、工程设备自来源地运至工地仓库或指定堆放地点所发生的全部费用。

（3）运输损耗费　指材料在运输装卸过程中不可避免的损耗。

（4）采购及保管费　指为组织采购、供应和保管材料、工程设备的过程中所需要的各项费用，包括采购费、仓储费、工地保管费、仓储损耗。工程设备是指构成或计划构成永久工程一部分的机电设备、金属结构设备、仪器装置及其他类似的设备和装置。

3. 施工机具使用费

施工机具使用费指施工作业所发生的施工机械、仪器仪表使用费或其租赁费，费用组成如下：

（1）施工机械使用费　以施工机械台班耗用量乘以施工机械台班单价表示，施工机械台班单价应由下列七项费用组成。

1）折旧费：指施工机械在规定的使用年限内，陆续收回其原值的费用。

2）大修理费：指施工机械按规定的大修理间隔台班进行必要的大修理，以恢复其正常功能所需的费用。

3）经常修理费：指施工机械除大修理以外的各级保养和临时故障排除所需的费用，包括为保障机械正常运转所需替换设备与随机配备工具附具的摊销和维护费用，机械运转中日常保养所需润滑与擦拭的材料费用及机械停滞期间的维护和保养费用等。

4）安拆费及场外运费：安拆费指施工机械（大型机械除外）在现场进行安装与拆卸所需的人工、材料、机械和试运转费用以及机械辅助设施的折旧、搭设、拆除等费用；场外运费指施工机械整体或分体自停放地点运至施工现场或由一施工地点运至另一施工地点的运输、装卸、辅助材料及架线等费用。

5）人工费：指机上司机（司炉）和其他操作人员的人工费。

6）燃料动力费：指施工机械在运转作业中所消耗的各种燃料及水、电等。

7）税费：指施工机械按照国家规定应缴纳的车船使用税、保险费及年检费等。

（2）仪器仪表使用费　指工程施工所需的仪器仪表的摊销及维修费用。

4. 企业管理费

企业管理费指建筑安装企业组织施工生产和经营管理所需的费用。内容包括：

（1）管理人员工资　指按规定支付给管理人员的计时工资、奖金、津贴补贴、加班加点工资及特殊情况下支付的工资等。

（2）办公费　指企业管理办公用的文具、纸张、账表、印刷、邮电、书报、办公软件、现场监控、会议、水电、烧水和集体取暖降温（包括现场临时宿舍取暖降温）等费用。

（3）差旅交通费　指职工因公出差、调动工作的差旅费、住勤补助费、市内交通费和误餐补助费、职工探亲路费、劳动力招募费、职工退休退职一次性路费、工伤人员就医路费、工地转移费以及管理部门使用的交通工具的油料、燃料等费用。

（4）固定资产使用费　指管理和试验部门及附属生产单位使用的属于固定资产的房屋、设备、仪器等的折旧、大修、维修或租赁费。

（5）工具用具使用费　指企业施工生产和管理使用的不属于固定资产的工具、器具、家具、交通工具和检验、试验、测绘、消防用具等的购置、维修和摊销费。

（6）劳动保险和职工福利费　指由企业支付的职工退职金、按规定支付给离休干部的经费、集体福利费、夏季防暑降温、冬季取暖补贴、上下班交通补贴等。

（7）劳动保护费　企业按规定发放的劳动保护用品的支出，如工作服、手套、防暑降温饮料以及在有碍身体健康的环境中施工的保健费用等。

（8）检验试验费　指施工企业按照有关标准规定，对材料、构件和安装物进行一般鉴定、检查所发生的费用，包括自设试验室进行试验所耗用的材料等费用。

（9）工会经费　指企业按《工会法》规定的全部职工工资总额比例计提的工会经费。

（10）职工教育经费　指按职工工资总额的规定比例计提，企业为职工进行专业技术和职业技能培训、专业技术人员继续教育、职工职业技能鉴定、职业资格认定以及根据需要对职工进行各类文化教育所发生的费用。

（11）财产保险费　指施工管理用财产、车辆等的保险费用。

（12）财务费　指企业为施工生产筹集资金或提供预付款担保、履约担保、职工工资支付担保等所发生的各种费用。

（13）税金　指企业按规定缴纳的房产税、车船使用税、土地使用税、印花税等。

（14）其他　包括技术转让费、技术开发费、投标费、业务招待费、绿化费、广告费、公证费、法律顾问费、审计费、咨询费、保险费等。

5. 利润

利润是指施工企业完成所承包工程获得的盈利。

6. 规费

规费是指按国家法律、法规规定，由省级政府和省级有关权力部门规定必须缴纳或计取的费用，包括：

（1）社会保险费　社会保险费的组成如下：

1）养老保险费：是指企业按照规定标准为职工缴纳的基本养老保险费。

2）失业保险费：是指企业按照规定标准为职工缴纳的失业保险费。

3）医疗保险费：是指企业按照规定标准为职工缴纳的基本医疗保险费。

4）生育保险费：是指企业按照规定标准为职工缴纳的生育保险费。

5）工伤保险费：是指企业按照规定标准为职工缴纳的工伤保险费。

（2）住房公积金　是指企业按规定标准为职工缴纳的住房公积金。

（3）工程排污费　是指企业按规定缴纳的施工现场工程排污费。

（4）其他应列而未列入的规费　按实际发生计取。

7. 税金

税金是指国家税法规定的应计入建筑安装工程造价内的营业税、城市维护建设税、教育费附加以及地方教育附加。

二、建筑安装工程费用项目组成（按造价形成划分）

建筑安装工程费按照工程造价形成划分，由分部分项工程费、措施项目费、其他项目费、规费、税金组成，分部分项工程费、措施项目费、其他项目费包含人工费、材料费、施工机具使用费、企业管理费和利润，如图1-6所示。

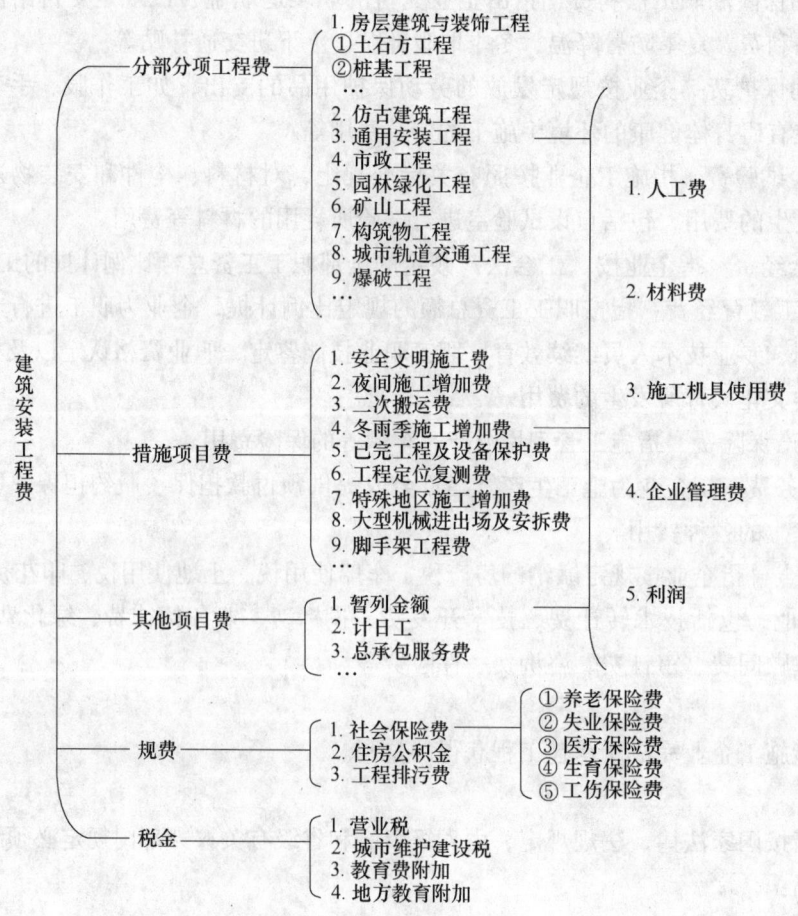

图1-6　建筑安装工程费用项目组成（按造价形成划分）

1. 分部分项工程费

分部分项工程费指各专业工程的分部分项工程应予列支的各项费用，其中：

（1）专业工程　指按现行国家计量规范划分的房屋建筑与装饰工程、仿古建筑工程、通用安装工程、市政工程、园林绿化工程、矿山工程、构筑物工程、城市轨道交通工程、爆破工程等各类工程。

（2）分部分项工程　按现行国家计量规范对各专业工程划分的项目，如：房屋建筑与装饰工程划分的土石方工程、地基处理与桩基工程、砌筑工程、钢筋及钢筋混凝土工程等，各类专业工程的分部分项工程划分见现行国家或行业计量规范。

2. 措施项目费

措施项目费指为完成建设工程施工，发生于该工程施工前和施工过程中的技术、生活、安全、环境保护等方面的费用。内容包括：

（1）安全文明施工费　费用组成如下：

1）环境保护费：是指施工现场为达到环保部门要求所需要的各项费用；

2）文明施工费：是指施工现场文明施工所需要的各项费用；

3）安全施工费：是指施工现场安全施工所需要的各项费用；

4）临时设施费：是指施工企业为进行建设工程施工所必须搭设的生活和生产用的临时建筑物、构筑物和其他临时设施费用，包括临时设施的搭设、维修、拆除、清理费或摊销费等。

（2）夜间施工增加费　指因夜间施工所发生的夜班补助费、夜间施工降效、夜间施工照明设备摊销及照明用电等费用。

（3）二次搬运费　指因施工场地条件限制而发生的材料、构配件、半成品等一次运输不能到达堆放地点，必须进行二次或多次搬运所发生的费用。

（4）冬雨季施工增加费　指在冬季或雨季施工需增加的临时设施、防滑、排除雨雪，人工及施工机械效率降低等费用。

（5）已完工程及设备保护费　指竣工验收前，对已完工程及设备采取的必要保护措施所发生的费用。

（6）工程定位复测费　指工程施工过程中进行全部施工测量放线和复测工作的费用。

（7）特殊地区施工增加费　指工程在沙漠或其边缘地区、高海拔、高寒、原始森林等特殊地区施工增加的费用。

（8）大型机械进出场及安拆费　指机械整体或分体自停放场地运至施工现场或由一个施工地点运至另一个施工地点，所发生的机械进出场运输及转移费用及机械在施工现场进行安装、拆卸所需的人工费、材料费、机械费、试运转费和安装所需的辅助设施的费用。

（9）脚手架工程费　指施工需要的各种脚手架搭、拆、运输费用以及脚手架购置费的摊销（或租赁）费用。

措施项目费及其包含的内容详见各类专业工程的现行国家或行业计量规范。

3. 其他项目费

（1）暂列金额　指建设单位在工程量清单中暂定并包括在工程合同价款中的一笔款项，用于施工合同签订时尚未确定或者不可预见的所需材料、工程设备、服务的采购；施工中可能发生的工程变更、合同约定调整因素出现时的工程价款调整以及发生的索赔、现场签证确认等的费用。

（2）计日工　指在施工过程中，施工企业完成建设单位提出的施工图样以外的零星项目或工作所需的费用。

（3）总承包服务费　指总承包人为配合、协调建设单位进行的专业工程发包，对建设单位自行采购的材料、工程设备等进行保管以及提供施工现场管理、竣工资料汇总整理等服务所需的费用。

4. 规费

规费是指按国家法律、法规规定，由省级政府和省级有关权力部门规定必须缴纳或计取的费用，包括：

（1）社会保险费　社会保险费的组成如下：

1）养老保险费：是指企业按照规定标准为职工缴纳的基本养老保险费。

2）失业保险费：是指企业按照规定标准为职工缴纳的失业保险费。

3）医疗保险费：是指企业按照规定标准为职工缴纳的基本医疗保险费。

4）生育保险费：是指企业按照规定标准为职工缴纳的生育保险费。

5）工伤保险费：是指企业按照规定标准为职工缴纳的工伤保险费。

（2）住房公积金　是指企业按规定标准为职工缴纳的住房公积金。

（3）工程排污费　是指按规定缴纳的施工现场工程排污费。

（4）其他应列而未列入的规费　按实际发生计取。

5. 税金

税金是指国家税法规定的应计入建筑安装工程造价内的营业税、城市维护建设税、教育费附加以及地方教育附加。

三、建筑安装工程费用参考计算方法

1. 各费用构成要素参考计算方法

（1）人工费　人工费参考计算方法如下：

公式1：人工费 = ∑（工日消耗量×日工资单价），其中：

日工资单价 =

$$\frac{生产工人平均月工资(计时、计件) + 平均月奖金 + 平均月津贴补贴 + 平均月特殊情况下支付的工资}{年平均每月法定工作日}$$

注：公式1主要适用于施工企业投标报价时自主确定人工费，也是工程造价管理机构编制计价定额确定定额人工单价或发布人工成本信息的参考依据。

公式2：人工费 = ∑（工程工日消耗量×日工资单价），其中：

日工资单价是指施工企业平均技术熟练程度的生产工人在每工作日（国家法定工作时间内）按规定从事施工作业应得的日工资总额。

工程造价管理机构确定日工资单价应通过市场调查、根据工程项目的技术要求，参考实物工程量人工单价综合分析确定，最低日工资单价不得低于工程所在地人力资源和社会保障部门所发布的最低工资标准：普工1.3倍、一般技工2倍、高级技工3倍。

工程计价定额不可只列一个综合工日单价，应根据工程项目技术要求和工种差别适当划分多种日人工单价，确保各分部工程人工费的合理构成。

注：公式2适用于工程造价管理机构编制计价定额时确定定额人工费，是施工企业投标报价的参考依据。

（2）材料费　材料费参考计算方法如下：

材料费 = ∑（材料消耗量 × 材料单价），其中：

$$材料单价 = [（材料原价 + 运杂费）×（1 + 运输损耗率（\%））]$$
$$× [1 + 采购保管费率（\%）]$$

（3）工程设备费　工程设备费参考计算方法如下：

工程设备费 = ∑（工程设备量 × 工程设备单价），其中：

$$工程设备单价 = （设备原价 + 运杂费）× [1 + 采购保管费率（\%）]$$

（4）施工机具使用费　施工机具使用费参考计算方法如下：

1）施工机械使用费 = ∑（施工机械台班消耗量 × 机械台班单价），其中：

机械台班单价 = 台班折旧费 + 台班大修费 + 台班经常修理费 + 台班安拆费及场外运费 + 台班人工费 + 台班燃料动力费 + 台班车船税

注：工程造价管理机构在确定计价定额中的施工机械使用费时，应根据《建筑施工机械台班费用计算规则》结合市场调查编制施工机械台班单价。施工企业可以参考工程造价管理机构发布的台班单价，自主确定施工机械使用费的报价，如租赁施工机械，公式为：施工机械使用费 = ∑（施工机械台班消耗量 × 机械台班租赁单价）。

2）仪器仪表使用费 = 工程使用的仪器仪表摊销费 + 维修费

（5）企业管理费费率　企业管理费费率参考计算方法如下：

1）以分部分项工程费为计算基础：

$$企业管理费费率（\%） = \frac{生产工人年平均管理费}{年有效施工天数 × 人工单价} × 人工费占分部分项工程费比例（\%）$$

2）以人工费和机械费合计为计算基础：

$$企业管理费费率（\%） = \frac{生产工人年平均管理费}{年有效施工天数 ×（人工单价 + 每一工日机械使用费）} × 100\%$$

3）以人工费为计算基础：

$$企业管理费费率（\%） = \frac{生产工人年平均管理费}{年有效施工天数 × 人工单价} × 100\%$$

注：上述公式适用于施工企业投标报价时自主确定管理费，是工程造价管理机构编制计价定额确定企业管理费的参考依据。

工程造价管理机构在确定计价定额中企业管理费时，应以定额人工费或（定额人工费 + 定额机械费）作为计算基数，其费率根据历年工程造价积累的资料，辅以调查数据确定，列入分部分项工程和措施项目中。

（6）利润　利润参考计算方法如下：

1）施工企业根据企业自身需求并结合建筑市场实际自主确定，列入报价中。

2）工程造价管理机构在确定计价定额中的利润时，应以定额人工费或（定额人工费＋定额机械费）作为计算基数，其费率根据历年工程造价积累的资料，并结合建筑市场实际确定，以单位（单项）工程测算，利润在税前建筑安装工程费的比重可按不低于5%且不高于7%的费率计算。利润应列入分部分项工程和措施项目中。

（7）规费　规费参考计算方法如下：

1）社会保险费和住房公积金应以定额人工费为计算基础，根据工程所在地省、自治区、直辖市或行业建设主管部门规定费率计算。

社会保险费和住房公积金 = ∑（工程定额人工费 × 社会保险费和住房公积金费率）

式中，社会保险费和住房公积金费率可以每万元发承包价的生产工人人工费和管理人员工资含量与工程所在地规定的缴纳标准综合分析取定。

2）工程排污费等其他应列而未列入的规费应按工程所在地环境保护等部门规定的标准缴纳，按实计取列入。

（8）税金　税金参考计算方法如下：

税金计算公式：　　　　　税金 = 税前造价 × 综合税率（%）

综合税率：

1）纳税地点在市区的企业：

$$综合税率（\%） = \frac{1}{1-3\%-(3\%\times7\%)-(3\%\times3\%)-(3\%\times2\%)} - 1$$

2）纳税地点在县城、镇的企业：

$$综合税率（\%） = \frac{1}{1-3\%-(3\%\times5\%)-(3\%\times3\%)-(3\%\times2\%)} - 1$$

3）纳税地点不在市区、县城、镇的企业：

$$综合税率（\%） = \frac{1}{1-3\%-(3\%\times1\%)-(3\%\times3\%)-(3\%\times2\%)} - 1$$

4）实行营业税改增值税的，按纳税地点现行税率计算。

2. 建筑安装工程计价

（1）分部分项工程费　分部分项工程费 = ∑（分部分项工程量 × 综合单价）

式中，综合单价包括人工费、材料费、施工机具使用费、企业管理费和利润以及一定范围的风险费用（下同）。

（2）措施项目费　措施项目费参考计算方法如下：

1）国家计量规范规定应予计量的措施项目，其计算公式为：

措施项目费 = ∑（措施项目工程量 × 综合单价）

2）国家计量规范规定不宜计量的措施项目计算方法如下：

① 安全文明施工费 = 计算基数 × 安全文明施工费费率（%），计算基数应为定额基价（定额分部分项工程费 + 定额中可以计量的措施项目费）、定额人工费或（定额人工费 + 定额机械费），其费率由工程造价管理机构根据各专业工程的特点综合确定。

② 夜间施工增加费＝计算基数×夜间施工增加费费率（％）。

③ 二次搬运费＝计算基数×二次搬运费费率（％）。

④ 冬雨季施工增加费＝计算基数×冬雨季施工增加费费率（％）。

⑤ 已完工程及设备保护费＝计算基数×已完工程及设备保护费费率（％）。

上述②～⑤项措施项目的计费基数应为定额人工费或（定额人工费＋定额机械费），其费率由工程造价管理机构根据各专业工程特点和调查资料综合分析后确定。

（3）其他项目费　其他项目费参考计算方法如下：

1）暂列金额由建设单位根据工程特点，按有关计价规定估算，施工过程中由建设单位掌握使用，扣除合同价款调整后如有余额，归建设单位。

2）计日工由建设单位和施工企业按施工过程中的签证计价。

3）总承包服务费由建设单位在招标控制价中根据总包服务范围和有关计价规定编制，施工企业投标时自主报价，施工过程中按签约合同价执行。

（4）规费和税金　建设单位和施工企业均应按照省、自治区、直辖市或行业建设主管部门发布标准计算规费和税金，不得作为竞争性费用。

3. 相关问题的说明

1）各专业工程计价定额的编制及其计价程序，均按《建筑安装工程费用项目组成》实施。

2）各专业工程计价定额的使用周期原则上为 5 年。

3）工程造价管理机构在定额使用周期内，应及时发布人工、材料、机械台班价格信息，实行工程造价动态管理，如遇国家法律、法规、规章或相关政策变化以及建筑市场物价波动较大时，应适时调整定额人工费、定额机械费以及定额基价或规费费率，使建筑安装工程费能反映建筑市场实际状况。

4）建设单位在编制招标控制价时，应按照各专业工程的计量规范和计价定额以及工程造价信息编制。

5）施工企业在使用计价定额时除不可竞争费用外，其余仅作参考，由施工企业投标时自主报价。

四、建筑安装工程计价程序

建筑安装工程计价程序分为建设单位工程招标控制价计价程序、施工企业工程投标报价计价程序、竣工结算计价程序，如表1-2～表1-4所示。

表1-2　建设单位工程招标控制价计价程序

工程名称：　　　　　　　　　　　　　　标段：

序　号	内　　　容	计 算 方 法	金额（元）
1	分部分项工程费	按计价规定计算	
1.1			
…			
2	措施项目费	按计价规定计算	
2.1	其中：安全文明施工费	按规定标准计算	

（续）

序　号	内　　容	计 算 方 法	金额（元）
3	其他项目费		
3.1	其中：暂列金额	按计价规定估算	
3.2	其中：专业工程暂估价	按计价规定估算	
3.3	其中：计日工	按计价规定估算	
3.4	其中：总承包服务费	按计价规定估算	
4	规费	按规定标准计算	
5	税金（扣除不列入计税范围的工程设备金额）	（1＋2＋3＋4）×规定税率	
招标控制价合计＝1＋2＋3＋4＋5			

表1-3　施工企业工程投标报价计价程序

工程名称：　　　　　　　　　　　　　　标段：

序　号	内　　容	计 算 方 法	金额（元）
1	分部分项工程费	自主报价	
1.1			
1.2			
2	措施项目费	自主报价	
2.1	其中：安全文明施工费	按规定标准计算	
3	其他项目费		
3.1	其中：暂列金额	按招标文件提供金额列列	
3.2	其中：专业工程暂估价	按招标文件提供金额计列	
3.3	其中：计日工	自主报价	
3.4	其中：总承包服务费	自主报价	
4	规费	按规定标准计算	
5	税金（扣除不列入计税范围的工程设备金额）	（1＋2＋3＋4）×规定税率	
投标报价合计＝1＋2＋3＋4＋5			

表1-4　竣工结算计价程序

工程名称：　　　　　　　　　　　　　　标段：

序　号	汇 总 内 容	计 算 方 法	金额（元）
1	分部分项工程费	按合同约定计算	
1.1			
1.2			
2	措施项目费	按合同约定计算	
2.1	其中：安全文明施工费	按规定标准计算	
3	其他项目费		
3.1	其中：专业工程结算价	按合同约定计算	
3.2	其中：计日工	按计日工签证计算	
3.3	其中：总承包服务费	按合同约定计算	
3.4	索赔与现场签证	按发承包双方确认数额计算	
4	规费	按规定标准计算	
5	税金（扣除不列入计税范围的工程设备金额）	（1＋2＋3＋4）×规定税率	
竣工结算总价合计＝1＋2＋3＋4＋5			

模块三 通信工程概、预算文件

1.3.1 项目案例

某通信工程公司承揽某移动通信公司的 4G 通信网络建设项目，工程造价人员根据设计方案、设计图样、施工图样等设计资料进行工程预算编制。在编制的过程中，按照国家有关的编制方法，将通信工程建设项目划分为若干单项工程、单位工程，并在此基础上按照有关规定的要求，进行工程预算的编制。

1.3.2 案例分析

通信工程建设项目的预算体系，实行统一核算、统一管理，包括主体工程和附属配套工程、综合利用工程等。在项目设计阶段，概、预算文件按照作用不同，分为设计概算和施工图预算。无论何种概、预算文件，工程造价人员均依据中华人民共和国工业和信息化部 2008 年 5 月 24 日所颁布的工信部规〔2008〕75 号文件，即"关于发布《通信建设工程概算、预算编制办法》及相关定额的通知"的有关规定，按照相应的预算表格，编制说明制作预算文件。

1.3.3 知识储备

一、通信工程概、预算文件的主要内容

根据我国工信部规〔2008〕75 号文件的相关规定，我国通信单项工程的概、预算文件主要由概、预算表格和编制说明两大部分组成，其中：

（1）概（预）算表格 概（预）算表格是对通信工程建设过程中各项费用进行计算和统计的表格。根据我国工信部规〔2008〕75 号文件的相关规定，现行的通信工程概、预算表格主要包括如下十张表格：

1）建设项目总____算表（汇总表），如表 1-5 所示。

2）工程____算总表（表一），如表 1-6 所示。

3）建筑安装工程费用____算表（表二），如表 1-7 所示。

4）建筑安装工程量____算表（表三）甲，如表 1-8 所示。

5）建筑安装工程机械使用费____算表（表三）乙，如表 1-9 所示。

6）建筑安装工程仪器仪表使用费____算表（表三）丙，如表 1-10 所示。

7）国内器材____算表（表四）甲，如表 1-11 所示。

8）引进器材____算表（表四）乙，如表 1-12 所示。

9）工程建设其他费____算表（表五）甲，如表 1-13 所示。

10）引进设备工程建设其他费用____算表（表五）乙，如表 1-14 所示。

表 1-5　建设项目总___算表（汇总表）

建设项目名称：　　　　　　　建设单位名称：　　　　　　　表格编号：　　　　　　　第　　页

序号	表格编号	单项工程名称	小型建筑工程费	需要安装的设备费	不需安装的设备、工器具费	建筑安装工程费	预备费	其他费用	总价值		生产准备及开办费（元）
			（元）						人民币（元）	其中外币（　）	
I	II	III	IV	V	VI	VII	VIII	IX	X	XI	XII

设计负责人：　　　　　　　审核：　　　　　　　编制：　　　　　　　编制日期：　　年　　月

表1-6 工程__算总表（表一）

建设项目名称：
工程名称：　　　　　建设单位名称：　　　　　表格编号：　　　　　第　页

序号	费用名称	表格编号	小型建筑工程费	需要安装的设备费	不需要安装的设备、工器具费	建筑安装工程费	其他费用	总价值		
					(元)			人民币（元）		其中外币（ ）
I	II	III	IV	V	VI	VII	VIII	IX	X

设计负责人：　　　　　审核：　　　　　编制：　　　　　编制日期：　　年　月

表 1-7 建筑安装工程费用__算表（表二）

工程名称：　　　　　　　　　　建设单位名称：　　　　　　　　表格编号：　　　　　　　　第　页

序号	费用名称	依据和计算方法	合计（元）	序号	费用名称	依据和计算方法	合计（元）
I	II	III	IV	I	II	III	IV
一	建筑安装工程费			8	夜间施工增加费		
（一）	直接工程费			9	冬雨季施工增加费		
1	人工费			10	生产工具用具使用费		
(1)	技工费			11	施工用水电蒸汽费		
(2)	普工费			12	特殊地区施工增加费		
2	材料费			13	已完工程及设备保护费		
(1)	主要材料费			14	运土费		
(2)	辅助材料费			15	施工队伍调遣费		
3	机械使用费			16	大型施工机械调遣费		
4	仪表使用费			二	间接费		
（二）	措施费			（一）	规费		
1	环境保护费			1	工程排污费		
2	文明施工费			2	社会保障费		
3	工地器材搬运费			3	住房公积金		
4	工程干扰费			4	危险作业意外伤害保险费		
5	工程点交、场地清理费			三	企业管理费		
6	临时设施费			四	利润		
7	工程车辆使用费				税金		

设计负责人：　　　　　审核：　　　　　编制：　　　　　编制日期：　　年　　月

表 1-8　建筑安装工程量__算表（表三）甲

工程名称：　　　　　　　　建设单位名称：　　　　　　　　表格编号：　　　　　　　　第　　页

序号	定额编号	项目名称	单位	数量	单位定额值				合计值			
					技工	普工	技工	普工	技工	普工		
I	II	III	IV	V	VI	VII	VIII	IX				

设计负责人：　　　　　审核：　　　　　编制：　　　　　编制日期：　　　年　　月

表 1-9　建筑安装工程机械使用费__算表（表三）乙

工程名称：　　　　　　　　　　　　　　　　建设单位名称：　　　　　　　　　　　　　　　　表格编号：　　　　　　　　　　第　　页

序 号	定额编号	项 目 名 称	单 位	数 量	机 械 名 称	单位定额值		合 计 值	
						数量（台班）	单价（元）	数量（台班）	合价（元）
I	II	III	IV	V	VI	VII	VIII	IX	X

设计负责人：　　　　　　　　　审核：　　　　　　　　　编制：　　　　　　　　　编制日期：　　年　　月

表 1-10　建筑安装工程仪器仪表使用费___算表（表三）丙

工程名称：　　　　　　　　　建设单位名称：　　　　　　　　　表格编号：　　　　　　　　　第　　页

序号	定额编号	项目名称	单位	数量	仪表名称	单位定额值		合计值	
						数量（台班）	单价（元）	数量（台班）	合价（元）
I	II	III	IV	V	VI	VII	VIII	IX	X

设计负责人：　　　　　　　审核：　　　　　　　编制：　　　　　　　编制日期：　　年　　月

35

表1-11 国内器材____算表（表四）甲
（　　）表

工程名称：　　　　　　建设单位名称：　　　　　　表格编号：　　　　　　第　页

序号	名称	规格型号	单位	数量	单价（元）	合计（元）	备注
I	II	III	IV	V	VI	VII	VIII

设计负责人：　　　　　　审核：　　　　　　编制：　　　　　　编制日期：　　年　月

表 1-12 引进器材 算表（表四）乙 （ ）表

工程名称：　　　　　　　建设单位名称：　　　　　　　表格编号：　　　　　　　第 页

序号	中文名称	外文名称	单位	数量	单价			合价	
					外币（ ）	折合人民币（元）	外币（ ）	折合人民币（元）	折合人民币（元）
I	II	III	IV	V	VI	VII	VIII		IX

设计负责人：　　　　　审核：　　　　　编制：　　　　　编制日期：　　年　　月

表 1-13 工程建设其他费____算表（表五）甲

工程名称：　　　　　　　　　　　　建设单位名称：　　　　　　　　　　　表格编号：

序号	费用名称	计算依据及方法	金额（元）	备注
I	II	III	IV	V
1	建设用地及综合赔补费			
2	建设单位管理费			
3	可行性研究费			
4	研究试验费			
5	勘察设计费			
6	环境影响评价费			
7	劳动安全卫生评价费			
8	建设工程监理费			
9	安全生产费			
10	工程质量监督费			
11	工程定额测定费			
12	引进技术及引进设备其他费			
13	工程保险费			
14	工程招标代理费			
15	专利及专用技术使用费			
16	生产准备及开办费（运营费）			
	总　计			

设计负责人：　　　　　审核：　　　　　编制：　　　　　编制日期：　　年　月

表 1-14　引进设备工程建设其他费用__算表（表五）乙

工程名称：　　建设单位名称：　　　　　　　　　　表格编号：　　　　　第　　页

序号	费用名称	计算依据及方法	金额		备注
			外币（　）	折合人民币（元）	
I	II	III	IV	V	VI

设计负责人：　　　　审核：　　　　编制：　　　　编制日期：　　　年　月

（2）编制说明　编制说明是对概、预算编制依据、计算和统计结果等相关方面进行简要说明的文档，具体内容通常包括：

1）工程概况、概、预算总价值；

2）编制依据及采用的取费标准和计算方法的说明；

3）工程技术经济指标分析，主要分析各项投资的比例和费用构成，分析投资情况，说明设计的经济合理性及编制中存在的问题；

4）其他需要说明的问题。

二、通信工程概、预算编制的工作流程

通信工程概、预算编制是一个复杂性、系统性的工作，为了保证概、预算结果的准确可靠，通信工程概、预算的编制一般要经过如下的工作流程。

1. 收集资料，熟悉图样

这是编制通信工程概、预算的基础性工作，因为只有根据相关资料读懂设计和施工图样，才能清楚该通信工程具体的施工内容和施工要求。此时主要了解工程概况、搞清楚图样中每一个线条和符号的含义及图样上每一项说明的含义，为后继的工程量计算打下基础。

2. 计算工程量

计算工程量就是根据设计和施工图样及相关说明要求，列出工程建设过程中所要进行的各项工程施工内容，并计算和统计每项施工内容工程量的多少。工程量的计算和统计应做到不重复、不遗漏，并使工程量统计的条目名称及单位和相关定额保持一致，以便接下来查询相关定额，计算各项费用。

3. 套用定额，选用价格

工程量计算和统计完成之后，接下来要做的工作是查询和套用相关定额，得到每项施工内容在人力、材料以及机械仪表方面的消耗量，同时还要根据市场调查或参考价格选定工程所用各项材料的价格，查询相应的费用定额，选定人工工日价格以及所用机械、仪表的台班价格，以便为后继的费用计算做好相应准备。

4. 计算各项费用，填写相应概、预算表格

此步骤主要是根据前面所得到的工程在人力、材料、机械仪表等方面消耗量的大小和选定的消耗单价，并参照国家主管部门发布的相关规定以及相关各方签订的合同、协议中各项应计取费用及相应计取方法，计算通信工程建设过程中所需的各项费用，完成通信工程概、预算各项费用的计算和统计，并将计算出的各项费用填入相应的概、预算表格中。

如前所述，我国现行的通信工程概、预算表格共有十张，分别是项目费用汇总表以及单项工程的表一、表二、表三甲、表三乙、表三丙、表四甲、表四乙、表五甲、表五乙，这十张表格的填写顺序，如图 1-7 所示。

5. 复核

主要对初步完成的概、预算计算和统计结果进行检查和核对，以检查计算和统计过程中有无漏算、错算或者重复计算，从而尽量保证概、预算结果的准确、可靠。

6. 编写编制说明

主要在概、预算表格的填写全部完整后，根据相关要求编写说明文档对工程的基本情

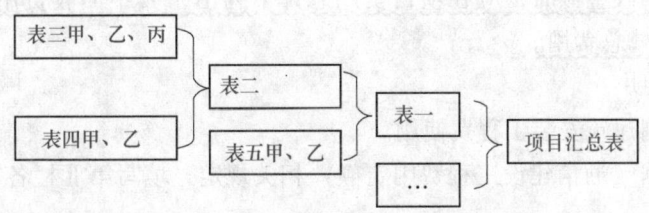

图 1-7 概、预算表格填写顺序示意图

况、概、预算的计算结果、各项费用的统计和计算依据等相关情况进行说明，并根据概、预算计算结果对工程的主要经济指标进行简要分析。

7. 审核出版

上述工作全部完成经审核无误后，就可将编制完成的通信工程概、预算文件印刷出版，用以指导通信工程的施工建设及竣工验收。

1.3.4 能力拓展

由于通信工程的概、预算在整个通信工程建设过程中起着非常重要的作用，对于概、预算的编制、审查、审批、出版、修改等相关方面必须加以严格管理，这样才能保证概、预算结果的正确性和严肃性。

一、概、预算表编制说明

1. 汇总表编制说明

1）本表供编制建设项目总概算（预算）使用，建设项目的全部费用在本表中汇总。

2）第Ⅱ栏根据各工程相应总表（表一）编号填写。

3）第Ⅲ栏根据建设项目的各工程名称依次填写。

4）第Ⅳ~Ⅸ栏根据工程项目的概算或预算（表一）相应各栏的费用合计填写。

5）第Ⅹ栏为第Ⅳ~Ⅸ栏的各项费用之和。

6）第Ⅺ栏填写以上各列费用中以外币支付的合计。

7）第Ⅻ栏填写各工程项目需单列的"生产准备及开办费"金额。

8）当工程有回收金额时，应在费用项目总计下列出"其中回收费用"，其金额填入第Ⅸ栏，此费用不冲减总费用。

2. 表一编制说明

1）本表供编制单项（单位）工程概算（预算）使用。

2）表首"建设项目名称"填写立项工程项目全称。

3）第Ⅱ栏根据本工程各类费用概算（预算）表格编号填写。

4）第Ⅲ栏根据本工程概算（预算）各类费用名称填写。

5）第Ⅳ~Ⅷ栏根据相应各类费用合计填写。

6）第Ⅸ栏为第Ⅳ~Ⅷ栏之和。

7）第Ⅹ栏填写本工程引进技术和设备所支付的外币总额。

8）当工程有回收金额时，应在项目费用总计下列出"其中回收费用"，其金额填入第Ⅷ栏，此费用不冲减总费用。

3. 表二编制说明

1）本表供编制建筑安装工程费使用。

2）第Ⅲ栏根据《通信建设工程费用定额》相关规定，填写第Ⅱ栏各项费用的计算依据和方法。

3）第Ⅳ栏填写第Ⅱ栏各项费用的计算结果。

4. 表三编制说明

（1）表三甲编制说明　表三甲编制说明如下：

1）本表供编制工程量，并计算技工和普工总工日数量使用。

2）第Ⅱ栏根据《通信建设工程预算定额》，填写所套用预算定额子目的编号。若需临时估列工作内容子目，在本栏中标注"估列"两字；两项以上"估列"条目，应编列序号。

3）第Ⅲ、Ⅳ栏根据《通信建设工程预算定额》分别填写所套定额子目的名称、单位。

4）第Ⅴ栏填写根据定额子目的工作内容所计算出的工程量数值。

5）第Ⅵ、Ⅶ栏填写所套定额子目的工日单位定额值。

6）第Ⅷ栏为第Ⅴ栏与第Ⅵ栏的乘积。

7）第Ⅸ栏为第Ⅴ栏与第Ⅶ栏的乘积。

（2）表三乙编制说明　表三乙编制说明如下：

1）本表供编制本工程所列的机械费用汇总使用。

2）第Ⅱ、Ⅲ、Ⅳ和Ⅴ栏分别填写所套用定额子目的编号、名称、单位以及该子目工程量数值。

3）第Ⅵ、Ⅶ栏分别填写定额子目所涉及的机械名称及此机械台班的单位定额值。

4）第Ⅷ栏填写根据《通信建设工程施工机械、仪表台班费用定额》查找到的相应机械台班单价值。

5）第Ⅸ栏填写第Ⅶ栏与第Ⅴ栏的乘积。

6）第Ⅹ栏填写第Ⅷ栏与第Ⅸ栏的乘积。

（3）表三丙编制说明　表三丙编制说明如下：

1）本表供编制本工程所列的仪表费用汇总使用。

2）第Ⅱ、Ⅲ、Ⅳ和Ⅴ栏分别填写所套用定额子目的编号、名称、单位以及该子目工程量数值。

3）第Ⅵ、Ⅶ栏分别填写定额子目所涉及的仪表名称及此仪表台班的单位定额值。

4）第Ⅷ栏填写根据《通信建设工程施工机械、仪表台班费用定额》查找到的相应仪表台班单价值。

5）第Ⅸ栏填写第Ⅶ栏与第Ⅴ栏的乘积。

6）第Ⅹ栏填写第Ⅷ栏与第Ⅸ栏的乘积。

5. 表四编制说明

（1）表四甲编制说明　表四甲编制说明如下：

1）本表供编制本工程的主要材料、设备和工器具的数量和费用使用。

2）表格标题下面括号内根据需要填写主要材料或需要安装的设备或不需要安装的设备、工器具、仪表。

3）第Ⅱ、Ⅲ、Ⅳ、Ⅴ、Ⅵ栏分别填写主要材料或需要安装的设备或不需要安装的设备、工器具、仪表的名称、规格型号、单位、数量、单价。

4）第Ⅶ栏填写第Ⅵ栏与第Ⅴ栏的乘积。

5）第Ⅷ栏填写主要材料、需要安装的设备或不需要安装的设备、工器具、仪表需要说明的有关问题。

6）依次填写需要安装的设备或不需要安装的设备、工器具、仪表之后还需计取下列费用：

① 小计；

② 运杂费；

③ 运输保险费；

④ 采购及保管费；

⑤ 采购代理服务费；

⑥ 合计。

7）用于主要材料表时，应将主要材料分类后按第6点计取相关费用，然后进行总计。

（2）表四乙编制说明　表四乙编制说明：

1）本表供编制引进工程的主要材料、设备和工器具的数量和费用使用。

2）表格标题下面括号内根据需要填写引进主要材料、引进需要安装的设备或引进不需要安装的设备、工器具、仪表。

3）第Ⅵ、Ⅶ、Ⅷ和Ⅸ栏分别填写外币金额及折合人民币的金额，并按引进工程的有关规定填写相应费用。其他填写方法与表四甲基本相同。

6. 表五编制说明

（1）表五甲编制说明　表五甲编制说明如下：

1）本表供编制国内工程计列的工程建设其他费使用。

2）第Ⅲ栏根据《通信建设工程费用定额》相关费用的计算规则填写。

3）第Ⅴ栏根据需要填写补充说明的内容事项。

（2）表五乙编制说明　表五乙编制说明如下：

1）本表供编制引进工程计列的工程建设其他费使用。

2）第Ⅲ栏根据国家及主管部门的相关规定填写。

3）第Ⅳ、Ⅴ栏分别填写各项费用所需计列的外币与人民币数值。

4）第Ⅵ栏根据需要填写补充说明的内容事项。

二、概、预算的审查总则

无论设计概算还是施工图预算，均是一项非常重要的工作。为了保证工程概、预算的准确、正确等要求，工程概、预算需要把审查工作做好，审查时应坚持以下原则。

1. 实事求是

审查工程概、预算的目的是合理核实工程概、预算的造价，在审核工程概、预算的过程中，要严格按照国家有关工程项目建设的方针、政策和规定对费用实事求是地逐项核实。对高估冒算或不合理项的投资，该削减则削减；对低估少算或漏项而少计的投资，应如实调整，该增则增。

2. 量、价、费与设计标准同审

目前，在设计中技术质量偏高，随之变更提高设计标准的现象较为普遍。因此，在审查工程概、预算时，除了审查量、价、费之外，同时还应加强对工程设计技术标准的审查，使工程设计达到技术先进、经济合理、坚固实用。

3. 充分协商定案

由于工程涉及面广、计价依据繁多、情况复杂等因素，参加工程概、预算审查的各方有时会对审查中的某个或某些问题看法不一。对此，参加工程概、预算审查的各方应进行充分地协商，本着摆清事实、讲透道理、以理服人的精神，统一看法后定案。

三、项目设计概、预算的审查形式

多年来经过对建设项目设计概、预算进行审查的实践，已总结出一些行之有效的审查形式，主要有以下 3 种。

1. 会审（联审）

会审，即由建设单位或其主管部门牵头，邀请设计、施工等有关单位，共同组成会审小组，对项目设计概、预算文件进行审查。会审的优点是由于有多方代表参加、技术力量强、审查中可以展开充分的讨论，因此审查进度较快、质量较高、便于定案、效果较好。会审的缺点是牵涉单位多，在一定时间内集中各有关单位的技术人员比较困难，且受时间限制。因此，会审通常用于规模大、工艺复杂的重大和重点工程项目上。

2. 单审（分头审）

单审，即由建设单位、设计部门、施工企业等主管概、预算工作的部门分别单独进行审查，然后再与编制概、预算的单位充分协商，实事求是地修改设计概、预算文件后定案。单审不受时间的严格限制，比较灵活。目前，各地区对一般建设项目设计概、预算文件的审查广泛采用此种形式。

3. 委托中介机构审查

目前，我国多数地区设有中介的概、预算审查机构，配有相关专业的人员、专业配套、人员稳定、资料齐全，便于积累经验、统一掌握标准，提高审查质量同时，还可根据工程项目的大小、难易程度和时间要求的缓急，统一调配、合理安排审查力量。因此，这种形式既可保证审查质量又可及时完成审查任务。

四、概、预算的审查方法

由于建设项目的性质、规模大小、繁简程度不同，设计、施工单位的情况也不同，所编工程概、预算的繁简和质量水平也就有所不同。因此，对项目概、预算的审查，应进行全面分析之后决定审查方法。常用的概、预算的审查方法主要有以下几种：

1. 全面审查法

全面审查法是指按全部设计图样的要求，结合有关概、预算定额、取费标准，对概、预算书的工程量计算、定额的套用、费用的计算等，逐一地全部进行审查。其具体的计算方法和审查过程与编制概、预算时的计算方法和编制过程基本相同。由于审查的全面、细致，所以审查中容易发现问题并便于纠正，经审查过的工程概、预算质量较高，差错较少。但此审查法的工作量太大，费工、费时。

2. 重点审查法

重点审查法是指抓住工程概、预算中的重点事项进行审查，具有省时省力、使用较广等优点，通常所谓重点事项是指：

（1）工程量大、造价高　对工程概、预算造价有较大影响的部分，如：电信设备安装工程应重点审查设备价格及相关的运杂费等；省际埋式光缆工程应重点审查土石方量及光缆长度和单价；室外管道工程应重点审查各种管道的长度和土方工程量。对单价高的工程，因其计算的费用额较大，也应重点审查。

（2）临时定额　在编制工程概、预算时，遇到定额缺项，须根据有关规定编制临时定额。概、预算审核人员应把临时定额进行重点审查，主要审查临时定额的编制依据和方法是否符合规定，材料用量和材料预算价格的组成是否齐全、准确、合理，人工工日或机械台班计算是否合理等。

（3）各项费用计取　由于工程性质和地区等不同，国家和各地区有关部门分别规定了不同的应取费用项目、费用标准以及费用计算方法。但在编制工程概、预算时，有时会在费用标准、计算基础、计算方法等方面发生差错。因此，应根据本地区的费用标准、有关文件规定等对各项计取费用进行认真审查，看是否符合当地规定，是否有遗漏，是否有规定以外取费项。

3. 分解对比审查法

在一个地区或一个城市范围之内，对于用途、建筑结构、建筑标准都相同的单位工程，其概、预算造价也应基本相同，特别是在一个城市内采用标准图样或复用图样的单位工程更是如此。这样便可通过全面审查某种定型设计的工程概、预算，审定后把它分解为直接费与间接费（包括所有应取费用）两部分，再把直接费分解为各工种工程和分部工程概、预算，分别计算出它们的每平方米概、预算价格，作为审核其他类似工程概、预算的对比标准。

4. 标准指标审查法

此法是利用各类不同性质、不同建筑结构的工程造价指标和有关技术经济指标，审查同类工程的概、预算造价。此法审查速度快，适于规模小、结构简单的工程。尤其适用于一个地区或一个建筑区域采用标准图样的工程，事前可细编这种标准图样的概、预算造价指标等作为标准。凡是用标准图样的工程就以此标准概、预算为准，进行对照审查，有局部设计变更的部分单独审查。

五、概、预算审查分类

概、预算审查工作分为设计概、预算的审查，施工图预算的审查，具体内容如下：

（一）设计概、预算的审查

为保证建设项目设计概、预算文件的质量和发挥概算的作用，应严格执行概算审批程序。

1. 设计概算审批权限

大型建设项目的初步设计和总概、预算，按隶属关系，由国务院主管部门或省、市、自治区建委提出审查意见，报国家计委批准。技术设计和修正总概算，由国务院主管部门或省、市、自治区审查批准。

中型建设项目的初步设计和总概、预算，按隶属关系，由国务院主管部门或省、市、自治区审批，批准文件抄送国家计委备案；小型建设项目的设计内容和审批权限，由各部门和省、市、自治区自行规定。

初步设计和总概、预算批准后，建设单位要及时分送给各设计单位。设计单位必须严格按批准的初步设计和总概、预算进行施工图设计。如果原初步设计主要内容有重大变更和总概、预算需要突破批准的《可行性研究报告》中的投资额时，必须提出具体的超出投资部分的计算依据并说明原因，经原批准单位审批同意。未经批准不得变动。

通常建设单位，建设监理单位，概、预算编制单位，审计单位，施工单位等，都应参与概、预算的审查工作。

2. 设计概、预算审批的意义

要使概、预算文件切实发挥其应有的作用，必须加强对项目设计概、预算的审查工作。审核项目设计概、预算的准确性和可靠性，维护项目概、预算编制的严肃性，提高其编制质量和编制结果的准确性，使其更加符合或接近工程建设客观实际的需要；保证建设投资的分配更加合理，从而也保证了项目建设财务信用活动，在更加合理可靠的基础上开展工作。这对正确确定工程造价、控制项目投资额和建设规模、正确分配和合理使用建设资金、加强固定资产投资管理与监督工作、提高项目投资的经济效益具有重要意义。

如果建设项目设计概、预算编制得偏高，以此为依据编制的建设投资计划就会浪费建设资金；反之，如果项目设计概、预算编制的得偏低，由于资金不足，则会影响项目建设计划的完成，不能按期形成生产能力，造成影响投资的经济效益。所以，做好项目设计概、预算审查工作，不仅可提高项目概、预算的准确性，使工程造价更加准确可靠；还可考查设计方案的经济合理性，保证全面发现发挥项目设计概、预算的作用。

3. 设计概、预算的审查内容

审查项目设计概、预算是一件政策性、技术性强而又复杂细致的工作。通常概、预算审查包括以下主要内容：

（1）设计概、预算编制依据的审查　审查设计概、预算的编制是否符合初步设计规定的技术经济条件及其有关说明，是否遵守国家规定的有关定额、指标价格取费标准及其他有关规定等，同时应注意审查编制依据的适用范围和时效性。

（2）工程量的审查　工程量是计算直接工程费的重要依据，直接工程费在概、预算造价中起相当重要的作用。因此，审查工程量，纠正其差错，对提高概、预算编制质量，节约项目建设资金很重要。审查时的主要依据是初步设计图样，概、预算定额，工程量计算规则等。审查工程量时必须注意以下几点：

1）是否有漏算、重算和错算，定额和单价的套用是否正确。

2）计算工程量所采用的各个工程及其组成部分的数据，是否与设计图样上标注的数据及说明相符。

3）工程量计算方法及计算公式是否与计算规则和定额规定相符。

（3）对使用相关定额计费标准及各项费用的审查 主要审查内容包括：

1）直接套用定额是否正确。

2）定额对项目可否换算，换算是否正确。

3）临时定额是否正确、合理、符合现行定额的编制依据和原则。

4）材料预算价格审查时，主要审查材料原价和运输费用，并根据设计文件确定的材料耗用量，重点审查耗用量较大的主要材料。

5）间接费审查时，应以工程实际情况为准。间接费的计算基础所取费率是否符合规定，是否套错；所用间接费定额是否与工程性质相符，即属于什么性质的工程，就执行与之配套的间接费定额。

6）其他费用审查时，主要审查计费基础和费率及计算数值是否正确。

7）设备及安装工程概算审查时，根据设备清单审查设备价格、运杂费和安装费用的计算。标准设备的价格以各级规定的统一价格为准；非标准设备的价格应审查其估价依据和估价方法等；设备运杂费率应按主管部门或地方规定的标准执行；进口设备的费用应按设备费用各组成部分及我国设备进口公司、外汇管理局、海关等有关部门的规定执行。对设备安装工程概、预算，应审查其编制依据和编制方法等。另外，还应审查计算安装费的设备数量及种类是否符合设计要求。

8）项目总概、预算审查时，审查总概、预算文件的组成是否完整，是否包括了全部设计内容；是否符合设计文件的要求；是否把设计以外的项目纳入概、预算内等，如不符且差异过大时，应审查初步设计与采用的概、预算定额是否相符。

（二）施工图预算的审查

1. 施工图预算的审批权限

1）施工图预算应由建设单位审批。

2）施工图预算需要修改时，应由设计单位修改，超过原概算应由建设单位报主管部门审批。

2. 施工图预算审查的意义

实行工程监理时，监理工程师应对施工图预算认真进行审查，以保证或提高施工图预算的准确性，这对降低工程造价，提高投资的经济效益具有良好作用。

1）做好施工图预算审查，有利于科学合理地使用项目建设资金。通过审查施工图预算，可查出重算、多算或漏算、少算现象。对重算、高估冒算等不正当提高工程预算造价的现象应消除，对漏算、少算的造价要调整过来给予补足，有利于建设项目的投资控制。

2）做好施工图预算审查，有利于促进施工企业改善经营管理。通过做好施工图预算审查，使建筑安装产品的价值与施工所需的社会必要劳动时间或劳动消耗、物化劳动消耗的价值相符合。这既可以避免过低的施工图预算，而使施工企业的施工消耗得不到应有的补偿和不能获得应有的合理盈利，还可以避免过高的施工图预算，而使施工企业获得不合理的高额利润。这有利于促使施工企业改善和提高企业经营管理水平，加强经济核算，提高生产效率，降低各种消耗，提高企业经济效益。

3）做好施工图预算审查，有利于积累技术经济数据，提高设计水平。通过认真做好施工图预算审查，科学合理地核实施工图预算造价，通过审查积累不同设计的各项技术经济指标，为设计工作提供科学合理的、准确的技术经济数据，有利于提高设计工作的整体设计水平。

3. 施工图预算的审查步骤

（1）整理有关资料熟悉图样　审查施工图预算，首先要做好审查预算所依据的有关资料的准备工作，如施工图样、有关标准、各类预算定额、费用标准、图样会审记录等，同时要熟悉施工图样，因为，施工图样是审查施工图预算各项数据的依据。

（2）了解工程施工现场情况　审查施工图预算的人员在进行审查之前，应亲临施工现场了解施工现场的"三通一平"、场地运输、材料堆放等条件（有施工组织设计者应按施工组织设计进行了解）。

（3）了解预算所包括的范围　根据施工图预算编制说明，了解预算包括哪些工程项目及工程内容（如配套设施、室外管线、道路及图样会审后的设计变更等），了解施工图是否与施工合同所规定的内容范围相一致。

（4）了解预算所采用的定额　任何预算定额都有其一定的适用范围，都与工程性质相联系，所以，要了解编制预算所采用的预算定额是否与工程性质相符合。

（5）选定审查方法对预算进行审查　由于工程规模大小、繁简程度不同，编制施工图预算的单位情况也不一样，使工程预算的繁简程度和编制质量水平也不同，因而需根据预算编制的实际情况，选定合适的审核方法。

（6）预算审查结果的处理与定案　审查工程预算应建立完整的审查档案，做好预算审查的原始记录，整理出完备的工程量计算书。对审查中发现的差错，应与预算编制单位协商，做相应的增加或核减处理，统一意见后，对施工图预算进行相应的调整，并编制施工图预算调整表，将调整结果逐一填入作为审核定案。

4. 施工图预算的审查内容

审查施工图预算时，应重点对工程量、预算定额套用、定额换算、补充单价及各项计取费用等进行审查。

（1）工程量的审查　工程量的审查应检查预算工程量的计算是否遵守计算规则和预算定额的分项工程项目的划分，是否有重算、漏算及错算等。例如：审核土方工程时，应注意地槽与地坑是否应该放坡、支挡土板或加工作面，放坡系数及加宽是否正确，开挖土方工程量的计算是否按照定额计算规定和施工图样标识尺寸进行计算，地槽、地坑回填土的体积是否扣除了基础所占体积，运土方数是否扣除了就地回填的土方数。

（2）预算定额套用的审查　审查预算定额套用的正确性，是施工图预算审查的主要内容之一。如错套预算定额就会影响施工图预算的准确性，审查时应注意以下几点：

1）审核预算中所列预算分项工程的名称、规格、计量单位与预算定额所列的项目内容是否一致，定额的套用是否正确，是否套错。

2）审查预算定额中已包括的项目是否又另列而进行了重复计算。

3）对临时定额应审核其是否符合编制原则，编制所用人工单价标准、材料价格是否正确，人工工日、机械台班的计算是否合理；对定额工日数量和单价的换算应审查换算的分项工程是否是定额中允许换算的，其换算依据是否正确。

4）各项计取费用的审查时，费率标准与工程性质、承包方式、计取基础是否符合规定，计划利润和税金应注意审查计取基础和费率是否符合现行规定。

综上所述，通信工程概、预算文件的编制过程，主要是工程量的查询和大量的统计计算，工作量大、计算繁琐，而且容易出错，需要发挥工程造价人员的经验和智慧。为避免此类事项的发生，建议在通信工程概、预算编制过程中，工程造价人员借助计算机自动处理技术或专业的预算软件，使预算编制与审核实现信息化处理，使通信工程概、预算的编制更加便利。

模块四　通信工程建筑安装工程费体系构成

1.4.1　项目案例

某通信工程公司承揽某移动通信公司的4G通信网络建设项目，工程造价人员根据设计方案、设计图样、施工图样等设计资料进行工程预算编制。在编制的过程中，工程造价人员按照设计资料进行统计工程量，然后按照国家有关的编制方法与预算定额，计算出通信工程工程预算，并编制预算文件。

1.4.2　案例分析

通信工程费用体系根据相关规定，归属于建筑安装工程费体系，主要由工程量、预算定额、取费标准以及这三者之间的关系等因素构成。在通信工程概、预算文件的编制过程中，工程量是计算和统计通信工程建设过程中人力、材料、机械仪表等基本消耗量的基础和直接依据，工程量统计是费用体系的基础，也是通信工程建设其他许多相关费用计算的主要依据。因此，工程量计算和统计的正确与否，不仅会影响到整个工程概、预算文件编制的效率，更会直接影响到整个通信工程概、预算的最终结果。可以说通信工程概、预算编制的质量在某种程度上就取决于工程量统计的质量，相应地，正确计算和统计工程量是通信工程概、预算编制人员必须具备的基础技能。

1.4.3　知识储备

一、工程量及其统计原则

工程量是指按照相关规定及规则计算和统计的通信工程建设施工过程中每项基本工作的工作量大小。为了保证工程量计算正确性，在工程量计算过程中应注意以下几点：

1）在具体计算工程量之前应首先熟悉相应工程量的计算规则，在计算过程中工程量项目的划分、计量单位的取定、有关系数的调整换算等，都应按相应的规则进行。

2）通信工程建设无论是初步设计还是施工图设计，工程量计算的主要依据都是设计图样，并应按实物工程量法进行工程量的计算和统计。

3）工程量计算应以设计规定的所属范围和设计分界线为准，工程量的计量单位必须与定额计量单位相一致。

4）分部分项工程量应以完成后的实体安装工程量净值为准，而在施工过程中实际消耗的材料用量则不能作为安装工程量。

对于初步计算完成的工作量应该进行分类合并、统计，为了避免统计时的遗漏和重复，工程量的统计应遵循如下原则：

1）工程量计算和统计的基本依据都是设计与施工图样，必须按照图样所表述的内容统计工程量，要保证每一项统计出的工程量都能在图样中找到依据。

2）工程造价人员必须能够熟练阅读并正确理解工程设计图样，这是概、预算人员必须具备的基本功。这也就要求概、预算人员必须了解和掌握设计图样中各种图例的含义，并正确理解图样中所表述的各项工程的施工性质（新建、扩建、改建、迁建等）。

3）工程造价人员必须掌握预算定额中各项目的"工作内容"的说明、注释及分项目设置、分项目的计量单位等，以便统一或正确换算计算出工程量与预算定额的计量单位，做到严格按预算定额的内容要求计算工程量。

4）工程造价人员对施工组织、设计也必须了解和掌握，并且掌握施工的工作流程，以利于工程量计算和套用定额。工程造价人员具有适当的施工或施工组织以及设计经验，在统计相关工程量时可以提高统计工程量的速度和正确性。

5）工程造价人员还必须掌握并正确运用与工程量计算相关的资料。如：不同规格的钢管和重量的单位换算，或查不同规格的电缆接续套管使用场合和使用范围。

6）工程量计算顺序，一般情况下应按工程施工的顺序逐一统计，以保证不重不漏，便于计算。

7）工程量计算完毕后，要进行系统整理，将计算出的工程量按照定额的项目顺序在工程量统计表中逐一列出，并将相同定额子目的项目合并计算，以提高后继的概、预算编制的效率。

8）整理过的工程量，要进行检查、复核，发现问题及时修改。检查、复核要有针对性，对容易出错的工程量应重点复核，发现问题及时修正，并做详细记录，采取必要的纠正措施，以预防类似问题的再次出现。

二、定额

在社会生产过程中，为了完成某一单位合格产品，就要消耗一定的人工、材料、机具设备和资金，同时由于受技术水平、组织管理水平及其他客观条件的影响，不同的生产单位完成同样的产品其消耗水平是不相同的。为了便于对生产过程中各方面的消耗情况进行考核和管理，就需要有一个统一的平均消耗标准，于是人们提出了定额的概念。所谓定额，就是在一定的生产技术和劳动组织条件下，完成单位合格产品在人力、物力、财力的利用和消耗方面应当遵守的标准。

由于具体生产内容的不同，不同的生产行业会有各自不同的定额，定额反映了对应行业在一定时期内的生产技术水平和劳动管理水平，是进行生产组织和管理的基本依据。

定额具有下述的基本特性：

（1）科学性 定额的制订过程和最终测算结果应该具有相应的合理性和科学性，以便能够用来指导实际的生产管理。

（2）系统性 由于实际的生产过程往往具有多种类、多层次、多方面的特性，这就要求对应的定额必须涵盖生产过程的各个种类、层次、方面，因而必须具有一定的系统性和完整性。

（3）权威性和强制性 定额作为一种行业应当遵循的标准，其执行当然具有相应的权威性和强制性，一旦国家主管部门将定额予以颁布，相应行业的生产单位就必须执行。

（4）稳定性和时效性 定额作为一种标准必须保持一定的稳定性，以便于相关生产单位和管理单位的学习、理解和执行，而不能朝令夕改。同时如前所述，定额又是在一定的生产技术和劳动组织条件下测算编制出来的，因此定额又具有一定的时效性，当生产技术和劳动组织条件发生变化后，定额应当进行相应的修改和完善。

三、通信工程建设费用体系

单项工程费用表示了通信单项工程建设的总体费用，按照国家工信部 2008 年颁布的《通信建设工程费用定额》的相关规定，通信建设单项工程总费用由以下几部分构成，如图 1-8 所示。

1. 工程费

顾名思义，工程费是通信工程建设过程中，直接用于工程建设的相关费用，具体又包含了：建筑安装工程费和设备、工器具购置费。

1）建筑安装工程费指通信工程建设过程中，用于各种通信线路建筑和通信设备安装的费用的总称，通常也简称为建安费，也就是前面表二中所填写的内容。

2）设备、工器具购置费是指根据设计提

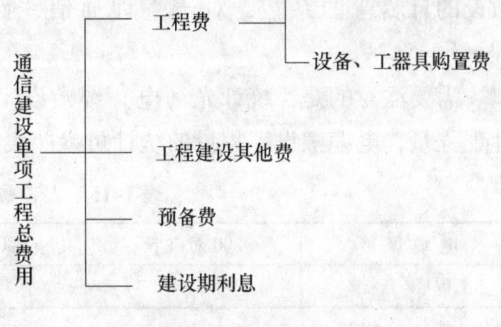

图 1-8 通信建设单项工程总费用构成示意图

出的设备（包括必需的备品备件）、仪表、工器具清单，按设备原价、运杂费、采购及保管费、运输保险费和采购代理服务费计算的费用。

2. 工程建设其他费

指应在通信工程建设项目的建设投资中开支的固定资产其他费用、无形资产费用和其他资产费用，也就是前面学习过的表五中所填写的内容。

3. 预备费

指在初步设计及概算内难以预料的工程费用。预备费又可进一步细分成基本预备费和价差预备费。

（1）基本预备费 基本预备费包括如下内容：

1）进行技术设计、施工图设计和施工过程中，在批准的初步设计和概算范围内所增加的工程费用。

2）由一般自然灾害所造成的损失和预防自然灾害所采取的措施费用。

3）竣工验收时为鉴定工程质量，必须开挖和修复隐蔽工程的费用。

（2）价差预备费　主要是指设备、材料的价差，需要注意的是：按照《通信建设工程概算、预算编制办法》和《通信建设工程费用定额的规定》，只有编制通信工程概算或一阶段设计的通信工程预算时才需计取预备费。

4. 建设期利息

建设项目贷款在建设期内发生并应计入固定资产的贷款利息等财务费用。

1.4.4　能力拓展

某通信管道光（电）缆敷设工程，根据设计方案、设计图样结合《通信建设工程概算、预算编制办法》和《通信建设工程费用定额的规定》，进行通信管道工程的预算编制，预算文件的编制流程如下：

1. 通信管道中光（电）缆敷设的工程量统计

以所敷设光（电）缆的长度计量，计量单位是千米条，所要敷设的光（电）缆的长度由设计方案、设计图样进行测量，预留长度由线路设计根据实际情况取定，并在图样设计时给出。

光（电）缆敷设长度 = 施工丈量长度 × (1 + $K‰$) + 设计预留长度，其中：K 为光电缆敷设的自然弯曲系数，对于直埋通信线路，$K = 7$，对于通信管道工程和通信杆路工程，$K = 5$。

需要注意的是：统计光（电）缆敷设工程量时，应区分不同的光（电）缆规格分别统计工程量，电缆敷设工程量的统计可参照表 1-15、表 1-16 进行。

表 1-15　人工敷设电缆工程量统计表

电 缆 规 格	200 对以下	400 对以下	800 对以下	1200 对以下
工程量/千米条				

表 1-16　机械敷设电缆工程量统计表

电 缆 规 格	200 对以下	400 对以下	800 对以下	1200 对以下
工程量/千米条				

管道敷设光缆的工程量可参照表 1-17 进行统计。

表 1-17　管道敷设光缆工程量统计表

光 缆 规 格	12 芯	36 芯	60 芯	84 芯	108 芯	144 芯	288 芯	576 芯
工程量/千米条								

综上所述，工程量统计的目的是为了明确某项通信工程建设所包含的具体工作内容，以及每项具体工作所应完成工程量的多少，以便为后继概、预算表格的填写打下基础。在完成相关工程量的计算和统计之后，还应对所完成的计算和统计结果作进一步的分类整理，并形

成整个单项工程的工程量统计表，工程量统计表形式如表 1-18 所示。

表 1-18　某通信管道单项工程工程量统计表

序　号	工作项目名称	单　位	数　量
1	通信管道施工测量	km	0.48
2	硬土地开挖管道沟和人孔坑	m³	3.73
3	C10 混凝土做 80mm 厚、350mm 宽管道基础	100m	4.8
4	铺设直径 108mm 的双壁波纹塑料管道	100m	4.8
5	C10 混凝土做管道包封	m³	1.47
6	建筑小号直通人孔（吊装上覆）	个	4
7	建筑小号三通人孔（吊装上覆）	个	3
8	建筑小号四通人孔（吊装上覆）	个	1
9	夯填原土	m³	2.87

2. 预算定额选用

根据《通信建设工程概算、预算编制办法》的有关规定，通信建设工程概、预算使用标准的概、预算文件，标准概、预算文件的标准体系在模块三中已作介绍，这里就不再赘述。依据《通信建设工程费用定额的规定》，选用第五册《通信管道工程》，根据工作量清单的工作任务选用相应的人工定额、机械使用定额、仪器仪表定额以及相应主要材料，将选用的定额填入相应的预算表中。

（1）人工定额　人工定额按照技工、普工填入预算表的表三甲中；

（2）机械定额　机械定额填入预算表的表三乙中；

（3）仪器仪表定额　仪器仪表定额填入预算表的表三丙中；

（4）主要器材　主要器材如果是国内生产的，填入预算表的表四甲中；如果是引进器材（进口器材），填入预算表的表四乙中。这里的器材不包括设备造价，设备造价款项为另计款项。

3. 通信工程建设费用体系

依据《通信建设工程概算、预算编制办法》和《通信建设工程费用定额的规定》的有关规定，进行通信工程建设费用计算，其中：

（1）通信建设单项工程费　通信建设单项工程费 = 工程费 + 工程建设其他费 + 预备费 + 利息，其中：工程费 = 建筑安装工程费 + 设备、工器具购置费；

（2）预备费　预备费 =（建筑安装工程费 + 设备、工器具购置费 + 工程建设其他费）× 预备费费率；

（3）工程建设其他费　工程建设其他费 = 表五中所填写内容的费用之和；

（4）建设期利息　建设期利息 = 建设项目贷款在建设期内发生并应计入固定资产的贷款利息等财务费用。

预算编制时，结合工作量清单、定额手册等相关的文件进行，最后形成预算文件，如表 1-19 所示，其余各表的编制说明，由以后的模块分析阐述。

表 1-19 工程预算总表（表一）

建设项目名称：某通信 4G 建设工程　工程名称：某通信管道工程　建设单位名称：某移动通信有限公司　表格编号：×××　第　×　页

序号	表格编号	费用名称	小型建筑工程费	需要安装的设备费	不需要安装的设备、工器具费	建筑安装工程费	其他费用	总价值 人民币（元）	其中外币（ ）
I	II	III	IV	V	VI	VII	VIII	IX	X
	表二	建筑安装工程费				32877.22		32877.22	
		设备、工器具购置费							
		工程费（建安费+设备费）				32877.22		32877.22	
	表五	工程建设其他费					5821.93	5821.93	
		合计				32877.22	5821.93	38699.15	
		预备费（合计×4%）						1547.97	
		建设期利息							
		总计				32877.22	5821.93	40247.12	

设计负责人：　　　　审核：　　　　编制：　　　　编制日期：　　　年　　月

模块五　通信工程建设预算编制

1.5.1　项目案例

　　某通信工程公司承揽某移动通信公司的 4G 通信网络建设项目，工程造价人员根据设计方案、设计图样、施工图样等设计资料进行工程预算编制。在编制的过程中，工程造价人员按照设计资料进行工程量统计，然后按照国家有关的编制方法与预算定额，计算出通信工程预算，并编制预算文件。

1.5.2　案例分析

　　通信工程建设概、预算作为通信工程建设的费用文件，其费用的计算和编制必须具有确定的依据，才能保证计算和编制结果的可信和可靠，定额就是通信工程建设费用计算和编制的最主要的依据。在通信工程建设的管理和概、预算的编制过程中，定额具有十分重要的作用。

　　工程造价人员按照工程量清单的工作内容以及工程量，依据定额手册与《通信建设工程概算、预算编制办法》的有关规定，编写预算文件。

1.5.3　知识储备

一、定额的基本知识

　　定额就是一种在一定的生产技术和劳动组织条件下，反映生产单位完成产品生产时在人力、物力、财力的利用和消耗方面应当遵守的标准，其特点如下：

　　1）定额就是一种标准，因此同其他标准相类似，定额的执行具有权威性和强制性，同时作为标准，其内容和制定过程也必然具有相应的合理性和科学性，只有这样才能用来指导生产过程的考核、管理，才能被社会所采用。

　　2）由于定额是一种反映生产单位完成产品生产时在人力、物力、财力的利用和消耗方面应当遵守的标准。因此，定额的主要内容应是反映产品生产过程中在人力、物力、财力等方面的利用和消耗。

　　3）定额是在一定的生产技术和劳动组织条件下测算得到的，它是在相应的生产技术和劳动组织条件下应当遵循的标准，当相应的生产技术和劳动组织条件变化后，相应的定额就会失去其应用的条件和基础，也就是说，定额作为一种标准是有其适用的条件和范围的。由于生产技术和劳动组织条件都会随着社会的进步不断发展变化，就要求定额也应不断地完善和补充。

　　为适应通信建设发展的需要，应合理和有效控制工程建设投资，规范通信建设概、预算的编制与管理。根据国家法律、法规及有关规定，中华人民共和国工业和信息化部（简称工信部）修订了《通信建设工程概算、预算编制办法》以及《通信建设工程预算定额》等标准，自 2008 年 7 月 1 日起实施。

新修订的《通信建设工程预算定额》共五册：第一册《通信电源设备安装工程》、第二册《有线通信设备安装工程》、第三册《无线通信设备安装工程》、第四册《通信线路工程》、第五册《通信管道工程》，适用于通信建设项目新建、扩建、改建工程的概算、预算的编制。

通信工程建设概、预算应包括从筹建到竣工验收所需的全部费用，其具体内容、计算方法、计算规则应依据工信部发布的现行通信工程建设定额及其他有关计价依据进行编制。通信工程概、预算的编制应由具有通信建设相关资质的单位负责编制，概、预算编制、审核以及从事通信工程造价的相关人员必须持有工信部颁发的通信建设工程概、预算人员资格证书。

定额作为一种行业标准，其编制必须遵循一定的原则和过程，以保证所编制出的定额具有必需的科学性和可用性。工程定额种类繁多，根据其性质、内容、形式和用途的不同，可分为不同类：

1）按管理层次分为全国统一定额、专业通用定额、地方定额和企业定额；

2）按用途分为概算指标、施工定额、预算定额、概算定额、投资估算指标等；

3）按物质内容分为劳动定额、材料消耗量定额和机械台班定额；

4）按费用性质分为建筑工程定额、安装工程定额、其他费用定额、间接费用定额等。

定额包含了该类通信工程常见工作内容所对应的人工、材料、机械、仪器仪表的工作效率，不包含上述各项消耗的单价。这既是定额的一个主要特点，也是定额编制的一个基本原则，也就是通常所说的"量价分离"。为了确定每项内容耗费的最终费用，国家主管部门在发布预算定额的同时还发布了相配套的《通信建设工程费用定额》、《通信建设工程施工机械、仪器仪表台班费用定额》。随着社会经济的发展，人工、材料、机械、仪器仪表的市场费用也在变化，通常情况下，这些费用按照工程地区、市场价格而定。

二、定额手册的构成

从内容上来说，现行的通信工程建设概、预算定额主要由以下几部分组成。

1. 总说明

总说明不仅阐述了定额的编制原则、指导思想、编制依据和适用范围，同时说明了编制定额时已经考虑和没有考虑的各种因素、有关规定和使用方法。

2. 册说明

如前所述，现行的通信工程建设预算定额按照专业类别的不同将预算定额分成了五册，为了指导每一册的使用，对每一册还编制了相应的册说明。册说明主要阐述该册的内容、编制基础以及使用该册时应注意的问题及有关规定等。每一册的册说明可参见相应分册的定额，册说明也是概、预算编制人员在使用概、预算定额时必须了解的内容。

3. 章、节说明

在各册定额内容的组织结构中，又将定额内容进一步细分成不同的章、节，以方便定额项目的查询。对于定额分册的章节内容，定额中还编制了相应的章、节说明，以指导定额的使用。

综上所述，定额分册的章、节说明中包含了本章章、节说明，其主要说明分部、分项工程的工作内容，工程量计算方法和本章、节的相关规定、计量单位、起讫范围、应扣除和应增加的部分等。因此，定额的章、节说明和定额的使用密切相关，必须全面掌握。

4. 定额项目表

定额项目表是通信工程概、预算定额中所包含的各定额项目的列表，是最为主要的部分，也是定额使用过程中要查询的主要内容，定额中的其他组成部分都是为定额项目表中定额项目的使用服务的。定额项目表的具体内容可参见具体的定额分册和附录。

5. 备注

备注也是定额的一个组成部分，用来对相应的定额项目的使用进行注解说明。备注一般位于需要注解说明的定额项目表下面，并以"注："字开头。如定额第五分册（通信管道工程预算定额分册）第二章第一节"混凝土管道基础"部分定额项目表下面就给出如下的备注：

注：本定额是按管道基础厚度为80mm时取定的。当基础厚度为100mm或120mm时，除钢材外定额分别乘以1.25或1.50系数。

该备注放在"混凝土管道基础"部分定额项目表下面，注解说明了该部分定额编制时所考虑的因素和适用条件，也说明了实际使用该部分定额项目时应进行的处理。显而易见，定额中的备注部分也是使用定额时必须仔细阅读并真正理解的部分。

6. 附录

附录也是现行通信工程预算定额的一个组成部分，是指定额文本中所附加的一些对定额相关内容的补充说明，如"土壤及岩石分类表"，或者为了方便定额使用而附加的相应内容。附录一般作为附加内容放于对应分册的最后，如定额第五分册（通信管道工程预算定额分册）最后就附加了一些附录。

三、通信工程概、预算定额的使用方法

对于通信工程概、预算编制人员来说，除了要知道概、预算定额的主要内容和组成结构以外，更要关心的一个问题是概、预算定额如何使用。对于通信工程概、预算定额的使用，主要是根据所完成的工程量统计表，通过查询定额来确定各工作项目在人工、材料、机械、仪器仪表方面的消耗。通信工程概、预算定额的查询可按如下步骤来完成：

1）根据工作内容确定所属分册，即首先根据工作内容确定对应的定额项目应该在哪一册。

2）查阅所确定分册的目录，确定所属的章、节。

3）查阅所确定章、节的定额项目表，找到对应的定额条目。

4）查阅所找到的定额条目，确定对应工作在人工、材料、机械、仪器仪表方面的单位消耗量。

5）对照定额的总说明、册说明、章节说明以及备注等说明内容，并参照实际施工要求，确定是否需要进行系数调整。

四、注意事项

综上所述，正确查询定额是确定通信工程人力、材料、机械以及仪器仪表消耗量的基础，为了能够正确、熟练地使用定额手册，必须注意如下事项。

1. 是否需要进行系数调整

现行的通信工程建设概、预算定额是按照社会平均技术水平和劳动组织条件经过一定的测算而得到的，其内容只能反映普遍的、通用的施工内容和施工工艺方法，而不可能面面俱到。对于实际需要采用的、而定额中没有直接对应条目的部分施工内容，可以通过使用相近的定额条目乘以一定的调整系数而得到其相应的消耗量。

2. 随时关注定额的发展变化

正如定额的概念所反映的，定额是在一定的生产技术和劳动组织条件下测算得到的，定额的内容具有一定的时效性。随着生产技术和劳动组织条件的发展变化，以及国家相应管理政策的变化，已有的定额内容就可能需要做出相应的调整或补充，在这种情况下，国家主管部门往往会发布相应的通知对原有定额内容进行相应的调整或补充。因此，通信工程概、预算的编制人员必须随时关注和了解定额内容的调整或变化情况，以保证定额使用的正确性。

五、预算编制

预算编制参照中华人民共和国工业和信息化部于 2008 年发行的《通信建设工程概算、预算编制办法》中规定的各种取费与工程定额标准而阐述。

1. 直接费

（1）直接工程费　直接用于建设工程中所发生的费用，如人工费、材料费、机械使用费、仪器仪表使用费等，其中：

1）人工费＝技工费+普工费，其中：技工费＝技工单价×技工总工日；普工费＝普工单价×普工总工日。

通信工程建设不分专业和地区工资类别，综合取定人工费。人工费单价按照 2008 年 7 月 1 日起实施的《通信建设工程概算、预算编制办法及费用定额》以及《通信建设工程预算定额》等标准中的规定，人工费单价取费为：技工为 48 元/工日；普工为 19 元/工日。

2）材料费＝主要材料费＋辅助材料费，其中：

主要材料费＝材料原价＋运杂费＋运输保险费＋采购及保管费＋采购代理服务费

辅助材料费＝主要材料费×辅助材料费系数

说明：

① 材料原价：供应价或供货地点价。

② 运杂费：编制概算时，除水泥及水泥制品的运输距离按 500km 计算，其他类型的材料运输距离按 1500km 计算。运杂费＝材料原价×器材运杂费费率，费率如表 1-20 所示。

表 1-20 器材运杂费费率表

器材名称 费率（%） 运距 L/km	光 缆	电 缆	塑料及 塑料制品	木材及 木制品	水泥及 水泥构件	其 他
$L \leqslant 100$	1.0	1.5	4.3	8.4	18.0	3.6
$100 < L \leqslant 200$	1.1	1.7	4.8	9.4	20.0	4.0
$200 < L \leqslant 300$	1.2	1.9	5.4	10.5	23.0	4.5
$300 < L \leqslant 400$	1.3	2.1	5.8	11.5	24.5	4.8
$400 < L \leqslant 500$	1.4	2.4	6.5	12.5	27.0	5.4
$500 < L \leqslant 750$	1.7	2.6	6.7	14.7	—	6.3
$750 < L \leqslant 1000$	1.9	3.0	6.9	16.8	—	7.2
$1000 < L \leqslant 1250$	2.2	3.4	7.2	18.9	—	8.1
$1250 < L \leqslant 1500$	2.4	3.8	7.5	21.0	—	9.0
$1500 < L \leqslant 1750$	2.6	4.0	—	22.4	—	9.6
$1750 < L \leqslant 2000$	2.8	4.3	—	23.8	—	10.2
$L > 2000$km 时， 每增加 250km 增加的费率	0.2	0.3	—	1.5	—	0.6

③ 运输保险费：运输保险费 = 材料原价 × 保险费率0.1%。

④ 采购及保管费：采购及保管费 = 材料原价 × 采购及保管费费率，费率如表 1-21 所示。

表 1-21 材料采购及保管费费率表

工 程 名 称	计 算 基 础	费率（%）
通信设备安装工程	材料原价	1.0
通信线路工程		1.1
通信管道工程		3.0

⑤ 采购代理服务费按实计列。

⑥ 辅助材料费：辅助材料费 = 主要材料费 × 辅助材料费费率，费率如表 1-22 所示。

表 1-22 辅助材料费费率表

工 程 名 称	计 算 基 础	费率（%）
通信设备安装工程	主要材料费	3.0
电源设备安装工程		5.0
通信线路工程		0.3
通信管道工程		0.5

⑦ 凡由建设单位提供的利旧材料，其材料费不计入工程成本。

3）机械使用费，机械使用费 = 机械台班单价 × 概算、预算的机械台班量。

4）仪表使用费，仪表使用费 = 仪表台班单价 × 概算、预算的仪表台班量。

（2）措施费　为保证工程项目顺利实施而采取相应的措施所花费的费用，费用如下：

1）环境保护费，环境保护费＝人工费×相关费率，费率如表1-23所示。

表1-23　环境保护费费率表

工 程 名 称	计 算 基 础	费率（%）
无线通信设备安装工程	人工费	1.20
通信线路工程、通信管道工程		1.50

2）文明施工费，文明施工费＝人工费×费率1.0%。

3）工地器材搬运费，工地器材搬运费＝人工费×相关费率，费率如表1-24所示。

表1-24　工地器材搬运费费率表

工 程 名 称	计 算 基 础	费率（%）
通信设备安装工程	人工费	1.3
通信线路工程		5.0
通信管道工程		1.6

4）工程干扰费，工程干扰费＝人工费×相关费率，费率如表1-25所示。

表1-25　工程干扰费费率表

工 程 名 称	计 算 基 础	费率（%）
通信线路工程、通信管道工程（干扰地区）	人工费	6.0
移动通信基站设备安装工程		4.0

注：1. 干扰地区指城区、高速公路隔离带、铁路路基边缘等施工地带。
　　2. 综合布线工程不计取。

5）工程点交、场地清理费，工程点交、场地清理费＝人工费×相关费率，费率如表1-26所示。

表1-26　工程点交、场地清理费费率表

工 程 名 称	计 算 基 础	费率（%）
通信设备安装工程	人工费	3.5
通信线路工程		5.0
通信管道工程		2.0

6）临时设施费，临时设施费按施工现场与企业的距离划分为35km以内、35km以外两档，临时设施费＝人工费×相关费率，费率如表1-27所示。

表1-27　临时设施费费率表

工 程 名 称	计 算 基 础	费率（%）	
		距离≤35km	距离＞35km
通信设备安装工程	人工费	6.0	12.0
通信线路工程		5.0	10.0
通信管道工程		12.0	15.0

7）工程车辆使用费，工程车辆使用费 = 人工费 × 相关费率，费率如表 1-28 所示。

表 1-28 工程车辆使用费费率表

工 程 名 称	计 算 基 础	费率（%）
无线通信设备安装工程、通信线路工程	人工费	6.0
有线通信设备安装工程、通信电源设备安装工程、通信管道工程		2.6

8）夜间施工增加费，夜间施工增加费 = 人工费 × 相关费率，费率如表 1-29 所示。

表 1-29 夜间施工增加费费率表

工 程 名 称	计 算 基 础	费率（%）
通信设备安装工程	人工费	2.0
通信线路工程（城区部分）、通信管道工程		3.0

注：此项费用不考虑施工时段，均按相应费率计取。

9）冬雨季施工增加费，冬雨季施工增加费 = 人工费 × 相关费率，费率如表 1-30 所示。

表 1-30 冬雨季施工增加费费率表

工 程 名 称	计 算 基 础	费率（%）
通信设备安装工程（室外天线、馈线部分）	人工费	2.0
通信线路工程、通信管道工程		

注：1. 此项费用不分施工所处季节，均按相应费率计取。
　　2. 综合布线工程不计取。

10）生产工具用具使用费，生产工具用具使用费 = 人工费 × 相关费率，费率如表 1-31 所示。

表 1-31 生产工具用具使用费费率表

工 程 名 称	计 算 基 础	费率（%）
通信设备安装工程	人工费	2.0
通信线路工程、通信管道工程		3.0

11）施工用水电蒸汽费，通信线路、通信管道工程依照施工工艺要求按实际计取施工用水电蒸汽费。

12）特殊地区施工增加费，各类通信工程按 3.20 元/工日标准，计取特殊地区施工增加费，特殊地区施工增加费 = 概（预）算总工日 × 3.20 元/工日。

13）已完工程及设备保护费，承包人依据工程发包的内容范围报价，经建设单位确认计取已完工程及设备保护费。

14）运土费。通信线路（城区部分）、通信管道工程根据市政管理要求，按实计取运土费，计算依据参照地方标准。

15）施工队伍调遣费，施工队伍调遣费按调遣费定额计算，施工现场与企业的距离在 35km 以内时，不计取此项费用。施工队伍调遣费 = 单程调遣费定额 × 调遣人数 × 2，施工队伍单程调遣费定额如表1-32所示，施工队伍调遣人数定额如表1-33所示。

表1-32 施工队伍单程调遣费定额表

调遣里程 L/km	调遣费/元	调遣里程 L/km	调遣费/元
$35 < L \leqslant 200$	106	$2400 < L \leqslant 2600$	724
$200 < L \leqslant 400$	151	$2600 < L \leqslant 2800$	757
$400 < L \leqslant 600$	227	$2800 < L \leqslant 3000$	784
$600 < L \leqslant 800$	275	$3000 < L \leqslant 3200$	868
$800 < L \leqslant 1000$	376	$3200 < L \leqslant 3400$	903
$1000 < L \leqslant 1200$	416	$3400 < L \leqslant 3600$	928
$1200 < L \leqslant 1400$	455	$3600 < L \leqslant 3800$	964
$1400 < L \leqslant 1600$	496	$3800 < L \leqslant 4000$	1042
$1600 < L \leqslant 1800$	534	$4000 < L \leqslant 4200$	1071
$1800 < L \leqslant 2000$	568	$4200 < L \leqslant 4400$	1095
$2000 < L \leqslant 2200$	601	$L > 4400$km 时，每增加 200km 增加调遣费	73
$2200 < L \leqslant 2400$	688		

表1-33 施工队伍调遣人数定额表

通信设备安装工程			
概（预）算技工总工日	调遣人数/人	概（预）算技工总工日	调遣人数/人
500 工日以下	5	4000 工日以下	30
1000 工日以下	10	5000 工日以下	35
2000 工日以下	17	5000 工日以上，每增加 1000 工日增加调遣人数	3
3000 工日以下	24		

通信线路、通信管道工程			
概（预）算技工总工日	调遣人数/人	概（预）算技工总工日	调遣人数/人
500 工日以下	5	9000 工日以下	55
1000 工日以下	10	10000 工日以下	60
2000 工日以下	17	15000 工日以下	80
3000 工日以下	24	20000 工日以下	95
4000 工日以下	30	25000 工日以下	105
5000 工日以下	35	30000 工日以下	120
6000 工日以下	40	30000 工日以上，每增加 5000 工日增加调遣人数	3
7000 工日以下	45		
8000 工日以下	50		

16）大型施工机械调遣费，大型施工机械调遣费 $= 2 \times$（单程运价×调遣运距×总吨位），大型施工机械调遣费单程运价为 0.62 元/t·单程每公里，大型施工机械调遣吨位如表1-34所示。

表 1-34　大型施工机械调遣吨位表

机 械 名 称	吨位/t	机 械 名 称	吨位/t
光缆接续车	4	水下光（电）缆沟挖冲机	6
光（电）缆拖车	5	液压顶管机	5
微管微缆气吹设备	6	微控钻孔敷管设备	25 以下
气流敷设吹缆设备	8	微控钻孔敷管设备	25 以上

2. 间接费

间接费包括规费与企业管理费两项内容。

（1）规费　规费是建筑安装工程费用中间接费的组成部分，指政府和有关部门规定必须缴纳的费用，包括工程排污费、社会保障费等。

1）工程排污费。根据施工所在地政府部门相关规定计取。

2）社会保障费。按照性质分为养老保险费、失业保险费和医疗保险费等，每项费用均按人工费 × 相关费率收取。

3）住房公积金。住房公积金 = 人工费 × 相关费率。

4）危险作业意外伤害保险费。危险作业意外伤害保险费 = 人工费 × 相关费率。

规费费率见表 1-35。

表 1-35　规费费率表

费 用 名 称	工 程 名 称	计 算 基 础	费率（%）
社会保障费	各类通信工程	人工费	26.81
住房公积金			4.19
危险作业意外伤害保险费			1.00

（2）企业管理费　企业管理费 = 人工费 × 相关费率，费率如表 1-36 所示。

表 1-36　企业管理费费率表

工 程 名 称	计 算 基 础	费率（%）
通信线路工程、通信设备安装工程	人工费	30.0
通信管道工程		25.0

3. 利润

利润 = 人工费 × 相关费率，利润费率如表 1-37 所示。

表 1-37　利润费率表

工 程 名 称	计 算 基 础	费率（%）
通信线路工程、通信设备安装工程	人工费	30.0
通信管道工程		25.0

4. 税金

税金 = （直接费 + 间接费 + 利润）× 税率，税率如表 1-38 所示。

表1-38　税率表

工程名称	计算基础	税率（%）
各类通信工程	直接费+间接费+利润	3.41

注：通信线路工程计取税金时将光缆、电缆的预算价从直接工程费中核减。

5. 设备、工器具购置费

设备、工器具购置费=设备原价+运杂费+运输保险费+采购及保管费+采购代理服务费

说明：

1）设备原价：供应价或供货地点价。

2）运杂费=设备原价×设备运杂费费率，费率如表1-39所示。

表1-39　设备运杂费费率表

运输里程 L/km	取费基础	费率（%）	运输里程 L/km	取费基础	费率（%）
$L \leq 100$	设备原价	0.8	$1000 < L \leq 1250$	设备原价	2.0
$100 < L \leq 200$	设备原价	0.9	$1250 < L \leq 1500$	设备原价	2.2
$200 < L \leq 300$	设备原价	1.0	$1500 < L \leq 1750$	设备原价	2.4
$300 < L \leq 400$	设备原价	1.1	$1750 < L \leq 2000$	设备原价	2.6
$400 < L \leq 500$	设备原价	1.2	$L > 2000$km 时，每增 250km 增加	设备原价	0.1
$500 < L \leq 750$	设备原价	1.5	—	—	—
$750 < L \leq 1000$	设备原价	1.7	—	—	—

3）运输保险费=设备原价×保险费费率0.4%。

4）采购及保管费=设备原价×采购及保管费费率，费率如表1-40所示。

表1-40　采购及保管费费率表

项目名称	计算基础	费率（%）
需要安装的设备	设备原价	0.82
不需要安装的设备（仪表、工器具）		0.41

5）采购代理服务费按实计列。

6）引进设备（材料）的国外运输费、国外运输保险费、关税、增值税、外贸手续费、银行财务费、国内运杂费、国内运输保险费、引进设备（材料）国内检验费、海关监管手续费等按引进货价计算后进入相应的设备材料费中。单独引进软件不计关税只计增值税。

6. 工程建设其他费

（1）建设用地及综合赔补费　通信工程占地为建设用地，建设用地及综合赔补费是对土地拥有者的补偿。

1）根据应征建设用地面积、临时用地面积，按建设项目所在省、市、自治区人民政府制定颁发的土地征用补偿费、安置补助费标准和耕地占用税、城镇土地使用税标准计算。

2）建设用地上的建（构）筑物如需迁建，其迁建补偿费应按迁建补偿协议计列或按新

建同类工程造价计算。

（2）建设单位管理费　参照财政部财建〔2002〕394号《基本建设财务管理规定》执行，费率如表1-41所示。

表1-41　建设单位管理费总额控制数费率表

工程总概算/万元	费率（%）	算　例	
		工程总概算/万元	建设单位管理费/万元
1000以下	1.5	1000	$1000 \times 1.5\% = 15$
1001~5000	1.2	5000	$15 + (5000 - 1000) \times 1.2\% = 63$
5001~10000	1.0	10000	$63 + (10000 - 5000) \times 1.0\% = 113$
10001~50000	0.8	50000	$113 + (50000 - 10000) \times 0.8\% = 433$
50001~100000	0.5	100000	$433 + (100000 - 50000) \times 0.5\% = 683$
100001~200000	0.2	200000	$683 + (200000 - 100000) \times 0.2\% = 883$
200000以上	0.1	280000	$883 + (280000 - 200000) \times 0.1\% = 963$

如建设项目采用工程总承包方式，其总包管理费由建设单位与总包单位根据总包工作范围在合同中商定，从建设单位管理费中列支。

（3）可行性研究费　参照国家计委关于印发《建设项目前期工作咨询收费暂行规定》的通知（计投资〔1999〕1283号）的规定。

（4）研究试验费　新产品、新技术、新工艺进行研究实验的费用。

1）根据建设项目研究试验内容和要求进行编制。

2）研究试验费不包括以下费用：

①应由科技三项费用（即新产品试制费、中间试验费和重要科学研究补助费）开支的费用；

②应在建筑安装费用中列支的施工企业对材料、构件进行一般鉴定、检查所发生的费用及技术革新的研究试验费；

③应由勘察设计费或工程费中开支的项目。

（5）勘察设计费　参照国家计委、建设部关于发布《工程勘察设计收费管理规定》的通知（计价格〔2002〕10号）规定。

（6）环境影响评价费　参照国家计委、国家环境保护部《关于规范环境影响咨询收费有关问题的通知》（计价格〔2002〕125号）规定。

（7）劳动安全卫生评价费　参照建设项目所在省（市、自治区）劳动行政部门规定的标准计算。

（8）建设工程监理费　参照国家发展和改革委员会、建设部〔2007〕670号文，关于《建设工程监理与相关服务收费管理规定》的通知进行计算。

（9）安全生产费　参照财政部、国家安全生产监督管理总局财企〔2006〕478号文，《高危行业企业安全生产费用财务管理暂行办法》的通知，安全生产费按建筑安装工程费的1.0%计取。

（10）工程质量监督费　参照国家发展和改革委员会、财政部计价格〔2001〕585号文的相关规定。

（11）工程定额测定费　工程定额测定费 = 直接费 × 费率0.14%。

（12）引进技术和引进设备其他费　国外产品、技术、设备等进行引进所需的相关费用如下：

1）引进项目图样资料翻译复制费：根据引进项目的具体情况计列或按引进设备到岸价的比例估列。

2）出国人员费用：依据合同规定的出国人次、期限和费用标准计算。生活费及制装费按照财政部、外交部规定的现行标准计算，旅费按中国民航公布的国际航线票价计算。

3）来华人员费用：应依据引进合同有关条款规定计算。引进合同价款中已包括的费用内容不得重复计算。来华人员接待费用可按每人次费用指标计算。

4）银行担保及承诺费：应按担保或承诺协议计取。

（13）工程保险费　施工单位为避免项目风险带来的意外损失而采取项目投保的方式，用于规避风险，工程保险费计取方式如下：

1）不投保的工程不计取此项费用。

2）不同的建设项目可根据工程特点选择投保险种，根据投保合同计列保险费用。

（14）工程招标代理费　参照国家计委《招标代理服务费管理暂行办法》（计价格〔2002〕1980号）规定。

（15）专利及专用技术使用费　在项目建设中采用了专利技术或专用技术，向专利拥有者提供专利或专用技术使用费，具体方式如下：

1）按专利使用许可协议和专用技术使用合同的规定计列。

2）专用技术的界定应以省、部级鉴定机构的批准为依据。

3）项目投资中只计取需要在建设期支付的专利及专用技术使用费。协议或合同规定在生产期支付的使用费应在成本中核算。

（16）生产准备及开办费　新建项目按设计定员为基数计算，改扩建项目按新增设计定员为基数计算：生产准备费 = 设计定员 × 生产准备费指标（元/人），生产准备费指标由投资企业自行测算。

（17）预备费　为防止建设期可能发生的风险因素而导致的建设费用增加而预留的费用。预备费 =（工程费 + 工程建设其他费）× 相关费率，费率如表1-42所示。

表1-42　预备费费率表

工 程 名 称	计算基础	费率（%）
通信设备安装工程	工程费 + 工程建设其他费	3.0
通信线路工程		4.0
通信管道工程		5.0

（18）建设期利息　按银行当期利率计算。

1.5.4 能力拓展

某通信设计院的工程预算人员按照建设单位提供的设计资料进行项目设计，绘制设计图样、施工图样，结合材料清单，计算工程的工作量，参照《通信建设工程概算、预算编制办法》进行预算编制，最终形成工程预算文件，该文件用于指导项目招投标、项目实施中的成本控制。

预算取费可参照附录，由于附录所用的定额为 2008 年 7 月 1 日起实施的《通信建设工程概算、预算编制办法及费用定额》以及《通信建设工程预算定额》等标准中的规定，各高校可结合最新版的取费标准、《通信建设工程概算、预算编制办法》与项目案例，自行选择课程实施。

本案例中提供综合布线系统工程器材进场清单，清单如表 1-43 所示，部分工程量清单如表 1-44 所示，以及预算文件最终的编制结果。预算文件中，部分定额可能与定额手册不同或部分数据与实际计算结果不符，其原因为市场竞价的因素所导致，仅做参考。其余的工作量，由各高校结合教学进度与学校实际，学生在指导教师指导下，自行完成工程量清单。

表 1-43 综合布线系统工程器材进场清单

序号	材料名称	规格型号	数量	单位	技术状况	备注
1	网线	UTP CAT5E	272	箱	合格	
2	双口面板	RJ45/RJ11	869	个	合格	
3	模块	CAT5E	1738	个	合格	
4	光缆	六芯多模	356	m	合格	
5	配线架	CAT5E 24 口	42	只	合格	
6	配线架	100 对	60	块	合格	
7	通信电缆	HYA200×2×0.4	192	m	合格	
8	通信电缆	HYA50×2×0.4	153	m	合格	
12	机柜（落地）	42U	6	台	合格	
14	理线器	1U	125	个	合格	
17	底盒	86 型	930	个	合格	
29	金属桥架	300mm×100mm	829	m	合格	
37	PVC 塑料管	$\phi25$	6746		合格	
38	PVC 配件	—	1	批	合格	
39	PVC 线槽	60mm×20mm	123	m	合格	
40	PVC 线槽	40mm×20mm	116	m	合格	

（续）

序号	材料名称	规格型号	数量	单位	技术状况	备注
41	PVC 线槽	20mm×20mm	27	m	合格	
42	PVC 槽件	—	1	批	合格	
44	钢丝	φ1.5	131	kg	合格	
45	镀锌铁丝	φ1.5	63	kg	合格	
	镀锌铁丝	φ4.0	2.7	kg	合格	
46	光缆终端盒	24 口	1	个	合格	
47	光缆终端盒	12 口	6	个	合格	
48	尼龙固定卡带	200mm	10000	个	合格	
50	耦合器	ST-ST	60	个	合格	
51	尾纤（3m）	ST-ST	30	条	合格	
52	水泥	325#	232	kg	合格	
53	粗砂	—	396	kg	合格	

表 1-44 某综合布线工程工程量清单

序 号	工作项目名称	单 位	数 量
1	砖墙开槽、水泥砂浆抹平	m	116.00
2	混凝土墙开槽、水泥砂浆抹平	m	112.00
3	敷设硬质 φ25mm 以下 PVC 管	100m	64.25
4	敷设塑料线槽100mm 宽以下（60mm×20mm）	100m	1.17
5	敷设塑料线槽100mm 宽以下（20mm×20mm）	100m	0.26
6	敷设塑料线槽100mm 宽以下（40mm×20mm）	100m	1.10
7	安装吊装水平桥架 300mm 以下	10m	76.50
8	安装垂直桥架 300mm 以上	10m	5.60

预算文件如下：

1）通信项目总预算表（汇总表），如表 1-45 所示。

2）工程预算总表（表一），如表 1-46 所示。

3）建筑安装工程费用预算表（表二），如表 1-47 所示。

4）建筑安装工程量预算表（表三）甲，如表 1-48 所示。

5）建筑安装工程机械使用费预算表（表三）乙，如表 1-49 所示。

6）建筑安装工程仪器仪表使用费预算表（表三）丙，如表 1-50 所示。

7）国内器材预算表（表四）甲，如表 1-51 所示。

8）工程建设其他费预算表（表五）甲，如表 1-52 所示。

本书中的工程预算案例均取自于真实项目预算，由于市场等方面的因素，致使表中部分数据不够准确，请参考使用。

表 1-45 建设项目总 预 算表（汇总表）

建设项目名称：　　　　　建设单位名称：某单位

某单位综合布线工程　　表格编号：　　　第 1 页

序号	表格编号	单项工程名称	小型建筑工程费	需要安装的设备费	不需安装的设备、工器具费	建筑安装工程费	预备费	其他费用	总 价 值		生产准备及开办费
					（元）				人民币（元）	其中外币（）	（元）
I	II	III	IV	V	VI	VII	VIII	IX	X	XI	XII
		某单位综合布线工程				588309.03	23723.47	5883.09	617915.59		

设计负责人：　　　审核：　　　编制：　　　编制日期：　　年　　月

建设项目名称:

工程名称:某单位综合布线工程

表 1-46 工程 预 算 总 表 (表一)

建设单位名称:某单位　　　　表格编号:　　　　第 2 页

序号	表格编号	费 用 名 称	小型建筑工程费	需要安装的设备费	不需要安装的设备、工器具费	建筑安装工程费	其 他 费 用	总 价 值		其中外币 ( )
					(元)			人民币 (元)		
I	II	III	IV	V	VI	VII	VIII	IX		X
1	表二	工程费				588309.03		588309.03		
2	表五	工程建设其他费					5883.09	5883.09		
3		预备费					23723.47	23723.47		
4		建设利息								

设计负责人:　　　　审核:　　　　编制:　　　　编制日期:　　　年　　月

表1-47 建筑安装工程费用 预 算表（表二）

工程名称：某单位综合布线工程　　建设单位名称：某单位　　表格编号：　　第 3 页

序号 I	费用名称 II	依据和计算方法 III	合计（元） IV	序号 I	费用名称 II	依据和计算方法 III	合计（元） IV
一	建筑安装工程费	一+二+三+四	588309.03	8	夜间施工增加费	人工费×3%	3714.57
（一）	直接费	（一）+（二）	494516.83	9	冬雨季施工增加费		
1	直接工程费	1-2+3+4	457990.22	10	生产工具用具使用费	人工费×3%	3714.57
（1）	人工费	（1）+（2）	123819.02	11	施工用水电蒸汽费		
（1）	技工费	48×技工工日	100366.56	12	特殊地区施工增加费	人工费×3.2	
（2）	普工费	19×普工工日	23452.46	13	已完工程及设备保护费		
2	材料费	（1）+（2）	320592.7	14	运土费		
（1）	主要材料费	含其他杂费	319737.93	15	施工队伍调遣费		
（2）	辅助材料费	（1）×0.3%	959.21	16	大型施工机械调遣费		
3	机械使用费		202.40	二	间接费	（一）+（二）	37145.70
4	仪表使用费	1+…+16	13376.10	（一）	规费		
（二）	措施费		36526.61	1	工程排污费		
1	环境保护费	人工费×1.5%	1857.29	2	社会保障费		
2	文明施工费	人工费×1%	1238.19	3	住房公积金		
3	工地器材搬运费	人工费×5%	6190.95	4	危险作业意外伤害保险费		
4	工程干扰费	人工费×6%		（二）	企业管理费	人工费×30%	37145.70
5	工程点交、场地清理费	人工费×5%	6190.95	三	利润	人工费×30%	37145.70
6	临时设施费	人工费×5%	6190.95	四	税金	（一+二+三）×3.41%	19396.36
7	工程车辆使用费	人工费×6%	7429.14				

设计负责人：　　编制：　　审核：　　编制日期：　　年　月

71

工程名称：某单位综合布线工程

表1-48　建筑安装工程量　预　算表（表三）甲

建设单位名称：　某单位　　　　　　　　　　　　　　　　　　表格编号：　　　　　　　　第 4 页

序号	定额编号	项目名称	单位	数量	单位定额值/工日		合计值/工日	
					技工	普工	技工	普工
I	II	III	IV	V	VI	VII	VIII	IX
1	TXL7-001	砖墙开槽、水泥砂浆抹平	m	116.00		0.07		8.12
2	TXL7-002	混凝土墙开槽、水泥砂浆抹平	m	112.00		0.22		24.66
3	TXL7-005	敷设硬质φ25以下PVC管	100m	64.25	1.76	7.04	113.08	452.32
4	TXL7-011	敷设塑料线槽100mm宽以下（60mm×20mm）	100m	1.17	3.15	10.53	3.69	12.32
5	TXL7-011	敷设塑料线槽100mm宽以下（20mm×20mm）	100m	0.26	3.15	10.53	0.82	2.74
6	TXL7-011	敷设塑料线槽100mm宽以下（40mm×20mm）	100m	1.10	3.15	10.53	3.47	11.58
7	TXL7-014	安装吊装水平桥架300mm以下	10m	76.50	0.41	0.02	31.37	1.50
8	TXL7-020	安装垂直桥架300mm以上	10m	5.60	0.22	1.77	1.23	9.91
9	TXL7-024	安装信息插座底盒（明装）	10个	4.40		0.40		1.76
10	TXL7-025	安装信息插座底盒（砖墙内）	10个	41.20		0.98		40.38
11	TXL7-026	安装信息插座底盒（混凝土墙内）	10个	41.30		1.37		56.58
12	TXL7-029	安装机柜、机架	个	6.00	2.00	0.67	12.00	4.02
13	TXL7-033	穿放4对绞电缆	百米条	527.44	0.85	0.85	448.32	448.32
14	TXL7-038	明布4对绞电缆	百米条	281.04	0.51	0.51	143.33	143.33
15	TXL7-034	穿放大对数对绞电缆非屏蔽50对以下	百米条	1.50	1.20	1.20	1.80	1.80
16	TXL7-040	明布大对数对绞光缆	百米条	1.88	2.70	2.70	5.08	5.08
17	TXL7-041	管、暗槽内穿放光缆	百米条	1.50	1.36	1.36	2.04	2.04
18	TXL7-042	桥架、线槽、网络地板内明布光缆	百米条	2.00	0.90	0.90	1.80	1.80
19	TXL7-045	卡接4对绞电缆（配线架侧）（条）	条	1738	0.60		1042.80	
20	TXL7-047	卡接大对数对绞电缆（配线架侧）（100对）	100对	8.5	1.13		9.61	
21	TXL7-049	安装光纤连接盘（块）	块	7	0.65		4.55	
22	TXL7-053	光纤连接器熔接法（芯）	芯	60	0.40		24.00	
23	TXL7-058	安装8位模块式信息插座双口非屏蔽	10个	86.9	0.75	0.07	65.18	6.08
24	TXL7-065	电缆链路测试	链路	1738	0.10		173.80	
25	TXL7-066	光纤链路测试	链路	30	0.10		3.00	
总计							2090.97	1234.34

设计负责人：　　　　　　审核：　　　　　　编制：　　　　　　编制日期：　　　年　　月

表1-49　建筑安装工程机械使用费 预 算表（表三）乙

工程名称：某单位综合布线工程

建设单位名称：某单位

表格编号：　　　第 5 页

序号	定额编号	项目名称	单位	数量	机械名称	数量（台班）	单价（元）	数量（台班）	合价（元）
						单位定额值		合 计 值	
I	II	III	IV	V	VI	VII	VIII	IX	X
1	TXJ0001	光纤熔接	台班	1.80	光纤熔接机	1.00	168.00	1.80	202.40
总计（元）									202.40

设计负责人：　　　审核：　　　编制：　　　编制日期：　　年　月

表 1-50　建筑安装工程仪器仪表使用费 预 算表（表三）丙

工程名称：某单位综合布线工程

建设单位名称：某单位

表格编号：　　　　　　第 6 页

序号	定额编号	项目名称	单位	数量	仪表名称	单位定额值		合计值	
						数量（台班）	单价（元）	数量（台班）	合价（元）
I	II	III	IV	V	VI	VII	VIII	IX	X
1	TXY0007	光纤测试	链路	30	光功率计	1.00	62.00	0.60	37.20
2	TXY0004	光纤测试	链路	30	稳定光源	1.00	72.00	0.60	43.20
3	TXY0049	电缆测试	链路	1738	综合布线线路分析仪	1.00	153.00	86.90	13295.70
总计（元）									13376.10

设计负责人：　　　审核：　　　编制：　　　编制日期：　年　月

表 1-51 国内器材 预 算表（表四）甲

工程名称： 某单位综合布线工程
建设单位名称：
表格编号：
（主要材料）表
某单位
第 7 页

序号	名 称	规 格 型 号	单 位	数 量	单价（元）	合计（元）	备 注
I	II	III	IV	V	VI	VII	VIII
1	双绞线	UTP CAT5E	箱	272.00	550.00	149600.00	
2	模块	CAT5E	个	1738.00	14.00	24332.00	
3	面板	双口	个	869.00	5.00	4345.00	
4	底盒	明装 86 型	个	44.00	3.00	132.00	
5	底盒	暗装 86 型	个	886.38	3.00	2659.14	
6	配线架	100 对 110	只	60.00	160.00	9600.00	
7	配线架	RJ45	只	42.00	400.00	16800.00	
8	光缆终端盒	机架式 12 口	个	6.00	100.00	600.00	
9	光缆终端盒	机架式 24 口	个	1.00	300.00	300.00	
10	理线器	1U 塑料	个	125.00	70.00	8750.00	
11	机柜	42U	台	6.00	2100.00	12600.00	
12	全塑电缆	HYA200×2×0.4	m	192.70	160.00	30832.00	
13	全塑电缆	HYA502×0.4	m	153.75	55.00	8456.25	
14	光缆	6芯多模室外光缆	m	356.00	3.00	1068.00	
15	金属桥架（水平）	300mm×100mm	m	772.65	35.00	27042.75	
16	金属桥架（垂直）	300mm×100mm	m	56.56	35.00	1979.60	
17	桥架配件		批	1.00	1500.00	1500.00	
18	PVC槽	60mm×20mm	m	122.85	12.00	1474.20	
19	PVC槽	40mm×20mm	m	115.50	6.00	693.00	
20	PVC槽	20mm×20mm	m	27.30	3.00	81.90	

（续）

序号	名 称	规格型号	单 位	数 量	单价（元）	合计（元）	备 注
Ⅰ	Ⅱ	Ⅲ	Ⅳ	Ⅴ	Ⅵ	Ⅶ	Ⅷ
21	槽件		批	1.00	500.00	500.00	
22	PVC管	φ25	m	6746.25	1.50	10119.38	
23	管件		批	1.00	600.00	600.00	
24	耦合器	ST-ST	个	60.00	34.00	2040.00	
25	跳线	ST-ST	条	30.00	70.00	2100.00	
26	水泥	325#	kg	232.00	0.30	69.60	
27	粗砂		kg	696.00	0.05	34.80	
28	镀锌铁丝	φ1.5	kg	63.47	3	190.41	
29	镀锌铁丝	φ4.0	kg	2.70	30	81.00	
30	钢丝	φ1.5	kg	131.38	5	656.90	
31	扎带	200mm	条	10000	0.05	500.00	
总计（元）						319737.93	

设计负责人：　　　　　审核：　　　　　编制：　　　　　编制日期：　　　年　月

表1-52 工程建设其他费 预 算表（表五）甲

工程名称：某单位综合布线工程

建设单位名称：某单位　　　　　　　　　　　　　　　　　　　　　　表格编号：　　　　　　第 8 页

序号	费用名称	计算依据及方法	金额（元）	备注
I	II	III	IV	V
1	建设用地及综合赔补费			
2	建设单位管理费			
3	可行性研究费			
4	研究试验费			
5	勘察设计费			
6	环境影响评价费			
7	劳动安全卫生评价费			
8	建设工程监理费			
9	安全生产费	建筑安装工程费×1%	5883.09	
10	工程质量监督费			
11	工程定额测定费			
12	引进技术和引进设备其他费			
13	工程保险费			
14	工程招标代理费			
15	专利及专用技术使用费			
	总　计		5883.09	
16	生产准备及开办费（运营费）			

设计负责人：　　　　　　审核：　　　　　　编制：　　　　　　编制日期：　　年　月

⊙ 项目二

通信工程造价实务

模块一　通信工程勘察与制图

2.1.1　项目案例

工程设计人员经过现场勘察、方案设计等工作后，为指导后续工作，如：工程预算、项目招投标、工程实施等，设计人员按照建设单位提供的各种资料，结合设计方案进行工程制图，以完善设计资料。工程造价人员按照设计人员所提供的设计资料，结合《通信建设工程概算、预算编制办法及费用定额》以及《通信建设工程预算定额》等标准中的规定进行工程造价的工作。

2.1.2　案例分析

通信工程图样是设计人员在对工程现场仔细勘察、需求分析、搜索资料的基础上，通过图形符号、文字符号、文字说明及标注来表示具体工程性质的一种设计资料，是指导通信建设工程建设方案制订、编制各种预算、指导施工的主要依据。由于通信工程建设的设计文件可能来自于其他的企业、同一企业的不同部门或同一部门不同的人员，所以工程造价人员按照企业的工作流程与质量管理体系的要求，必须进行图样的复核工作。

通信工程建设图样里包含了通信工程建设系统拓扑图、通信工程建设管线路由图、通信工程建设平面分布图、机房平面（设备安装位置）图、基础数据、相关说明等内容，并以此为依据，进行工程量统计及工程概、预算的编制。工程造价人员通过阅读图样就能够了解工程规模、工程内容，因此，工程造价人员必须要掌握看图与识图的能力。

2.1.3　知识储备

一、通信工程图样的基本构成及相关规范

1. 通信工程图样的基本构成

通信工程图样一般包含有如下组成部分：

（1）图形符号　通信工程图样中常常采用形状各异的符号来表示通信工程中的各种设备、建筑和设施，如图 2-1 所示。

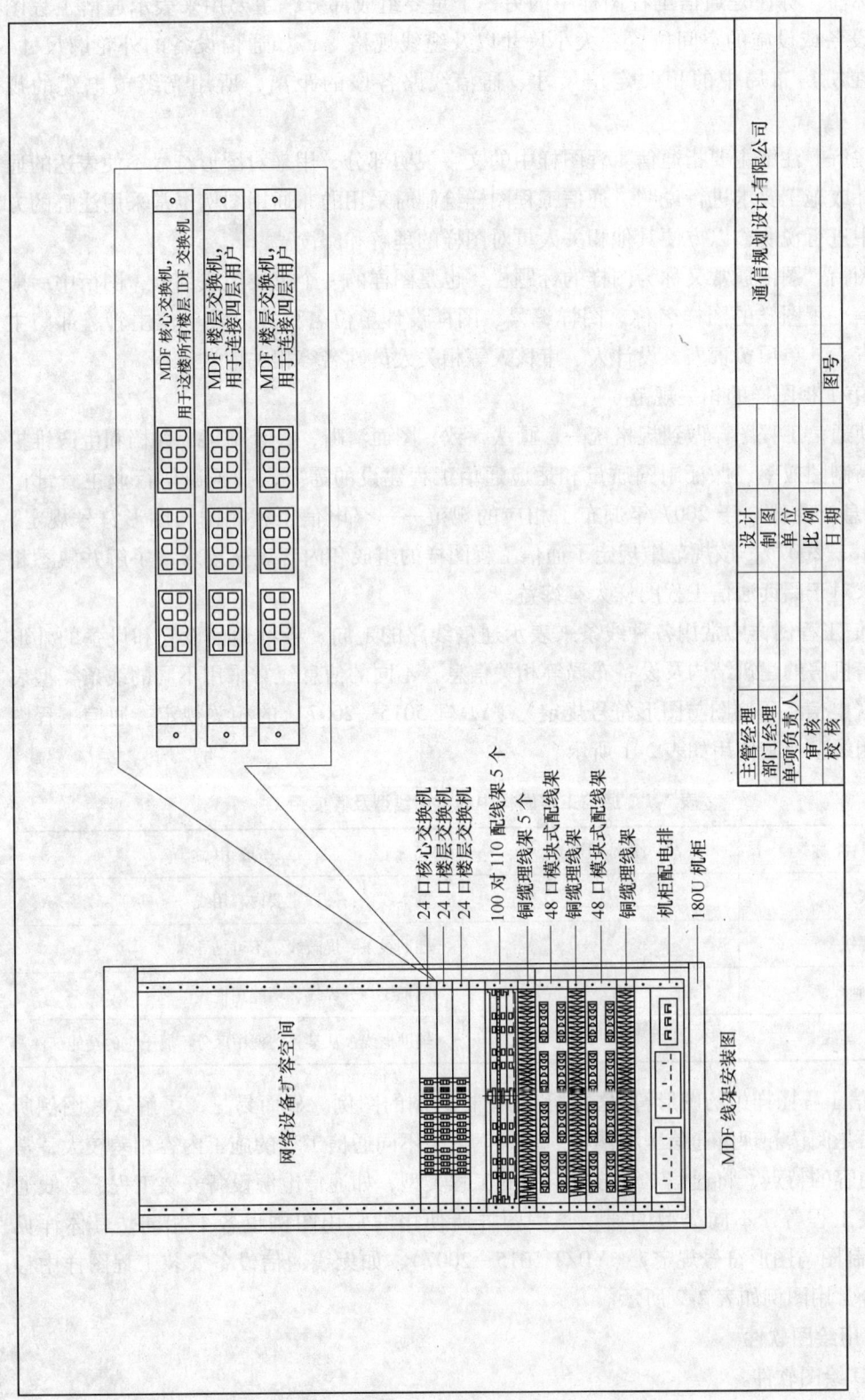

图 2-1 某通信建设工程机柜安装图

（2）标注　标注是通信工程图样中的另一个重要组成部分，主要用来表示通信工程图样中各种设备或设施的空间位置、大小尺寸以及缆线规格等，如通信设备的外轮廓尺寸、通信设备在机房布局中的相关定位尺寸、通信线路各段的距离、所用光缆或电缆的规格等。

（3）注解　注解主要指通信工程图样中的文字说明部分，用来对图形符号不便表达的通信工程设计或施工要求进行说明。通信工程图样绘制时采用的非通用图例也常采用注解的方式在图样中进行说明，以方便其他相关人员对图样的理解和阅读。

（4）图衔　图衔通常又称为图样的标题栏，也是图样的一个重要组成部分，图衔中一般包含了通信工程图样的图样名称、图样编号、图样设计单位名称，以及单位主管、部门主管、总负责人、单项负责人、设计人、审核人等相关人员姓名等相关信息。

2. 通信工程图样的相关规范

为了使通信工程图样做到规格统一、画法一致、图面清晰，符合施工、存档和生产维护要求，提高制图效率、保证制图质量和适应通信工程建设的需要，我国通信行业主管部门（原国家信息产业部）于 2007 年颁布了相应的规范——《电信工程制图与图形符号规定》（YD/T 5015—2007），该规范中规定了通信工程图样的组成和内容表达要求，了解并熟悉相关规范要求对于阅读通信工程图样大有裨益。

1）通信工程图样中常用各种线条来表示通信线路的走向、各种通信设施和设备的外形轮廓、通信机房的建筑结构及设备布局等相关信息，不同的信息经常采用不同的线条类型表示。按照《电信工程制图与图形符号规定》（YD/T 5015—2007）的相关规定，通信工程图样中的常用线型及其使用如表 2-1 所示。

表 2-1　通信工程图样中的常用线型及其使用

图线名称	图线形式	一般用途
实线	——————	基本线条：图样主要内容用线
虚线	- - - - - - - - -	辅助线条：屏蔽线、不可见导线
点画线	— · — · — · —	图框线：分界线、功能图框线
双点画线	— · · — · · —	辅助框线：从某一图框中区分不属于它的功能部件

2）通信工程图样中的图形符号常被称为图样绘制的图例。显而易见，了解这些图例所表示的含义是阅读和理解通信工程图样的基础。由于不同通信工程的施工内容相差较大，常根据施工内容的特点，将通信工程分成不同的工程类型，如通信电源设备安装工程、有线通信设备安装工程等，不同类型的通信工程图样所使用的常用图例也各不相同，具体详见《电信工程制图与图形符号规定》（YD/T 5015—2007），如无线通信设备安装工程图样中移动通信部分常用图例如表 2-2 所示。

二、常用绘图软件

1. CAD 绘图软件

计算机辅助设计（简称 CAD）是一种通过计算机辅助来进行产品或工程设计的技术。

作为计算机的重要应用领域，CAD 可加快产品的开发，提高生产质量与效率，降低成本，因此，CAD 得到了广泛的应用。CAD 是一个灵活的软件，可以通过一些编程接口来扩展当前没有的功能，所以在综合布线工程中，如果要规划一些高级的结构，而 CAD 当前没有相应的功能，那么可以通过编程接口扩展其功能。因此，在综合布线工程中，利用 CAD 作为辅助软件，无疑是最好的选择。

表 2-2　移动通信部分常用图例

序　号	名　称	图　例	说　明
1	手机		
2	基站		可在图形中加注文字符号表示不同技术，如 BTS、GSM 或 CDMA 基站，NodeB、WCDMA 或 TD-SCDMA 基站
3	全向天线	●俯视　正视	可在图形旁加注文字符号表示不同类型，例如： Tx 表示发信天线 Rx 表示收信天线 Tx/Rx 表示收发共用天线
4	板状定向天线	俯视　正视　背视　侧视 1　侧视 2	可在图形旁加注文字符号表示不同类型，例如： Tx 表示发信天线 Rx 表示收信天线 Tx/Rx 表示收发共用天线

在设计中，当建设单位提供了建筑物的 CAD 建筑图样的电子文档后，设计人员可在 CAD 建筑图样上进行布线系统的设计，起到事半功倍的效果，CAD 主要绘制通信工程建设的管线设计图、楼层信息点分布图、施工图等。

2. Visio 绘图软件

Visio 绘图软件在综合布线系统设计和管理过程中，用户使用图形的目的不仅是为了创建图形和图样，还希望图形可以直接表达一些使用文字难以表达的复杂信息，即图形既要代表用户使用的产品，也要包含用户所感兴趣的数据，使得图样中的图形和实际产品数据一一对应起来。这样，管理人员在管理和维护布线系统时，就可以通过设计图来掌握系统的动态性能，同时对网络的静态配置也可以进行快速方便地查询和管理。比如：在某一信息插座的位置图上直接查询信息插座的厂家、型号、位置、内嵌模块类型、连接的水平双绞线的类型、水平双绞线的长度等管理人员关心的有关信息。很明显，传统的设计方法得出的方案难以满足这一需要，Visio 绘图软件就是应这种要求而开发的。在通信工程建设中常用 Visio 绘制网络拓扑图、系统拓扑图、信息点分布图等。

2.1.4 能力拓展

各学校结合人才培养方案与专业培养计划，可适当选用一些绘图软件，开展相应的培训。

一、通信工程建设图样常见图例

1. 通信管道工程施工图样常见图例

通信管道工程施工是现在常见的一种通信工程施工，尤其在城市通信线路改造和建设过程中基本都要求线缆入地，因此市内的通信线路施工常采用管道形式。通信管道工程施工图样中的部分常见图例如表2-3所示。

表2-3 通信管道工程施工图样部分常见图例

序 号	名 称	图 例	说 明
1	直通型人孔		人孔的一般符号
2	手孔		手孔的一般符号

2. 通信线路工程施工图样常见图例

在通信工程的分类管理过程中常常将架空通信线路和直埋通信线路的施工统称为通信线路工程。通信线路工程的施工图样中也常采用各种图例来表示各种具体的施工内容，通信线路工程施工图样中常用的部分图例如表2-4～表2-7所示。

表2-4 架空杆路设计施工图样常见部分图例

序 号	名 称	图 例	说 明
1	电杆的一般符号		可以用文字符号$\frac{A-B}{C}$标注 其中： A 为杆路或所属部门 B 为杆长 C 为杆号
2	单接杆		
3	品接杆		

表2-5 线路设施与分线设备常用图例

序 号	名 称	图 例	说 明
1	防电缆光缆蠕动装置		类似于水底光电缆的丝网或网套锚固
2	线路集中器		

（续）

序　号	名　　称	图　例	说　明
3	埋式光缆电缆铺砖、铺水泥盖板保护	―――――――	可加文字标注明铺砖为横铺、竖铺及铺设长度或注明铺水泥盖板及铺设长度
4	埋式光缆、电缆穿管保护	―□―――	可加文字标注表示管材规格及数量

表 2-6　光缆常用图例

序　号	名　　称	图　例	说　明
1	光缆	⊘	光纤或光缆的一般符号
2	光缆参数标注	⊘ a/b/c	a 表示光缆型号 b 表示光缆芯数 c 表示光缆长度
3	永久接头	――●――	
4	光连接器（插头-插座）	⊘―■―⊘	

表 2-7　通信线路常用图例

序　号	名　　称	图　例	说　明
1	通信线路	――――	通信线路的一般符号
2	直埋线路	―///――///	
3	水下线路、海底线路	―⌣―	
4	架空线路	―○―	

3. 常用地图图例

由于通信线路工程施工区域常常位于野外，因此在通信线路设计与施工图样中常会出现各种表示地形的图例符号。通信线路工程图样中部分常见地形图例如表 2-8 所示。

表 2-8　常见地形图例

序　号	名　　称	图　例	说　明
1	房屋		
2	在建房屋	建	
3	破坏房屋		
4	窑洞		

二、通信工程图样识读的基本技巧和方法

对于通信工程图样的识读不仅要了解上述相应的基础知识，而且还要掌握一定的识读技巧，才能提高通信工程图样识读的效率和正确性。通信工程图样识读的常用技巧包括：

1）收集工程建设资料，了解工程相关背景。通过收集通信工程建设的基本说明资料，可以了解通信工程建设的基本背景、建设目的、主要的建设内容和大致要求，有了这些基础知识，就可以大致了解所要阅读的通信工程图样所要表达的主要内容，这对于提高通信工程图样的阅读和理解速度往往会有较大帮助。

2）在阅读图样之前，应了解相应类型通信工程的施工过程和基本的施工工艺，这对理解图样中所描述的施工内容也会大有帮助。

3）熟悉图样中的相关图例。如前所述，通信工程图样是通过各种图例来表示工程施工内容的，因此在具体开始阅读通信工程图样之前一定要先清楚图样所表示通信工程的类型，并根据工程类型熟悉相关图例的含义，为理解图样打下基础。

4）采用先整体后局部的阅读顺序。阅读通信工程图样时应采用先大致看一下整张图样所描述的全局信息，以对工程全貌先有个大致的了解，再对各部分细节进行阅读分析，这样往往更容易理解图样所表达的具体内容。

模块二　有线设备安装工程预算编制

2.2.1　项目案例

随着移动用户的增加，位于某街区的某移动通信公司基站容量逐步增加，该基站需要扩容。项目基本情况简述如下：该基站已有3G交换机一台，室内已经配置了部分通信电源，室外有全向天线等通信设备。现为了进一步加强该基站的能力，引入软交换综合关口局，实现全网互通互联，对现有移动关口局、固网关口局分别升级改造为软交换综合关口局，并与其他运营商互通互联。改造后，移动用户由现有的21.2万户达到36.8万户，固网用户由现有的3.5万户达到4.6万户。

2.2.2　案例分析

经与建设单位沟通、现场勘查，充分了解用户需求，经双方协商，确认此次改造的需求如下：

1. 通信工程建设需求

1）扩容1套固网关口局，兼做长途局，并与各端局设置直连链路。

2）移动关口局建有1套GMGW（关口局承载设备）、1套GMSCe（移动交换中心网关），其中GMSCe采用分大区设置方式，对内与MGW（媒体网关）、TMGW（汇接媒体网关）之间通过IP方式互通，对外与固网关口局设置直达路由和直达中继。

3）原有电源柜增容，满足3套交换机使用，并且预留2台5P柜式空调、1台2kW通风

机的容量。

4）将 100mm 桥架更换为 300mm 桥架。

5）为新增的交换机设备敷设电源及通信线缆。

2. 工程造价需求

1）通信设备采购费用为 326889 元，含运费、保险、采购代理费，设备为某通信技术有限公司生产的固网关口局。

2）设备采购费用不含通信设备现场安装费。

3）通信电源工程采用专业分包建设，由施工总承包单位核算指导性建设工程费。

2.2.3 知识储备

一、工作量清单

为更好地进行教学实施，学员需至少掌握有关通信电源、通信信令、通信设备类的课程。

该系统设计方案如下：

1）采用软交换架构，建设独立 GMSCe/SS 和 GMGW/TG，设备应具备大容量、高处理能力、高可靠性，并具有良好的开放性和扩展性，能使用新网络、新技术和新业务不断发展。

2）在网络组织时，不同的关口局间应设置双路由冗余备用线路做防护。

3）在容量设置时，关口局应考虑负载均衡。

4）配置需求如表 2-9 所示。

表 2-9　GMSCe 设备配置需求

网　元	总 BHCA 配置	2Mbit/s Link
GMSCe	347KBHCA	6

该通信工程建设的工程如下。

1. 通信设备安装工程

固网关口局设备安装工程由机柜、模块化交换机、工作引擎、业务模块、电源馈线安装等组成，选用通信工程建设预算定额第二册《有线通信设备安装工程》，移动通信交换机工作量清单如表 2-10 所示。

表 2-10　移动通信交换机工作量清单

序　号	工作项目名称	单　位	数　量
1	安装综合机柜	架	1
2	安装交换设备	套	2
3	市话交换设备硬件测试 2Mbit/s 中继线	系统	135
4	市话交换设备硬件测试 155Mbit/s 中继线	中继	9
5	通信线路改造	站	1
6	电力线缆改造	站	1
7	安装低端局域网交换机	台	4

（续）

序　号	工作项目名称	单　位	数　量
8	安装防火墙设备	台	2
9	安装维护用微机终端	台	2
10	安装软光纤走线槽	m	36

2. 通信电源设备安装工程

通信电源设备安装工程由交流电源柜、直流电源柜、各种控制开关、稳压电源以及电源线路等安装工程组成，选用通信工程建设预算定额第一册《通信电源设备安装工程》。电源工程建设为分包工程，由施工总承包单位核算指导性工程量清单，通信电源设备安装工作量清单如表 2-11 所示。

表 2-11　通信电源设备安装工作量清单

序　号	工作项目名称	单　位	数　量
1	安装交流配电屏	架	1
2	安装直流配电屏	架	2
3	安装稳压电源	架	2
4	安装 1200A 以下空气开关	架	2
5	安装 1200A 以上空气开关	架	2
6	安装 48V 蓄电池组 2000A·H	组	6
7	电力电缆改造		

二、预算编制要求

该通信工程建设项目的施工图预算的其他要求如下：

1）统一采用工程量清单计价方式；

2）统一采用 2008 版《通信建设工程概算、预算编制办法》进行预算编制，施工定额采用 2008 版的《通信建设工程预算定额》；

3）本工程不计列预备费；

4）本工程不计招标代理费；

5）资金来源为自有资金，不计建设期贷款利息。

三、预算文件

1）建设项目总预算表（汇总表），如表 2-12 所示。

2）工程预算总表（表一），如表 2-13 所示。

3）建筑安装工程费用预算表（表二），如表 2-14 所示。

4）建筑安装工程量预算表（表三）甲，如表 2-15 所示。

5）国内器材预算表（表四）甲（需要安装的设备表），如表 2-16 所示。

6）国内器材预算表（表四）甲（主要材料表），如表 2-17 所示。

7）工程建设其他费预算表（表五）甲，如表 2-18 所示。

表 2-12 建设项目总 **预 算 表 (汇总表)**

建设项目名称: 某关口局改造工程

建设单位名称: 某移动通信公司

表格编号:

第 1 页

序号	表格编号	单项工程名称	小型建筑工程费	需要安装的设备费	不需安装的设备、工器具费	建筑安装工程费	预备费	其他费用	总价值 人民币(元)	其中外币( )	生产准备及开办费(元)
I	II	III	IV	V	VI	VII	VIII	IX	X	XI	XII
						(元)					
1	表二	建筑安装工程费				65648			65648		
2	表四	国内器材费		326889					326889		
3	表五	工程建设其他费						25975	25975		
		总 计							418512		

设计负责人: 审核: 编制: 编制日期: 年   月

通信工程造价与实务项目教程 ■————————————————————

表2-13 工程 预 算总表（表一）

建设项目名称：

工程名称：某关口局改造工程　　　建设单位名称：某移动通信公司　　　表格编号：　　　　　　第 2 页

序号	表格编号	费用名称	小型建筑工程费	需要安装的设备费	不需要安装的设备、工器具费	建筑安装工程费	其他费用	总 价 值	
								人民币（元）	其中外币（ ）
I	II	III	IV	V	VI	VII	VIII	IX	X
1	表二	建筑安装工程费				65648		65648	
2	表四	国内器材费		326889				326889	
3	表五	工程建设其他费					25975	25975	
		总　计						418512	

编制：　　　　　审核：　　　　　编制日期：　年　月

设计负责人：

88

表 2-14 建筑安装工程费用 预 算表（表二）

工程名称：某关口局改造工程　　建设单位名称：某移动通信公司　　　　　　　　　　　　　　　　　表格编号：　　　　　　　　　第 3 页

序号 I	费用名称 II	依据和计算方法 III	合计(元) IV	序号 I	费用名称 II	依据和计算方法 III	合计(元) IV
一	建筑安装工程费	一+二+三+四	65647.72	8	夜间施工增加费	人工费×2%	454.5
(一)	直接费	(一) + (二)	42575.84	9	冬雨季施工增加费	人工费×0%	0
1	直接工程费	1-2+3+4	35970.92	10	生产工具用具使用费	人工费×2%	454.5
1	人工费	(1) + (2)	22725.12	11	施工用水电蒸汽费	人工费×0%	0
(1)	技工费	48×技工工日	22725.12	12	特殊地区施工增加费	人工费×0%	0
(2)	普工费	19×普工工日		13	已完工程及设备保护费	人工费×0%	0
2	材料费	(1) + (2)	13245.8	14	运土费	人工费×0%	0
(1)	主要材料费	含其他杂费	12860	15	施工队伍调遣费		1060
(2)	辅助材料费	(1) ×0.3%	385.8	16	大型施工机械调遣费		0
3	机械使用费			二	间接费	(一) + (二)	7272.04
4	仪表使用费			(一)	规费		
(二)	措施费	1+…+16	6604.92	1	工程排污费		0
1	环境保护费	人工费×0%	0	2	社会保障费	人工费×26.81%	6092.6
2	文明施工费	人工费×1%	227.25	3	住房公积金	人工费×4.19%	952.18
3	工地器材搬运费	人工费×1.3%	295.43	4	危险作业意外伤害保险费	人工费×1%	227.25
4	工程干扰费	人工费×0%		(二)	企业管理费	人工费×30%	6817.54
5	工程点交、场地清理费	人工费×3.5%	795.38	三	利润	人工费×30%	6817.54
6	临时设施费	人工费×12%	2727.01	四	税金	(一+二+三) ×3.4%	2164.54
7	工程车辆使用费	人工费×2.6%	590.85				

设计负责人：　　　　　　审核：　　　　　　编制：　　　　　　编制日期：　　年　　月

表 2-15 建筑安装工程量 预 算表（表三）甲

工程名称：某关口局改造工程　　建设单位名称：某移动通信公司　　表格编号：　　　　第 4 页

序号	定额编号	项目名称	单位	数量	单位定额值/工日		合计值/工日	
					技工	普工	技工	普工
I	II	III	IV	V	VI	VII	VIII	IX
1	TSY3-001	安装交换设备	套	2	10		20	
2	TSY1-004	安装综合架、柜	架	1	2.5		2.5	
3	TSY3-012	市话交换设备硬件测试 2Mbit/s 中继线	系统	135	2		270	
4	TSY3-013	市话交换设备硬件测试 155Mbit/s 中继线	系统	9	2.5		22.5	
5	TSY1-037	安装列头柜	架	1	6		6	
6	TSY1-035	安装数字分配架	架	2	5		10	
7	TSY1-038	安装光分配架	架	1	0.3		0.3	
8	TSY1-47	放绑 SYV 类射频同轴电缆	百米条	5.52	2		11.04	
9	TSY1-48	放绑数据电缆（10 芯以下）	百米条	1.36	1		1.36	
10	TSY1-60	捆扎 SYV 类射频同轴电缆	芯条	368	0.12		44.16	
11	TSY1-61	捆扎数据电缆（10 芯以下）	条	23	0.12		2.76	
12	TSY1-69	数字分配架布放跳线	百条	0.68	12.5		8.5	
13	TSY3-006	布放架间及架内线缆	架	3	2.5		7.5	
14	TSY1-072	放绑软光纤 15m 以上	条	30	0.7		21	
15	TSY1-071	放绑软光纤 15m 以下	条	30	0.4		12	
16	TSY1-076	布放单芯电力线 35mm^2 以下	10 米条	9	0.25		2.25	
17	TSY1-078	布放单芯电力线 120mm^2 以下	10 米条	2.2	0.49		1.08	
18	TSY1-076	布放单芯电力线 240mm^2 以下	10 米条	8.8	0.76		6.69	
19	TSY4-020	安装低端局域网交换机	台	4	2		8	
20	TSY1-093	安装维护用微机终端	台	2	1		2	
21	TSY1-048	安装防火墙	台	2	1.5		3	
22	TSY1-003	安装软光纤走线槽	m	36	0.3		10.8	
23								
24								
25								
总计							473.44	

设计负责人：　　　　审核：　　　　编制：　　　　编制日期：　年　月

表 2-16 国内器材 预 算表（表四）甲

(需要安装的设备表)

工程名称：某关口局改造工程

建设单位名称：某移动通信公司

表格编号：　　　　　　　第 7 页

序号	名　称	规 格 型 号	单 位	数　量	单价（元）	合计（元）	备 注
I	II	III	IV	V	VI	VII	VIII
1	主设备						
2	GMSCe		套	1	97400	97400	
3	GMGW		套	1	85000	85000	
4	交换机	S3328TP	台	4	12000	48000	
5	PDF		架	1	15000	15000	
6	防火墙		台	2	15000	30000	
7	小计					275400	
8	配套设备						
9	网络机柜		架	1	10000	10000	
10	DDF架	共160×2（系统×双面）	架	2	18512	37024	
11	ODF子框	含一个跳线框	个	1	840	840	
12	逆变器		台	1	15000	15000	
	总计（元）					326880	

设计负责人：　　　　审核：　　　　编制：　　　　编制日期：　　　年　　月

通信工程造价与实务项目教程 ■

表2-17 国内器材 预 算表（表四）甲
（主要材料表）

工程名称：某关口局改造工程　　建设单位名称：某移动通信公司　　表格编号：　　　第7页

序号	名 称	规 格 型 号	单 位	数 量	单价（元）	合计（元）	备 注
Ⅰ	Ⅱ	Ⅲ	Ⅳ	Ⅴ	Ⅵ	Ⅶ	Ⅷ
1	单模尾纤	FC-LC，10m	根	30	60	1800	
2	2Mbit/s 通信线缆	75Ω-2-18 芯	m	68	20	1360	
3	电源线	25mm²	m	25	22	550	
4	铜鼻子	25mm²	个	10	15	150	
5	尾纤槽	5in⊖	m	18	200	3600	
6	尾纤槽	7in	m	18	300	5400	
7							
8							
9							
10							
11							
12							
13							
14							
15							
16							
17							
18							
总计（元）						12860	

设计负责人：　　　审核：　　　编制：　　　编制日期：　　年　月

⊖ 1in = 2.54cm

92

表 2-18　工程建设其他费　预 算表（表五）甲

工程名称：某关口局改造工程

建设单位名称：某移动通信公司

表格编号：

第 8 页

序号	费 用 名 称	计算依据及方法	金额（元）	备 注
I	II	III	IV	V
1	建设用地及综合赔补费		5888.05	
2	建设单位管理费	财建〔2004〕10 号规定		
3	可行性研究费			
4	研究试验费			
5	勘察设计费	计价格〔2002〕10 号规定	19430.57	
6	环境影响评价费			
7	劳动安全卫生评价费			
8	建设工程监理费			
9	安全生产费	建筑安装工程费 ×1%	656.48	
10	工程质量监督费			
11	工程定额测定费			
12	引进技术及引进设备其他费			
13	工程保险费			
14	工程招标代理费			
15	专利及专用技术使用费			
	总 计		25975.1	
16	生产准备及开办费（运营费）			

设计负责人：

审核：

编制：

编制日期：　　年　月

2.2.4 能力拓展

一、工作流程

交换系统设备是贵重的电子系统设备，在运输过程中要有良好的包装及防水、防震动标志，运输到达目的地后，要防止野蛮装卸，防止日晒雨淋。

移动交换系统的正常、可靠运行与安装工程质量密切相关，因此建立一套系统、规范的安装、开通程序尤为重要。交换系统设备的安装、调试、验收和开通的工作流程如图 2-2 所示。

二、通信设备安装工程量

通信设备安装工程共分为：通信电源设备安装工程、有线通信设备安装工程和无线通信设备安装工程等三大类。这三大类工程的工程量计算规则主要从以下几个方面考虑：

1. 设备机柜、机箱的安装工程量计算

所有设备机柜、机箱的安装可分为三种情况计算工程量：

1）以设备机柜、机箱整架（台）的自然实体为一个计量单位，即机柜（箱）架体、架内组件、盘柜内部的配线、对外连接的接线端子以及设备本身的加电检测与调试等均作为一个整体来计算工程量。

2）设备机柜、机箱按照不同的组件分别计算工程量，即机柜（箱）架体与内部的组件或附件不作为一个整体的自然单位进行计量，而是将设备结构划分为若干组合部分，分别计算安装的工程量。这种情况一般常见于机柜（箱）架体与内部组件配置成非线性关系的设

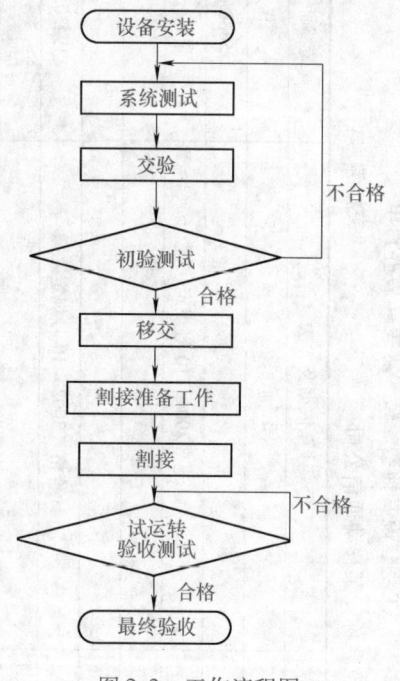

图 2-2　工作流程图

备，例如定额项目"TSD1-049 安装蓄电池屏"所描述的内容是：屏柜安装不包括屏内蓄电池组的安装，也不包括蓄电池组的充放电过程。整个设备安装过程需要分三个部分分别计算工程量，即安装蓄电池屏（空屏）、安装屏内蓄电池组（根据设计要求选择电池容量和组件数量）、屏内蓄电池组充放电（按电池组数量计算）。

3）设备机柜、机箱主体和附件的扩装，即在原已安装设备的基础上进行增装内部盘、线。这种情况主要用于扩容工程，例如定额"TSD3-060、061 安装高频开关整流模块"，就是为了满足在已有开关电源架的基础上进行扩充生产能力的需要，所以是以模块个数作为计量单位来统计工程量。与前面将设备划分为若干组合部分分别计算工程量的概念所不同的是，已安装设备主体和扩容增装部件的项目是不能在同一期工程中同时列项的，否则属于重复计算。

以上三种工程量计算方法需要认真了解定额项目的相关说明和工作内容，避免工程量漏算、重算、错算。

设备安装工程量计算规则如下：

1）安装测试 PCM 设备工程量：单位为"端"，由复用段一个 2Mbit/s 口、支路侧 32 个 64kbit/s 口为一端，如图 2-3 所示。

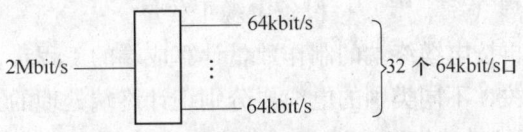

图 2-3　安装测试 PCM 设备工程量

2）安装测试光纤数字传输设备（PDH、SDH）工程量：分为基本子架公共单元盘和接口单元盘两个部分。基本子架公共单元盘包括交叉、网管、公务、时钟、电源等，不含群路、支路、光放盘以外的所有内容的机盘，定额子目以"套"为单位；接口单元盘包括群路侧、支路侧接口盘的安装和本机测试，定额子目以"端口"为单位。各种速率系统的终端复用器 TM、分插复用器 ADM、数字交叉连接设备 DXC 均按此套用。例如 SDH 终端复用器 TM 有各种速率的端口配置，如图 2-4 所示，计算工程量时按不同的速率分别统计端口数量，一收一发为 1 个端口。

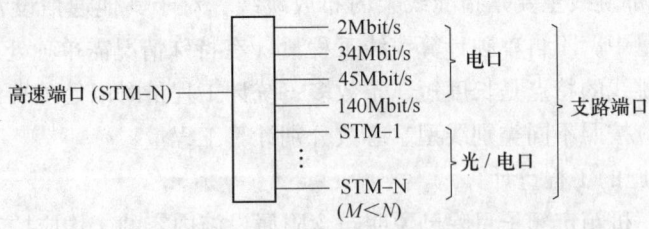

图 2-4　安装测试光纤数字传输设备（PDH、SDH）工程量

3）WDM 波分复用设备的安装测试分为基本配置和增装配置。基本配置含相应波数的合波器、分波器、功放、预放；增装配置是在基本配置的基础上增加相应波数的合波器、分波器并进行本机测试。

2. 设备缆线布放工程量计算

设备缆线的布放包括两种情况：设备机柜与外部的连线、设备机架内部跳线。

1）设备机柜与外部的连线分为两种计算方法：

① 布放缆线计算工程量时需分为两步：先放绑后成端。这种计算方法用于通信设备连线中需要使用芯线较多电缆的情况，其成端工作量因电缆芯数的不同，会有很大差异。计算步骤如下：

第一步：计算放绑设备电缆工程量。

按布放长度计算工程量，单位为百米条，数量为

$$N = \sum_{i=0}^{k} \frac{L_i n_i}{100}$$

式中，$\sum\limits_{i=0}^{k} L_i n_i$ 为 k 个放绑段内同种型号设备电缆的总放线量（百米条）；L_i 为第 i 个放绑段

的长度（m）；n_i 为第 i 个放绑段内同种电缆的条数。

应按电缆类别（局用音频电缆、局用高频对称电缆、音频隔离线、SYV 类射频同轴电缆、数据电缆）分别计算工程量。

第二步：计算编扎、焊（绕、卡）接设备电缆工程量。

按长度放绑电缆后，再按电缆终端的制作数量计算成端的工程量，每条电缆终端制作工程量主要与电缆的芯数有关，不同类别的电缆要分别统计终端处理的工程量。

② 布放缆线计算工程量时放绑、成端同时完成。这种计算方法用于通信设备中使用电缆芯数较少或电缆为单芯的情况，其成端工程量比较固定，布放缆线的工程内容包含了终端处理的工作。

布放缆线工程量：单位为 10 米条，数量为

$$N = \sum_{i=0}^{k} \frac{L_i n_i}{10}$$

式中，$\sum\limits_{i=0}^{k} L_i n_i$ 为 k 个布放段内同种型号电缆总的布放量（10 米条）；L_i 为第 i 个布放段的长度（m）；n_i 为第 i 个布放段内同种类型电缆条数。

2）设备机架内部跳线主要是指配线架内布放跳线，对于其他通信设备内部配线均已包括在设备安装工程量中，不再单独计算缆线工程量（有特殊情况需单独处理除外）。

配线架内布放跳线的特点是长度短、条数多，统计工程量时以处理端头的数量为主，放线内容包含在其中应按照不同类别线型、芯数分别计算工程量。

3. 安装附属设施的工程量计算

安装设备机柜、机箱定额子目除已说明包含附属设施内容的，均应按工程技术规范书的要求安装相应的防震、加固、支撑、保护等设施，各种构件分为成品安装和材料加工并安装两类，计算工程量时应按定额项目的说明区别对待。

4. 系统调测

通信设备安装后大部分需要进行本机测试和系统测试。除了设备安装定额项目注明了已包括设备测试工作的，其他需要测试的设备均需统计各自的测试工程量，并且对于所有完成的系统都需要进行系统性能的调测。系统调测的工程量计算规则按不同的专业确定。

1）所有的供电系统（高压供电系统、低压供电系统、发电机供电系统、供油系统、直流供电系统、UPS 供电系统）都需要进行系统调试。调试多以"系统"为单位，"系统"的定义和组成按相关专业的规定，例如发电机组供油系统调测是以每台机组为一个系统计算工程量。

2）光纤传输系统性能调测包括两部分：

① 线路段光端对测：工程量计算单位为方向·系统。所谓系统是指一发一收的两根光纤为一个系统；方向是指某一个站和相邻站之间的传输段关系，有几个相邻的站就有几个方向，如图 2-5 所示。

终端站 TM1 只有一个与之相邻的站，因此只对应一个传输方向，终端站 TM2 也是如此。再生中继站 REG 有两个与之相邻的站，它完成的是与两个方向之间的传输。

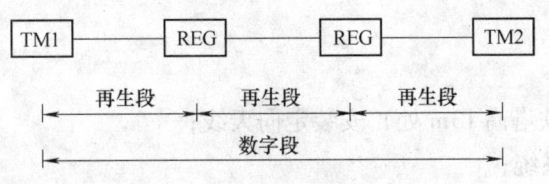

图 2-5 线路段光端对测

② 复用设备系统调测：工程量计量单位为端口。所谓端口即各种数字比特率的一收一发为一个端口。统计工程量时应包括所有支路端口。

3）移动通信基站系统调测分为 GSM 和 CDMA 两种站型：

① GSM 基站系统调测工程量：按载频的数量分别统计工程量，例如：8 个载频的基站可分解成 6 载频以下及 2 个每增加一个载频的工程量。

② CDMA 基站系统调测工程量：按扇·载为计量单位（即扇区数量乘以载频数量）计算工程量。

4）微波系统调测分为中继段调测和数字段调测，这两种调测是按段的两端共同参与调测考虑的，在计算工程量时可以按站分摊计算。

① 微波中继段调测工程量：单位为中继段。每个站分摊的中继段调测工程量为 1/2 中继段；中继站是两个中继段的连接点，所以同时分摊两个中继段调测工程量，即 1/2 段 × 2 = 1 段。

② 微波数字段调测工程量：单位为数字段。各站分摊的数字段调测工程量分别为 1/2 数字段。

5. 卫星地球站系统调测

1）地球站内环测、地球站系统调测工程量：单位为站，应按卫星天线直径大小统计工程量。

2）VSAT 中心站站内环测工程量：单位为站；网内系统对测工程量：单位为系统，系统的范围包括网内所有的端站。

模块三 无线设备安装工程预算编制

2.3.1 项目案例

随着城市建设的逐步推进，位于某街区的某移动通信公司基站容量逐步增加，附近的高层建筑也逐步增多。公司经常接到用户的投诉，反映该街区信号不好，有时无法满足用户使用。经勘察，由于附近的高层建筑逐步增多，影响通信信号的覆盖。现为了进一步加强该基站的覆盖能力，该移动通信公司决定投入一定的资金将现有的天线系统进行改造，充分满足用户需求。

2.3.2 案例分析

经与建设单位沟通、现场勘查，充分了解用户需求，经双方协商，确认此次改造的需求如下：

1. 基站天馈线部分

1）楼顶铁塔上（铁塔高 13m 处）安装定向天线；

2）安装室内馈线系统；

3）安装室外馈线系统。

2. 基站设备及配套

1）安装落地式基站设备；

2）GSM 基站系统调测；

3）室内电缆敷设。

3. 工程造价要求

1）统一采用工程量清单计价方式；

2）统一采用 2008 版《通信建设工程概算、预算编制办法》进行预算编制，施工定额采用 2008 版《通信建设工程预算定额》；

3）承建本工程的施工企业距施工现场 15km，不足 35km 不计取施工队伍调遣费；

4）设备及主材运杂费费率取定：设备运输里程为 1250km，主要材料运输里程均为 500km；

5）本站分摊的勘察设计费为 12000 元；

6）建设工程监理费为 6000 元；

7）建设用地及综合赔补费、建设单位管理费、可行性研究费、环境影响评价费、建设期利息等费用在单项工程总预算中计列；

8）其他未说明的费用均按费用定额规定的取费原则、费率和计算方法进行计取。

2.3.3 知识储备

一、工作量清单

为更好地进行教学实施，学员至少应掌握有关通信天线类的课程。

移动通信基站的设备安装内容主要分为室外和室内两部分，统计工程量时可分别统计。本示例按先室外后室内的步骤逐项进行统计，避免漏项和重复，工作量清单如表 2-19 所示。

表 2-19　移动通信交换机工作量清单

序　号	工作项目名称	单　位	数　量
基站天、馈线部分			
1	安装定向天线（铁塔高 13m 处）	副	3
2	安装馈线（7/8in 射频同轴电缆）	条	6
3	安装馈线（7/8in 射频同轴电缆每增加 10m）	10 米条	9
4	安装馈线 1/2in 软馈线	10 米条	1.2

（续）

序 号	工作项目名称	单 位	数 量
基站天、馈线部分			
5	安装馈线密封窗	个	1
6	安装室外馈线走道	m	9
7	天、馈线系统调测	套	6
基站设备及配套			
1	安装落地式基站设备（无线收发信机架）	架	1
2	GSM 基站系统调测（6 载频）	站	1
3	安装壁挂式数字分配架	架	1
4	安装室内走线架	m	10

二、预算编制要求

该通信工程建设项目的施工图预算的其他要求如下：

1）统一采用工程量清单计价方式；

2）统一采用 2008 版《通信建设工程概算、预算编制办法》进行预算编制，施工定额采用 2008 版《通信建设工程预算定额》；

3）承建本工程的施工企业距施工现场 15km，不足 35km 不计取施工队伍调遣费；

4）设备及主材运杂费费率取定：设备运输里程为 1250km，主要材料运输里程均为 500km；

5）本站分摊的勘察设计费为 12000 元；

6）建设工程监理费为 6000 元；

7）建设用地及综合赔补费、建设单位管理费、可行性研究费、环境影响评价费、建设期利息等费用在单项工程总预算中计列；

8）其他未说明的费用均按费用定额规定的取费原则、费率和计算方法进行计取。

三、预算文件

1）工程预算总表（表一），如表 2-20 所示。

2）建筑安装工程费用预算表（表二），如表 2-21 所示。

3）建筑安装工程量预算表（表三）甲，如表 2-22 所示。

4）建筑安装工程仪器仪表使用费预算表（表三）丙，如表 2-23 所示。

5）国内器材预算表（表四）甲，如表 2-24 所示。

6）国内器材预算表（表四）甲（国内需要安装的设备表），如表 2-25 所示。

7）工程建设其他费预算表（表五）甲，如表 2-26 所示。

表2-20 工程 预 算总表（表一）

建设项目名称：

工程名称：××基站无线设备安装工程　　建设单位名称：×××　　表格编号：　　　　　　　　　　第 1 页

序号	表格编号	费用名称	小型建筑工程费	需要安装的设备费	不需要安装的设备、工器具费	建筑安装工程费	其他费用	总 价 值		
					(元)			人民币（元）		其中外币（　）
I	II	III	IV	V	VI	VII	VIII	IX		X
1	表二	建筑安装工程费		477034.2		47642.1		524676.3		
2	表五	工程建设其他费					18476.42	18476.42		
3		合　计		477034.2		47642.1	18476.42	543152.72		
4										

设计负责人：　　　　　审核：　　　　　编制：　　　　　编制日期：　　　年　　月

表2-21 建筑安装工程费用 预 算表（表二）

工程名称：××基站无线设备安装工程　　建设单位名称：×××　　　表格编号：　　　　　第 2 页

序号	费用名称	依据和计算算法	合计（元）
I	II	III	IV
一	建筑安装工程费	一+二+三+四	47642.10
（一）	直接费	（一）+（二）	38903.48
1	直接工程费	1+2+3+4	36707.73
（1）	人工费	(1)+(2)	7790.88
[1]	技工费	按工总工日×48.00元/工日	7790.88
[2]	普工费	普工总工日×19.00元/工日	
2	材料费	(1)+(2)	26879.85
[1]	主要材料费	国内主材费	26096.94
[2]	辅助材料费	国内主材费×3%	782.91
3	机械使用费		2037.00
4	仪表使用费	仪表台班单价×仪表台班量	2195.75
（二）	措施费	1+2+3+…+16	
1	环境保护费	人工费×1.20%	93.49
2	文明施工费	人工费×1.00%	77.91
3	工地器材搬运费	人工费×1.30%	101.28
4	工程干扰费	人工费×4.00%	311.64
5	工程点交、场地清理费	人工费×3.50%	272.68
6	临时设施费	人工费×6.00%	467.45
7	工程车辆使用费	人工费×6.00%	467.45
8	夜间施工增加费	人工费×2.00%	155.82
9	冬雨季施工增加费	室外安装项目人工费×2.00%	92.21
10	生产工具用具使用费	人工费×2.00%	155.82
11	施工用水电蒸汽费		
12	特殊地区施工增加费		
13	已完工程及设备保护费		
14	运土费		
15	施工队伍调遣费		
16	大型施工机械调遣费		
二	间接费	（一）+（二）	4830.34
（一）	规费	1+2+3+4	2493.08
1	工程排污费		
2	社会保障费	人工费×26.81%	2088.73
3	住房公积金	人工费×4.19%	326.44
4	危险作业意外伤害保险费	人工费×1.00%	77.91
（二）	企业管理费	人工费×30.00%	2337.26
三	利润	人工费×30.00%	2337.26
四	税金	（直接费+间接费+利润）×3.41%	1571.02

设计负责人：　　　　　审核：　　　　　编制：　　　　　编制日期：　　年　　月

工程名称：×× 基站无线设备安装工程　　　　　建设单位名称：×××　　　　　表格编号：

表 2-22　建筑安装工程量 预 算表（表三）甲

第 3 页

序号	定额编号	项目名称	单位	数量	单位定额值（工日）		合计值（工日）	
					技工	普工	技工	普工
I	II	III	IV	V	VI	VII	VIII	IX
1	TSW2-009	安装定向天线：楼顶铁塔上（高度）（20m 以下）	副	3.000	8.000		24.00	
2	TSW2-023	布放射频同轴电缆 7/8in 以下（布放 10m）	条	6.000	1.500		9.00	
3	TSW2-024	布放射频同轴电缆 7/8in 以下（每增加 10m）	10 米条	9.000	0.800		7.20	
4	TSW2-021	布放射频同轴电缆 1/2in 以下（布放 10m）	10 米条	1.200	0.500		0.60	
5	TSW1-058	安装馈线密封窗	个	1.000	2.000		2.00	
6	TSW1-003	安装室外馈线走道（水平）（工日调整：工日 ×3.00）	m	7.500	1.000		22.50	
7	TSW1-004	安装室外馈线走道（垂直）（工日调整：工日 ×3.00）	m	1.500	1.500		6.75	
8	TSW2-032	基站天、馈线系统调测	条	6.000	4.000		24.00	
9	TSW2-036	安装基站设备（落地式）	架	1.000	10.000		10.00	
10	TSW2-044	GSM 基站系统调测（6 个载频以下）	站	1.000	30.000		30.00	
11	TSW1-011	安装数字分配架、箱（壁挂式）	架	1.000	2.500		2.50	
12	TSW1-002	安装室内电缆走线架	m	10.000	0.400		4.00	
13	TSW1-059	配合联网调测	站	1.000	5.000		5.00	
		工程总工日 250 工日以下调整（系数：1.1）					14.76	
		总　计					162.31	

设计负责人：　　　　　　审核：　　　　　　编制：　　　　　　编制日期：　　年　月

表2-23　建筑安装工程仪器仪表使用费 预 算表（表三）丙

工程名称：××基站无线设备安装工程
建设单位名称：×××　　　　　　　　　　表格编号：　　　　　　第4页

序号	定额编号	项目名称	单位	数量	仪表名称	单位定额值		合计值	
I	II	III	IV	V	VI	数量（台班）VII	单价（元）VIII	数量（台班）IX	单价（元）X
1	TSW2-032	基站天、馈线系统调测	条	6	操作测试终端（计算机）	0.500	37.00	3.000	222.00
2	TSW2-032	基站天、馈线系统调测	条	6	天馈线测试仪	0.500	96.50	3.000	579.00
3	TSW2-044	GSM 基站系统调测（6个载频以下）	站	1	误码测试仪	3.000	198.00	3.000	198.00
4	TSW2-044	GSM 基站系统调测（6个载频以下）	站	1	操作测试终端（计算机）	3.000	222.00	3.000	222.00
5	TSW2-044	GSM 基站系统调测（6个载频以下）	站	1	射频功率计	3.000	381.00	3.000	381.00
6	TSW2-044	GSM 基站系统调测（6个载频以下）	站	1	微波频率计	3.000	435.00	3.000	435.00
		总　计							2037.00

设计负责人：　　　　　审核：　　　　　编制：　　　　　编制日期：　年　月

工程名称：××基站无线设备安装工程

表2-24 国内器材 预 算表（表四）甲

建设单位名称：×××　　　　　　　表格编号：　　　　　　第 5 页

序 号	名 称	规 格 型 号	单 位	数 量	单价（元）	合计（元）	备 注
I	II	III	IV	V	VI	VII	VIII
	电缆类材料：						
1	馈线（射频同轴电缆）	7/8in	m	120	120	14400.00	
2	馈线（射频同轴电缆）	1/2in	m	80	80	6400.00	
	电缆类材料小计					20800.00	
	运杂费	小计×2.6%				540.80	
	运输保险费	小计×0.1%				20.80	
	采购及保管费	小计×1%				208.00	
	电缆类材料合计					21569.60	
3	馈线卡子	7/8 in	个	135	10	1350.00	
4	馈线卡子	1/2 in	个	11.52	5	57.60	
5	螺栓	M10×40	套	6.06	10	60.60	
6	膨胀螺栓	M10×80	套	4.04	15	60.60	
7	膨胀螺栓	M12×80	套	4.04	20	80.80	
8	室内走线架	400mm	m	10.1	150	1515.00	
9	室外馈线走道	400mm	m	9.09	120	1090.80	
	其他类材料小计					4215.40	
	运杂费	小计×6.3%				265.57	
	运输保险费	小计×0.1%				4.22	
	采购及保管费	小计×1%				42.15	
	其他类材料合计					4527.34	
	总 计	以上2类合计之和				26096.94	

设计负责人：　　　　审核：　　　　编制：　　　　编制日期：　年　月

表 2-25　国内器材　预　算表（表四）甲
（国内需要安装的设备表）

工程名称：××基站无线设备安装工程　建设单位名称：×××　表格编号：　　　　第 6 页

序号	名称	规格型号	单位	数量	单价（元）	合计（元）	备注
I	II	III	IV	V	VI	VI	VII
1	定向天线	18dBi	副	3	20000	60000.00	
2	无线基站设备	2/2/2	架	1	400000	400000.00	
3	数字分配架	壁挂式	架	1	3000	3000.00	
4	馈线密封窗	6孔	个	1	500	500.00	
	小　计					463500.00	
	运杂费（小计×1.7000%）					7879.50	
	运输保险费（合计×0.4000%）					1854.00	
	采购及保管费（合计×0.8200%）					3800.70	
	总　计					477034.20	

设计负责人：　　　　　　　审核：　　　　　　　编制：　　　　　　　编制日期：　年　月

105

通信工程造价与实务项目教程 ■

106

表2-26 工程建设其他费 预 算表（表五）甲

工程名称：××基站无线设备安装工程　建设单位名称：×××　表格编号：　第 7 页

序 号	费 用 名 称	计算依据及方法	金额（元）	备 注
I	II	III	IV	V
1	建设用地及综合赔补费			
2	建设单位管理费			
3	可行性研究费			
4	研究试验费			
5	勘察设计费		12000.00	
6	环境影响评价费			
7	劳动安全卫生评价费			
8	建设工程监理费		6000.00	
9	安全生产费	建筑安装工程费×1.00%	476.42	
10	工程质量监督费			
11	工程定额测定费			
12	引进技术及引进设备其他费			
13	工程保险费			
14	工程招标代理费			
15	专利及专用技术使用费			
	总 计		18476.42	
16	生产准备及开办费（运营费）	设计定员×生产准备费指标（元/人）		

设计负责人：　审核：　编制：　编制日期：　年　月

2.3.4　能力拓展

一、天线基本参数

表征天线性能的参数有方向图、增益、输入阻抗、驻波比、极化方式等，主要参数如下：

1. 天线的输入阻抗

天线的输入阻抗是天线馈电端输入电压与输入电流的比值。天线与馈线的连接，最佳情形是天线输入阻抗是纯电阻且等于馈线的特性阻抗，这时馈线终端没有功率反射，馈线上没有驻波，天线的输入阻抗随频率的变化比较平缓。天线的匹配工作就是消除天线输入阻抗中的电抗分量，使电阻分量尽可能地接近馈线的特性阻抗。匹配的优劣一般用四个参数来衡量，即反射系数、行波系数、驻波比和回波损耗，四个参数之间有固定的数值关系，使用哪一个纯出于习惯。在日常维护中，用得较多的是驻波比和回波损耗。一般移动通信天线的输入阻抗为 50Ω。

驻波比（VSWR）：它是行波系数的倒数，其值在 1 到无穷大之间。驻波比为 1，表示完全匹配；驻波比为无穷大表示全反射，完全失配。在移动通信系统中，一般要求驻波比小于 1.5，但实际应用中 VSWR 应小于 1.2。过大的驻波比会减小基站的覆盖并造成系统内干扰加大，影响基站的服务性能。

回波损耗：它是反射系数绝对值的倒数，以分贝值表示。回波损耗的值在 0dB 到无穷大之间，回波损耗越小表示匹配越差，回波损耗越大表示匹配越好。0dB 表示全反射，无穷大表示完全匹配。在移动通信系统中，一般要求回波损耗大于 14dB。

2. 天线的极化方式

所谓天线的极化，就是指天线辐射时形成的电场强度方向。当电场强度方向垂直于地面时，此电波就称为垂直极化波；当电场强度方向平行于地面时，此电波就称为水平极化波。由于电波的特性，决定了水平极化传播的信号在贴近地面时会在大地表面产生极化电流，极化电流因受大地阻抗影响产生热能而使电场信号迅速衰减，而垂直极化方式则不易产生极化电流，从而避免了能量的大幅衰减，保证了信号的有效传播。

因此，在移动通信系统中，一般均采用垂直极化的传播方式。另外，随着技术的发展，又出现了一种双极化天线。就其设计思路而言，一般分为垂直与水平极化和 ±45°极化两种方式，性能上一般后者优于前者，因此目前大部分双极化天线采用的是 ±45°极化方式。±45°双极化天线组合了 +45°和 −45°两副极化方向相互正交的天线，并同时工作在收发双工模式下，大大节省了每个小区的天线数量，此外由于 ±45°为正交极化，有效保证了分集接收的良好效果。

3. 天线的增益

天线增益是用来衡量天线朝一个特定方向收发信号的能力，它是选择基站天线最重要的参数之一。

一般来说，增益的提高主要依靠减小垂直面上辐射的波瓣宽度，而在水平面上保持全向的辐射性能。天线增益对移动通信系统的运行质量极为重要，因为它决定蜂窝边缘的信号电平。增加增益就可以在一确定方向上增大网络的覆盖范围，或者在一确定范围内增大增益余量。任何蜂窝系统都是一个双向过程，增加天线的增益能同时减少双向系统增益预算余量。另外，表征天线增益的参数有 dBd 和 dBi。dBi 是相对于点源天线的增益，在各方向的辐射是均匀的；dBd 是相对于对称阵子天线的增益，dBi = dBd + 2.15。相同的条件下，增益越高，电波传播的距离越远。一般地，GSM 定向基站的天线增益为 18dBi，全向天线的增益为 11dBi。

4. 天线的波瓣宽度

波瓣宽度是定向天线常用的一个很重要的参数，它是指天线的辐射图中低于峰值 3dB 处所成夹角的宽度（天线的辐射图是度量天线各个方向收发信号能力的一个指标，通常以图形方式表示功率强度与夹角的关系）。

天线垂直的波瓣宽度一般与该天线所对应方向上的覆盖半径有关。因此，在一定范围内通过对天线垂直度（俯仰角）的调节，可以达到改善小区覆盖质量的目的，这也是在网络优化中经常采用的一种手段。天线的波瓣宽度主要指水平波瓣宽度和垂直平面波瓣宽度。水平平面的半功率角（H-Plane Half Power Beamwidth，有 45°、60°、90°等）定义了天线水平平面的波瓣宽度。角度越大，在扇区交界处的覆盖越好，但当提高天线倾角时，也越容易发生波瓣畸变，形成越区覆盖。角度越小，在扇区交界处覆盖越差。提高天线倾角可以在一定程度上改善扇区交界处的覆盖，而且相对而言，不容易产生对其他小区的越区覆盖。在市中心基站由于站距小，天线倾角大，应当采用水平平面的半功率角小的天线，郊区选用水平平面的半功率角大的天线；垂直平面的半功率角（V-Plane Half Power Beamwidth，有 48°、33°、15°、8°）定义了天线垂直平面的波瓣宽度。垂直平面的半功率角越小，偏离主波束方向时信号衰减越快，就越容易通过调整天线倾角准确控制覆盖范围。

5. 前后比（Front-Back Ratio）

它表明了天线对后瓣抑制的好坏。选用前后比低的天线，天线的后瓣有可能产生越区覆盖，导致切换关系混乱，产生掉话。前后比在 18～45dB 之间，工程中一般应选用前后比为 30dB 的天线。

二、天线的种类

移动通信天线的技术发展很快，最初中国主要使用普通的定向和全向型移动天线，后来普遍使用机械天线，现在一些省市的移动网使用电调天线和双极化移动天线。移动通信系统中各种天线使用的频率、增益和前后比等指标差别不大，都符合网络指标要求，目前所使用的天线主要有以下几种：

1. 全向天线

全向天线，即在水平方向图上表现为 360°均匀辐射，也就是平常所说的无方向性，在垂直方向图上表现为有一定宽度的波束，一般情况下波瓣宽度越小，增益越大。全向天线在移动通信系统中一般应用于郊县大区制的基站，覆盖范围大。

2. 定向天线

定向天线，在水平方向图上表现为一定角度范围辐射，也就是平常所说的有方向性，在垂直方向图上表现为有一定宽度的波束，同全向天线一样，波瓣宽度越小，增益越大。定向天线在移动通信系统中一般应用于城区小区制的基站，覆盖范围小，用户密度大，频率利用率高。

根据组网的要求建立不同类型的基站，而不同类型的基站可根据需要选择不同类型的天线。选择的依据就是技术参数，比如全向站就是采用了各个水平方向增益基本相同的全向型天线，而定向站就是采用了水平方向增益有明显变化的定向型天线。一般在市区选择水平波瓣宽度 B 为 65°的天线，在郊区可选择水平波瓣宽度 B 为 65°、90°或 120°的天线（按照站型配置和当地地理环境而定），而在乡村选择能够实现大范围覆盖的全向天线则是最为经济的。

3. 机械天线

所谓机械天线，即指使用机械调整下倾角度的移动天线。机械天线与地面垂直安装好以后，如果因网络优化的要求，需要调整天线背面支架的位置来改变天线的倾角。在调整过程中，虽然天线主瓣方向的覆盖距离明显变化，但天线垂直分量和水平分量的幅值不变，所以天线方向图容易变形。

实践证明：机械天线的最佳下倾角度为 1°~5°；当下倾角度在 5°~10°变化时，其天线方向图稍有变形但变化不大；当下倾角度在 10°~15°变化时，其天线方向图变化较大；当机械天线下倾 15°后，天线方向图形状改变很大，从没有下倾时的鸭梨形变为纺锤形，这时虽然主瓣方向覆盖距离明显缩短，但是整个天线方向图不是都在本基站扇区内，在相邻基站扇区内也会收到该基站的信号，从而造成严重的系统内干扰。

另外，在日常维护中，如果要调整机械天线下倾角度，整个系统要关机，不能在调整天线倾角的同时进行监测。机械天线调整天线下倾角度非常麻烦，一般需要维护人员爬到天线安放处进行调整；机械天线的下倾角度是通过计算机模拟分析软件计算的理论值，同实际最佳下倾角度有一定的偏差；机械天线调整倾角的步进度数为 1°，三阶互调指标为 -120dBc。

4. 电调天线

所谓电调天线，即指使用电子调整下倾角度的移动天线。电子下倾的原理是通过改变共线阵天线振子的相位，改变垂直分量和水平分量的幅值大小，改变合成分量场强强度，从而使天线的垂直方向图下倾。由于天线各方向的场强强度同时增大和减小，保证在改变倾角后天线方向图变化不大，使主瓣方向覆盖距离缩短，同时又使整个方向图在服务小区扇区内覆盖面积减小但又不产生干扰。实践证明，电调天线下倾角度在 1°~5°变化时，其天线方向图与机械天线的大致相同；当下倾角度在 5°~10°变化时，其天线方向图较机械天线稍有改善；当下倾角度在 10°~15°变化时，其天线方向图较机械天线变化较大；当机械天线下倾 15°后，其天线方向图较机械天线明显不同，这时天线方向图形状改变不大，主瓣方向覆盖距离明显缩短，整个天线方向图都在本基站扇区内，增加下倾角度，可以使扇区覆盖面积缩小，但不产生干扰，这样的方向图是我们需要的，因此采用电调天线能够降低呼损，减小干扰。

另外，电调天线允许系统在不停机的情况下对垂直方向图下倾角进行调整，实时监测调整的效果，调整倾角的步进精度也较高（为 0.1°），因此可以对网络实现精细调整。电调天线的三阶互调指标为 −150dBc，较机械天线相差 30dBc，有利于消除邻频干扰和杂散干扰。

5. 双极化天线

双极化天线是一种新型天线技术，组合了 +45° 和 −45° 两副极化方向相互正交的天线并同时工作在收发双工模式下，因此其最突出的优点是节省单个定向基站的天线数量。一般 GSM 数字移动通信网的定向基站（三扇区）要使用 9 根天线，每个扇形使用 3 根天线（空间分集，一发两收），如果使用双极化天线，每个扇形只需要 1 根天线；同时由于在双极化天线中，±45° 的极化正交性可以保证 +45° 和 −45° 两副天线之间的隔离度满足互调对天线间隔离度的要求（≥30dB），因此双极化天线之间的空间间隔仅需 20～30cm；另外，双极化天线具有电调天线的优点，在移动通信网中使用双极化天线同电调天线一样，可以降低呼损，减小干扰，提高全网的服务质量。由于双极化天线对架设安装要求不高，不需要征地建塔，而只需要架一根直径 20cm 的铁柱，将双极化天线按相应覆盖方向固定在铁柱上即可，从而节省基建投资，同时使基站布局更加合理，基站站址的选定更加容易。

对于天线的选择，应根据移动网络的覆盖、话务量、干扰和网络服务质量等实际情况，选择适合本地区移动网络需要的移动天线：

1）在基站密集的高话务地区，应该尽量采用双极化天线和电调天线；

2）在边、郊等话务量不高，基站不密集地区和只要求覆盖的地区，可以使用传统的机械天线。

我国目前的移动通信网在高话务密度区的呼损较高，干扰较大，其中一个重要原因是机械天线下倾角度过大，天线方向图严重变形。要解决高话务区容量不足的问题，必须缩短站距，加大天线下倾角度，但是使用机械天线，下倾角度大于 5° 时，天线方向图就开始变形，超过 10° 时，天线方向图严重变形，因此采用机械天线，很难解决用户高密度区呼损高、干扰大的问题。因此建议在高话务密度区采用电调天线或双极化天线替换机械天线，替换下来的机械天线可以安装在农村、郊区等话务密度低的地区。

三、移动通信系统天线安装规范

由于移动通信的迅猛发展，目前全国许多地区存在多网并存的局面，即 A、B、G 三网并存，其中有些地区的 G 网还包括 GSM900 和 GSM1800。为充分利用资源，实现资源共享，一般采用天线共塔的形式。这就涉及天线的正确安装问题，即如何安装才能尽可能地减少天线之间的相互影响。在工程中一般用隔离度这一指标来衡量，通常要求隔离度应至少大于 30dB，为满足该要求，常采用使天线在垂直方向隔开或在水平方向隔开的方法。实践证明，在天线间距相同时，垂直安装比水平安装能获得更大的隔离度。

天线的安装应注意以下几个问题：

1）定向天线的塔侧安装：为减少天线铁塔对天线方向图的影响，在安装时应注意，定向天线的中心至铁塔的距离为 λ/4 或 3λ/4 时，可获得塔外的最大方向性。

2）全向天线的塔侧安装：为减少天线铁塔对天线方向图的影响，原则上天线铁塔不能成为天线的反射器。因此在安装中，天线应安装于棱角上，且使天线与铁塔任一部位的最近距离大于λ。

3）多天线共塔：要尽量减少不同网收发信天线之间的耦合作用和相互影响，设法增大天线相互之间的隔离度，最好的办法是增大相互之间的距离。天线共塔时，应优先采用垂直安装。

四、天线选址

1. 基站初始布局

基站布局主要受场强覆盖、话务密度分布和建站条件三方面因素的制约，对于一般大中城市来说，基站布局受场强覆盖的制约已经很小了，受话务密度分布和建站条件两个因素的制约较大。基站布局的疏密要对应于话务密度分布情况，但是目前大中城市市区还做不到按街区预测话务密度，因此，市区可按照以下几方面考虑基站布局：

1）繁华商业区；
2）宾馆、写字楼、娱乐场所集中区；
3）经济技术开发区、住宅区；
4）工业区及文教区。

按照经验，在基站初始布局时，可按以下几方面进行设计：

1）繁华商业区、宾馆、写字楼、娱乐场所集中区等应设最大配置的定向基站，如8/8/8站型，基站站间距为0.6~1.6km；

2）经济技术开发区、住宅区等也应设较大配置的定向基站，如6/6/6站型或4/4/4站型，基站站间距取1.6~3km；

3）工业区及文教区等一般可设小规模定向基站，如2/2/2站型，站间距为3~5km；若基站位于城市边缘或近郊区，且站间距在5km以上，可以设全向基站。

以上几类地区内都按用户均匀分布要求设站，郊县和主要公路、铁路覆盖一般可设全向或二小区基站，站间距离为5~20km。

结合当地地形和城市发展规划，按以下几种方式考虑基站布局：

1）基站布局要结合城市发展规划，可以适度超前；
2）有重要用户的地方应有基站覆盖；
3）市内话务量"热点"地段增设微蜂窝站或增加载频配置；
4）大型商场宾馆、地铁、地下商场、体育场馆如有必要，用微蜂窝或室内分布解决；
5）在基站容量饱和前，可考虑采用GSM900/1800双频解决方案。

2. 站址选择与勘察

在完成基站初始布局以后，网络规划工程师要与建设单位以及相关工程设计单位一起，根据站点布局图进行站址的选择与勘察。市区站址在初选中应做到房主基本同意用作基站。初选完成之后，由网络规划工程师、工程设计单位与建设单位进行现场查勘，确定站址条件是否满足建站要求，并确定站址方案，最后由建设单位与房主落实站址。选址要求如下：

1）交通方便、市电可靠、环境安全及占地面积小。

2）在建网初期设站较少时，选择的站址应保证重要用户和用户密度大的市区有良好的覆盖。

3）在不影响基站布局的前提下，应尽量选择现有电信枢纽楼、邮电局或微波站作为站址，并利用其机房、电源及铁塔等设施。

4）避免在大功率无线发射台附近设站，如雷达站、电视台等，如要设站应核实是否存在相互干扰，并采取措施防止相互干扰。

5）避免在高山上设站。高山设站干扰范围大，影响频率复用。在农村高山设站往往对处于小盆地的乡镇覆盖不好。

6）避免在树林中设站。如要设站，应保持天线高于树顶。

7）市区基站中，对于蜂窝区（$R = 1 \sim 3km$）基站宜选高于建筑物平均高度但低于最高建筑物的楼房作为站址，对于微蜂窝区基站则选低于建筑物平均高度的楼房设站且需四周建筑物屏蔽较好。

8）市区基站应避免天线前方近处有高大楼房而造成障碍或反射后干扰其后方的同频基站。

9）避免选择今后可能有新建筑物影响覆盖区或同频干扰的站址。

10）市区两个网络系统的基站尽量共址或靠近选址。

11）选择机房改造费低、租金少的楼房作为站址，如有可能应选择本部门的局、站机房、办公楼作为站址。

模块四　通信线路工程预算编制

2.4.1　项目案例

随着移动通信建设的逐步推进，位于某街区的某移动通信公司通信线路需要扩容。经勘察，由于附近的街路不适合做通信管道工程，经研究决定采用架空的形式进行通信线路工程建设，该移动通信公司决定投入一定的资金将现有的通信线路工程进行扩建，充分满足用户需求。

通信线路工程内容如下：

1）工程在市区内施工；土质为综合土；电杆为9.0m高水泥杆。

2）拉线采用水泥杆夹板法，装设7/2.6单股拉线。

3）架设吊线时不需要安装吊线担。

4）架空吊线型号为7/2.2；吊线的垂度增长长度可以忽略不计；吊线无接头；吊线两端终结增长余留共3.0m。

5）架空光缆不需要安装光缆标志牌，光缆单盘测试按单窗口取定，不进行偏振模色散测试。

6）本工程所在中继段长40km，中继段光缆测试按双窗口取定，不进行偏振模色散测试。

2.4.2 案例分析

经与建设单位沟通、现场勘查，充分了解用户需求，经双方协商，确认此次改造的需求如下：

1. 通信线路工程

采用架空的形式进行通信线路工程建设，主要内容如下：

1）工程在市区内施工；土质为综合土；电杆为9.0m高水泥杆。

2）拉线采用水泥杆夹板法，装设7/2.6单股拉线。

3）架设吊线时不需要安装吊线担。

4）架空吊线型号为7/2.2；吊线的垂度增长长度可以忽略不计；吊线无接头；吊线两端终结增长余留共3.0m。

5）架空光缆不需要安装光缆标志牌，光缆单盘测试按单窗口取定，不进行偏振模色散测试。

6）本工程所在中继段长40km，中继段光缆测试按双窗口取定，不进行偏振模色散测试。

2. 工程造价要求

1）统一采用工程量清单计价方式。

2）统一采用2008版《通信建设工程概算、预算编制办法》进行预算编制，施工定额采用2008版《通信建设工程预算定额》。

3）本工程勘察设计费为1500元。

4）本工程预算内不计列施工生产用水电蒸汽费、已完工程及设备保护费、运土费、工程排污费、建设用地及综合赔补费、可行性研究费、研究试验费、环境影响评价费、劳动安全卫生评价费、建设工程监理费、工程质量监督费、工程定额测定费、工程保险费、工程招标代理费、生产准备及开办费、建设期利息、建设单位管理费。

2.4.3 知识储备

一、工作量清单

为更好地进行教学实施，学员至少掌握有关通信线路工程类的课程。架空通信线路工程量统计表如表2-27所示，图样如图2-6所示。

表2-27 架空通信线路工程量统计表

序 号	工作项目名称	单 位	数 量
1	通信架空线路施工测量	100m	4.28
2	城区立9m水泥电杆（综合土）	根	3
3	水泥杆夹板法安装7/2.6普通单股拉线（综合土）	条	2
4	水泥杆架设7/2.2吊线（城区）	千米条	0.083

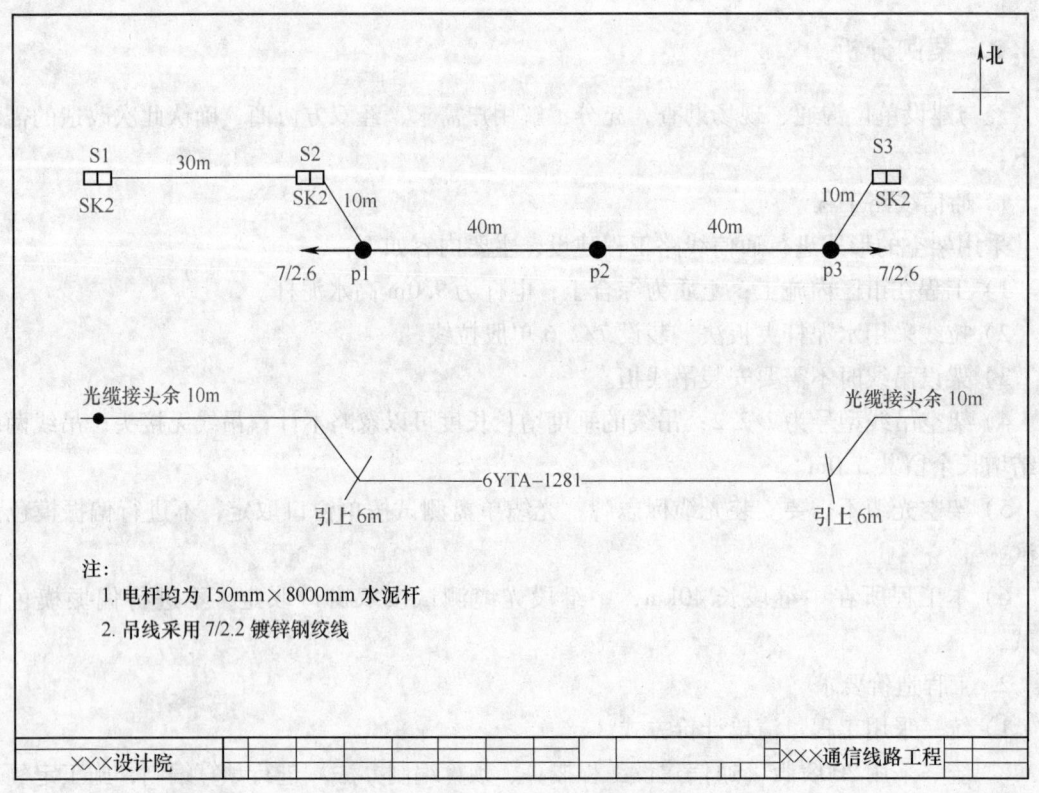

图 2-6 某架空通信线路施工图样

二、预算编制要求

1）统一采用工程量清单计价方式。

2）统一采用 2008 版《通信建设工程概算、预算编制办法》进行预算编制，施工定额采用 2008 版《通信建设工程预算定额》。

3）本工程勘察设计费为 1500 元。

4）本工程预算内不计列施工生产用水电蒸汽费、已完工程及设备保护费、运土费、工程排污费、建设用地及综合赔补费、可行性研究费、研究试验费、环境影响评价费、劳动安全卫生评价费、建设工程监理费、工程质量监督费、工程定额测定费、工程保险费、工程招标代理费、生产准备及开办费、建设期利息、建设单位管理费。

三、预算文件

1）工程预算总表（表一），如表 2-28 所示。

2）建筑安装工程费用预算表（表二），如表 2-29 所示。

3）建筑安装工程量预算表（表三）甲，如表 2-30 所示。

4）建筑安装工程施工机械使用费预算表（表三）乙，如表 2-31 所示。

5）建筑安装工程仪器仪表使用费预算表（表三）丙，如表 2-32 所示。

6）国内器材预算表（表四）甲（国内主要材料表），如表 2-33 所示。

7）工程建设其他费用预算表（表五）甲，如表 2-34 所示。

建设项目名称：××路通信线路工程

工程名称：××路通信线路工程

表 2-28   工程　预　算总表（表一）

建设单位名称：×××

表格编号：

第 1 页

序号	表格编号	费用名称	小型建筑工程费	需要安装的设备费	不需要安装的设备、工器具费	建筑安装工程费	其他费用	总价值		
								人民币（元）		其中外币（　）
I	II	III	IV	V	VI	VII	VIII	IX		X
			（元）							
1	表二	建筑安装工程费				17676.58		17676.58		
2	表五	工程建设其他费					1676.77	1676.77		
3		合　计				17676.58	1676.77	19353.35		
4		预备费（合计×4%）：					774.13	774.13		
5		总　计				17676.58	1676.77	20127.48		

设计负责人：

审核：

编制：

编制日期：　年　月

表 2-29 建筑安装工程费用 预 算表 (表二)

工程名称：××路通信线路工程

建设单位名称：×××

表格编号：

第 2 页

序号 I	费用名称 II	依据和计算方法 III	合计（元）IV
	建筑安装工程费	一+二+三+四	17676.58
一	直接工程费	（一）+（二）	15881.41
（一）	直接工程费	1+2+3+4	15387.29
1	人工费	（1）+（2）	1317.69
（1）	技工费	技工总工日×48.00元/工日	1152.96
（2）	普工费	普工总工日×19.00元/工日	164.73
2	材料费	（1）+（2）	12399.13
（1）	主要材料费	国内主材费	12337.44
（2）	辅助材料费	国内主材费×0.50%	61.69
3	机械使用费	机械台班单价×机械台班量	632.00
4	仪表使用费	仪表台班单价×仪表台班量	1038.47
（二）	措施费	1+2+3+…+16	494.12
1	环境保护费	人工费×1.50%	19.77
2	文明施工费	人工费×1.00%	13.18
3	工地器材搬运费	人工费×5.00%	65.88
4	工程干扰费	人工费×6.00%	79.06
5	工程点交、场地清理费	人工费×5.00%	65.88
6	临时设施费	人工费×5.00%	65.88
7	工程车辆使用费	人工费×6.00%	79.06
8	夜间施工增加费	人工费×3.00%	39.53
9	冬雨季施工增加费	人工费×2.00%	26.35
10	生产工具用具使用费	人工费×3.00%	39.53
11	施工用水电蒸汽费		
12	特殊地区施工增加费		
13	已完工程及设备保护费		
14	运土费		
15	施工队伍调遣费		
16	大型施工机械调遣费		
二	间接费	（一）+（二）	816.97
（一）	规费	1+2+3+4	421.66
1	工程排污费	按实计列	
2	社会保障费	人工费×26.81%	353.27
3	住房公积金	人工费×4.19%	55.21
4	危险作业意外伤害保险费	人工费×1.00%	13.18
（二）	企业管理费	人工费×30.00%	395.31
三	利润	人工费×30.00%	395.31
四	税金	（直接费+间接费+利润）×3.41%	582.89

设计负责人：　　　　　审核：　　　　　编制：　　　　　编制日期：　年　月

工程名称：××路通信线路工程

表 2-30　建筑安装工程量 预 算表（表三）甲

建设单位名称：×××

表格编号：

第 3 页

序号	定额编号	项目名称	单 位	数 量	单位定额值（工日）		合计值（工日）	
					技工	普工	技工	普工
I	II	III	IV	V	VI	VII	VIII	IX
1	TXL1-002	架空光（电）缆工程施工测量	100m	0.800	0.600	0.20	0.48	0.16
2	TXL1-003	管道光（电）缆工程施工测量	100m	0.700	0.500		0.35	
3	TXL3-001	立9m以下水泥杆（综合土）	根	3.000	0.610	0.61	1.83	1.83
4	TXL3-054	水泥杆夹板法安装7/2.6单胶拉线（综合土）	条	2.000	0.840	0.60	1.68	1.20
5	TXL3-166	水泥杆架设7/2.2吊线（城区）	千米条	0.083	8.000	8.50	0.66	0.71
6	TXL3-180	丘陵、城区、水田架设吊线式架空光缆（12芯）	千米条	0.083	14.230	11.24	1.18	0.93
7	TXL4-009	敷设管道光缆（12芯以下）	千米条	0.070	11.300	21.63	0.79	1.51
8	TXL4-046	穿放引上光缆	条	2.000	0.600	0.60	1.20	1.20
9	TXL5-001	光缆接续（12芯）	头	2.000	3.000		6.00	
10	TXL5-038	40km以上中继段光缆测试（12芯以下）	中继段	1.000	6.720		6.72	
		合　计					20.89	7.54
		工程总工日100工日以下调整（系数：1.15）					3.13	1.13
		总　计					24.02	8.67

设计负责人：　　　　　　审核：　　　　　　编制：　　　　　　编制日期：　　　年　　　月

工程名称：××路通信线路工程

表2-31　建筑安装工程施工机械使用费　预　算表（表三）乙

建设单位名称：×××　　　　　　　　　　　表格编号：　　　　　　　　　　第 4 页

序号	定额编号	项目名称	单位	数量	机械名称	单位定额值		合计值	
						数量（台班）	单价（元）	数量（台班）	单价（元）
I	II	III	IV	V	VI	VII	VIII	IX	X
1	TXL3-001	立9m以下水泥杆（综合土）	根	3	汽车式起重机（5t）	0.040	400.00	0.120	48.00
2	TXL5-001	光缆接续（12芯）	头	2	光纤熔接机	0.500	168.00	1.000	168.00
3	TXL5-001	光缆接续（12芯）	头	2	汽油发电机（10kW）	0.300	290.00	0.600	174.00
4	TXL5-001	光缆接续（12芯）	头	2	光缆接续车	0.500	242.00	1.000	242.00
		总　计							632.00

设计负责人：　　　　　　　审核：×××　　　　　　　编制：×××　　　　　　　编制日期：　年　月

118

表 2-32　建筑安装工程仪器仪表使用费 预 算 表（表三）丙

工程名称：××路通信线路工程

建设单位名称：×××　　　　　　表格编号：　　　　　　　　　　第 5 页

序号	定额编号	项目名称	单位	数量	仪表名称	单位定额值		合 计 值	
						数量（台班）	单价（元）	数量（台班）	单价（元）
Ⅰ	Ⅱ	Ⅲ	Ⅳ	Ⅴ	Ⅵ	Ⅶ	Ⅷ	Ⅸ	Ⅹ
1	TXL3-180	丘陵、城区、水田架设吊线式架空光缆（12 芯）	千米条	0.083	光时域反射仪	0.100	30.60	0.008	2.54
2	TXL4-009	敷设管道光缆（12 芯以下）	千米条	0.05	光时域反射仪	0.100	30.60	0.005	1.53
3	TXL5-001	光缆接续（12 芯）	头	2	光时域反射仪	1.000	306.00	2.000	612.00
4	TXL5-038	40km 以上中继段光缆测试（12 芯以下）	中继段	1	稳定光源	0.960	69.12	0.960	69.12
5	TXL5-038	40km 以上中继段光缆测试（12 芯以下）	中继段	1	光功率计	0.960	59.52	0.960	59.52
6	TXL5-038	40km 以上中继段光缆测试（12 芯以下）	中继段	1	光时域反射仪	0.960	293.76	0.960	293.76
		总　　计							1038.47

设计负责人：　　　　　　审核：×××　　　　　　编制：×××　　　　　　编制日期：　　年　　月

表2-33 国内器材预算表（表四）甲

（国内主要材料表）

工程名称：××路通信线路工程　　建设单位名称：×××　　表格编号：　　第6页

序号	名称	规格型号	单位	数量	单价（元）	合计（元）	备注
I	II	III	IV	V	VI	VII	VIII
	光缆类材料：						
1	光缆	12芯	m	166.631	2.25	374.92	
	光缆类材料小计					374.92	
	运杂费	小计×1.4%				5.25	
	运输保险费	小计×0.1%				0.37	
	采购及保管费	小计×1.1%				4.12	
	光缆类材料合计					384.66	
	水泥及水泥构件类材料：						
2	水泥电杆	梢径13～17cm	根	3.03	338	1024.14	
3	水泥拉线盘		套	2.02	38	76.76	
	水泥及水泥构件类材料小计					1100.90	
	运杂费	小计×18%				198.16	
	运输保险费	小计×0.1%				1.10	
	采购及保管费	小计×1.1%				12.11	
	水泥及水泥构件类材料合计					1312.27	
	其他类材料：						
4	镀锌钢绞线	7/2.6	kg	7.6	28.12	213.71	
5	镀锌钢绞线	7/2.2	kg	18.365	28.12	516.42	
6	镀锌铁线	φ1.5	kg	0.552	28.12	15.52	
7	镀锌铁线	φ3.0	kg	1.183	28.12	33.27	

（续）

序号	名　称	规格型号	单　位	数　量	单价（元）	合计（元）	备　注
I	II	III	IV	V	VI	VII	VIII
8	镀锌铁线	φ4.0	kg	2.027	28.12	57.00	
9	地锚铁柄		套	2.02	28.12	56.80	
10	三眼双槽夹板		副	4.04	49.9	201.60	
11	拉线衬环		个	4.711	5.25	24.73	
12	拉线抱箍		套	2.355	31.36	73.85	
13	镀锌穿钉（长50mm）		副	2.347	28.12	66.00	
14	镀锌穿钉（长100mm）		副	0.084	28.12	2.36	
15	三眼单槽夹板		副	2.347	14.26	33.47	
16	电缆挂钩		只	170.98	41.04	7017.02	
17	保护软管		m	2.075	3	6.23	
18	聚乙烯波纹管		m	1.869	6	11.21	
19	胶带（PVC）		盘	3.64	10	36.40	
20	光缆托板		块	3.395	3	10.19	
21	托板垫		块	3.395	2	6.79	
22	光缆接续器材		套	2.02	600	1212.00	
	其他类材料小计	小计×7.2%				9594.57	
	运杂费	小计×0.1%				690.81	
	运输保险费					9.59	
	采购及保管费	小计×1.1%				105.54	
	其他类材料合计					10400.51	
23	水泥	32.5	t	0.600	400.00	240.00	
	总　计					12337.44	

以上3类合计再加上预算价材料之和

设计负责人：　　　审核：×××　　　编制：×××　　　编制日期：　　年　　月

121

通信工程造价与实务项目教程 ■

表2-34 工程建设其他费用 预 算表（表五）甲

工程名称：××路通信线路工程

建设单位名称：×××　　　表格编号：　　　　　　　　　　　　　　　　　　　　　　第7页

序号	费用名称	计算依据及方法	合计	备注
I	II	III	IV	V
1	建设用地及综合赔补费			
2	建设单位管理费			
3	可行性研究费			
4	研究试验费			
5	勘察设计费	已知	1500.00	
6	环境影响评价费			
7	劳动安全卫生评价费			
8	建设工程监理费			
9	安全生产费	建筑安装工程费×1.00%	176.77	
10	工程质量监督费			
11	工程定额测定费			
12	引进技术及引进设备其他费			
13	工程保险费			
14	工程招标代理费			
15	专利及专用技术使用费			
	总　计		1676.77	
16	生产准备及开办费（运营费）	设计定员×生产准备费指标（元/人）		

设计负责人：　　　　　　审核：×××　　　　　　编制：×××　　　　　　编制日期：　年　月

122

2.4.4 能力拓展

一、架空通信线路工作流程

在广大农村地区和经济欠发达城区的通信线路常采用架空通信线路的形式，架空通信线路的施工内容主要包括：

1. 施工测量

架空通信线路施工时首先通过施工测量确定线路的路由走向和线杆、拉线等线路设施的实际位置。在架空通信线路施工过程中首先进行的是路由复测，施工单位应对所施工的工程进行复测丈量，以设计单位提供的施工图设计为依据，确定杆路路由的具体位置、准确长度以及每根电杆的杆位，确定线路穿越障碍物的具体位置和相应保护措施，复测中继段距离时，应根据地形起伏，核算包括接头重叠长度、各种必要的预留长度在内的敷设总长度，并确定接头的具体位置。

这部分施工测量的工程量以测量的施工测量长度计量，计量单位是 100m。架空通信线路施工测量长度 =（路由图末长度-路由图始长度）/100m = 设计图中各段架空线路长度之和/100m，高桩拉线的正拉线长度也应计算在施工测量长度之内。

2. 打洞立杆

通过在地上打洞将所需线杆立在地上，水泥单根线杆立杆孔洞深度如表 2-35 所示。

表 2-35 水泥单根线杆立杆孔洞深度　　　　　　（单位：m）

孔洞深度 杆长	普通土	硬土	水田、湿地	石质	备　注
6.0	1.2	1.0	1.3	0.8	1. 本表用于中、轻负荷区通信线路。重负荷区的杆洞深度应按本表规定值另加 10～20cm 2. 12m 以上的特种电杆的孔洞深度应按设计文件规定实施
6.5	1.2	1.0	1.3	0.8	
7.0	1.3	1.2	1.4	1.0	
7.5	1.3	1.2	1.4	1.0	
8.0	1.5	1.4	1.6	1.2	
8.5	1.5	1.4	1.6	1.2	
9.0	1.6	1.5	1.7	1.4	
10.0	1.7	1.6	1.8	1.6	
11.0	1.8	1.8	1.9	1.8	
12.0	2.1	2.0	2.2	2.0	

架空通信线路施工的一个主要内容就是在规定位置竖立线杆，立杆的具体工作包括：打洞、清理、立杆、装 H 杆腰梁、回填夯实、号杆等。架空通信线路立杆的工作量以所立杆的数量计量，计量单位和所立杆的类型有关：如立的是单根杆，立杆工程量的计量单位是根；如立的是复合杆（H 形杆、品接杆、品接 H 形杆），则立杆工程量的计量单位是座。

需要注意的是，在统计架空通信线路工程立杆工程量时，应对不同材质（木电杆、水泥杆）、不同型号（线杆长度、单杆还是复合杆等）的线杆分别统计工程量。同时，由于在立杆过程中有打洞、回填等过程，显而易见，立杆的实际工作量还和立杆处的土质（综合土、软石、坚石等，具体分类标准可参见相关资料）有关，因此统计立杆工作量时还应对不同土质处的立杆工程量分别统计。实际统计时可首先将工程中的线杆分为木制单杆、水泥制电杆和复合杆，然后再对每一种线杆按照土质和型号分别统计数量。

3. 线杆加固

对于稳定性不能满足要求的架空通信线路的线杆要按照相应要求采取根部加固措施，常采用的线杆根部加固措施包括：水泥墩、卡盘、帮桩、围桩等，具体采用哪种加固措施要视现场土质、线杆高度、线杆负荷、气候环境等具体因素而定。架空通信线路的线杆根固的工程量以加固地点的数量来计量，计量单位视不同的加固方式而不同，有根、处、块，具体参照有关定额手册。

4. 装设吊线、拉线

（1）装设吊线　当架空通信线路采用吊挂式光、电缆作为通信介质时，为了保证光、电缆的受力均衡和使用性能的要求，不能直接将光、电缆固定在线杆上，而是应先在线杆之间架设钢绞线作为吊线，再将光、电缆吊挂在吊线下。吊线架设的工程量以所架设吊线的长度计量，计量单位：千米条。

需要注意的是：统计吊线架设工程量时应区分不同的施工区域、不同的线杆材质、不同的吊线规格，分别统计工程量，吊线安装要求如图 2-7 和表 2-36 所示。

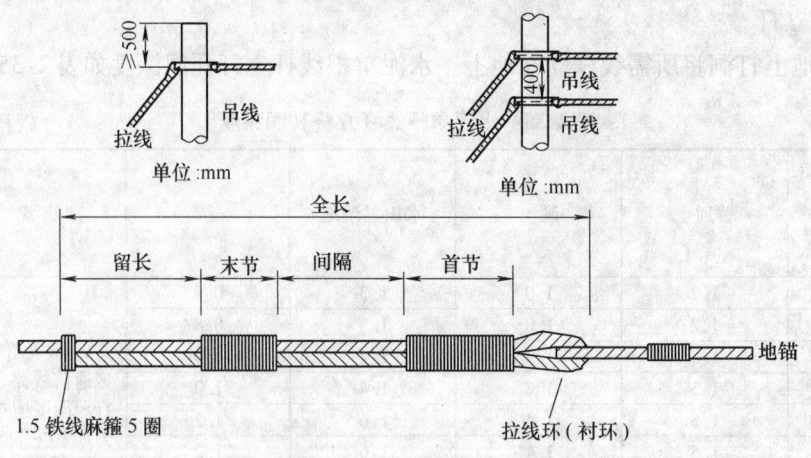

图 2-7　吊线安装要求

表 2-36　吊线安装要求

拉线型号	缠扎线径/mm	首节长度/mm	间隔/mm	末节长度/mm	留长/mm	留头处理/mm	备　注
1×7/2.2	3.0	100	30	100	100	用 1.5mm 铁线麻箍 5 圈	本表数据也适用于木电杆拉线
1×7/2.6	3.0	150	30	100	100		
1×7/3.0	3.0	150	30	150	100		
2×7/2.2	4.0	150	30	100	100		
2×7/2.6	4.0	150	30	150	100		
2×7/3.0	4.0	200	30	150	-100		

（2）装设拉线　按照相关规定，架空通信线路中的转角杆、分支杆、耐张杆、终端杆等线杆都应当设置拉线，对于侧向风力较强的线杆也应按照相关规定安装拉线，以保持这些线杆的受力平衡和长期的稳定性。线杆拉线的具体施工内容包括：挖坑、埋设地锚、安装拉

线、收紧拉线、清理现场等。线杆拉线的工程量以安装拉线的数量计，装设普通单股拉线时单位是条，装设特种拉线时计量单位是处。

同时，针对水泥杆和木杆及不同的现场情况和要求，线杆拉线的安装可以采用不同规格的拉线和不同的安装工艺方法，通信线杆拉线常采用镀锌钢绞线制作，常用的规格有：7/2.2、7/2.6、7/3.0 等，而拉线的常见安装方法有夹板法、另缠法和卡固法等。再者，由于拉线的安装需要在地上埋设地锚或横木，因此装设拉线的具体工作量还和装设拉线处的土质有关。

5. 光、电缆敷设

光、电缆敷设主要是将光、电缆吊挂在吊线下，或将自承式光、电缆固定在线杆上。架空杆路通信工程中架设光、电缆的工程量以所架设的光、电缆长度计量，计量单位：千米条。

架空光、电缆工程量的计算和管道线路工程光、电缆的计算一样，请参考本书前面通信管道工程光、电缆敷设工程量的计算，但统计架空光、电缆架设工程量时要将平原、丘陵、城区、水田、山区不同的地域分开统计。光缆敷设安装工作内容如下：

（1）单盘测试　在工地，监理工程师采取旁站或巡视检查的方式，检查光缆外皮有无破损，端头包封是否良好；光缆规格、型号是否符合要求，端别盘长标示是否清晰，监督施工单位对到场的光缆进行逐盘逐纤的光衰减特性测试，其结果要符合供货合同和设计规定；测定各盘光纤长度，检验光缆盘外包装和光缆的完整性以及光缆皮长，做好记录，当发现光特性指标不合格或光缆盘外包装损坏严重时，立即书面报告建设单位。

（2）光缆配盘　施工单位对所施工的工程进行复测丈量，取得各杆档间的准确长度后，结合各盘光缆的实际长度进行准确配盘，光缆应尽量做到整盘敷设，以减少中间接头，靠基站侧的光缆应尽量整盘敷设，确保施工中不截断光缆，不人为增加光缆的接头数量，不任意浪费光缆，同时光缆接头应安排在地势平坦和地质稳固地点，应避开水塘、河流沟渠、交通要道口等，出厂盘号和单盘光缆实际长度应标注在竣工技术资料上。

（3）布放光缆　光缆布放的端别应符合设计规定。结合本工程的实际，对不同场所的光缆布放提出要求如下：

1）吊挂式架空光缆的要求如下：

① 吊挂式架空光缆的布放应通过滑轮牵引，布放过程中不允许出现过度弯曲。

② 根据光缆外径选用合适挂钩型号，挂钩的卡挂间距为 50cm ± 3cm，电杆两侧的第一只挂钩各距电杆 25cm ± 2cm。卡挂在吊线上的搭扣方向应一致，挂钩托板齐全。

③ 光缆的弯曲半径应不小于光缆外径的 15 倍，施工过程中不应小于 20 倍，布放光缆的牵引力应不超过光缆允许张力的 80%。瞬间最大牵引力不得超过光缆允许张力的 100%。主要牵引力应加在光缆的加强件（芯）上。

④ 每隔 5 杆档做一处杆弯预留，预留在电杆两侧的挂钩间，下垂 25 ~ 30cm，并用塑料管保护。

⑤ 接头处光缆重叠 15m，接续后的预留光缆盘固在接头两侧相邻电杆的预留架上。

⑥ 在核定光缆垂度时要考虑架设过程中和架设后受到最大负荷产生的光缆伸长率不超过规定值（0.2%）。

⑦ 架空光缆敷设后应平直、无扭转、无机械损伤。

2）局内光缆的要求如下：

① 局内光缆由终端杆引入传输机房的 ODF 架，宜采用人工布放方式，布放时上下楼道及每个拐弯处应设专人，按统一指挥牵引，牵引中使光缆保持松弛状态，严禁出现打小圈和死弯，局内光缆应挂按相关规定制作的标识牌，以便识别。

② 局内光缆布放应整齐美观。光缆经由走线架、转弯点（前、后）应予绑扎牢固，捆扎间距一般不超过 50cm。光缆爬墙的绑扎部位应垫胶管，避免光缆因受侧压过大而损伤。

3）光缆标识牌的要求如下：

① 架空光缆和局内光缆采用不同规格不同式样的标识牌，式样规格由建设单位确定。

② 标识牌挂设位置和数量如下：

架空地段光缆标识牌挂设按设计规定，同路由敷设的多条光缆除挂相应数量的标识牌外，还应标明所属中继段，以示区别。

机房槽道内光缆的起点和终点各挂一块，槽道较长的可在中间适当增加几块。

4）光缆重叠、预留的要求如下：

局内光缆预留 15~20m，预留光缆盘成圈固定在机房内的合适位置上。

架空部分光缆的预留按设计规定，一般情况下，光缆除每隔 5 杆档做一处杆弯预留外，还应将光缆接续后多余的光缆盘固在接头两侧电杆的预留架上。

（4）光缆接续、光缆终端、中继段测试　对于光缆接续、光缆终端、中继段测试控制点，除接头盒安装位置须按相应的要求进行监理控制外，其他的控制内容及要求参见有关光缆工程类的书籍，此处不再重述。

二、架空线路工程量清单

架空线路工程量清单如表 2-37 所示。

表 2-37　架空线路工程量清单

序　号	项目名称	定额编号	定额单位	工程量
1	架空光（电）缆工程施工测量	TXL1-002	100m	4.28
2	管道光（电）缆工程施工测量	TXL1-003	100m	8
3	立 9m 以下水泥杆（综合土）	TXL3-001	根	2
4	水泥杆夹板法安装 7/2.6 单股拉线（综合土）	TXL3-054	条	5
5	水泥杆架设 7/2.2 吊线（城区）	TXL3-166	千米条	0.428
6	丘陵、城区、水田架设吊线式架空光缆（12 芯）	TXL3-180	千米条	4.75
7	敷设管道光缆（12 芯以下）	TXL4-009	千米条	0.70
8	穿放引上光缆	TXL4-046	条	2.00
9	光缆接续（12 芯）	TXL5-001	头	2.00
10	40km 以上中继段光缆测试（12 芯以下）	TXL5-038	中继段	1.00
11	光纤测试			1

模块五　通信管道工程预算编制

2.5.1　项目案例

随着移动通信建设的逐步推进，位于某街区的某移动通信公司通信线路需要扩容。经勘察，附近的街路适合做通信管道工程，该移动通信公司决定投入一定的资金将现有的通信管道工程进行扩建，充分满足用户需求。

2.5.2 案例分析

经与建设单位沟通、现场勘查，充分了解用户需求，经双方协商，确认此次改造的需求如下：

1. 通信线路工程

1）新建 3 孔（3×1）φ102mm 塑料管道 100m；

2）新建 3 孔（3×1）φ102mm 钢管管道 30m；

3）新建 SK1 手孔 1 个、SK2 手孔 2 个；塑料管管道基础不加筋，做包封；钢管管道不做基础。

2. 工程造价要求

1）统一采用工程量清单计价方式。

2）统一采用 2008 版《通信建设工程概算、预算编制办法》进行预算编制，施工定额采用 2008 版《通信建设工程预算定额》。

3）施工生产用水电蒸汽费按 100 元计列；运土费按 35 元/m³ 计列；排污费按 200 元计列。

4）本工程勘察设计费为 2731.86 元，建设用地及综合赔补费为 1000 元。

5）本工程预算内不计列特殊地区施工增加费、已完工程及设备保护费、建设单位管理费、可行性研究费、研究试验费、环境影响评价费、劳动安全卫生评价费、建设工程监理费、工程质量监督费、工程定额测定费、工程保险费、工程招标代理费、生产准备及开办费、建设期利息。

2.5.3 知识储备

一、工作量清单

为更好地进行教学实施，学员至少掌握有关通信管道工程类的课程，通信管道工程量如表 2-38 所示，图样如图 2-8 所示。

表 2-38 通信管道工程量

序 号	工作项目名称	单 位	数 量
1	施工测量	100m	4.28
2	人工开挖路面混凝土路面（150mm 以下）	100m²	0.940
3	人工开挖路面混凝土路面（250mm 以下）	100m²	0.199
4	混凝土管道基础——平型（基础 496mm×80mm、C15 碎石）	100m	1.000
5	敷设塑料管道 3 孔（3×1）	100m	1.000
6	敷设镀锌钢管道 3 孔（3×1）	100m	0.300
7	管道混凝土包封 C15	m³	6.473
8	砖砌配线手孔一号手孔（SK1）	个	1.000

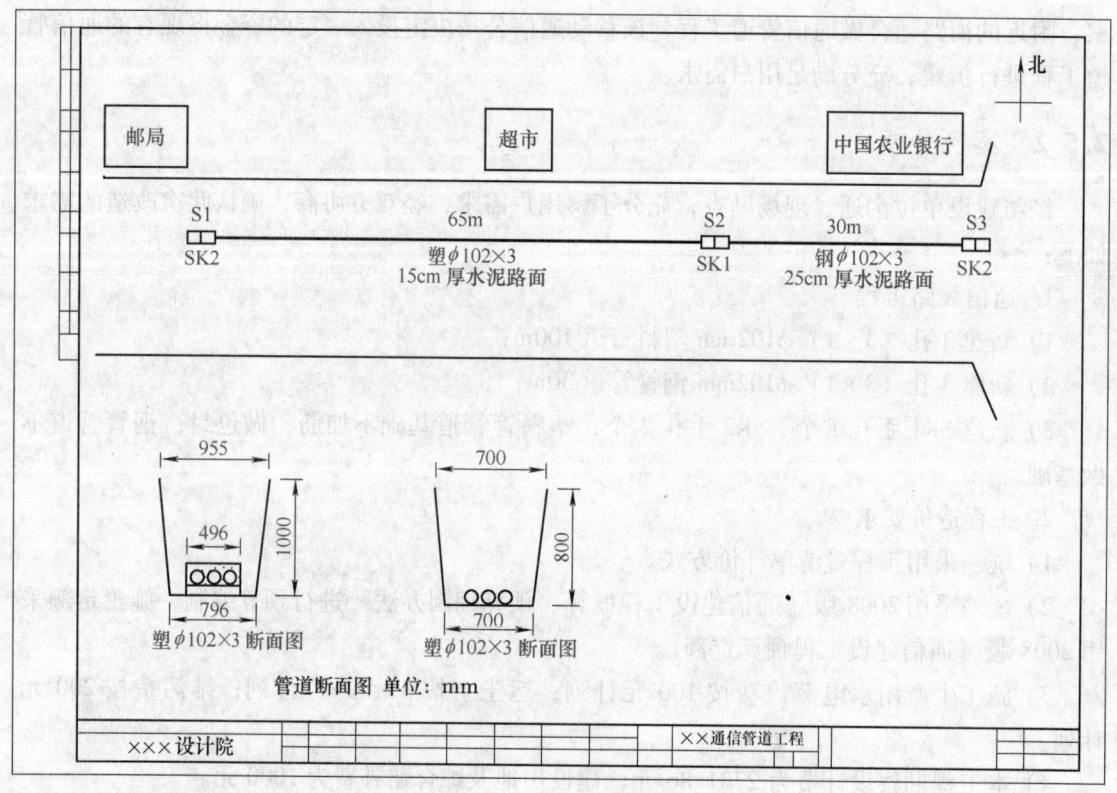

图 2-8 某通信管道工程示意图

二、预算编制要求

1）统一采用工程量清单计价方式。

2）统一采用 2008 版《通信建设工程概算、预算编制办法》进行预算编制，施工定额采用 2008 版《通信建设工程预算定额》。

3）本工程勘察设计费为 1500 元。

4）本工程预算内不计列施工生产用水电蒸汽费、已完工程及设备保护费、运土费、工程排污费、建设用地及综合赔补费、可行性研究费、研究试验费、环境影响评价费、劳动安全卫生评价费、建设工程监理费、工程质量监督费、工程定额测定费、工程保险费、工程招标代理费、生产准备及开办费、建设期利息、建设单位管理费。

三、预算文件

1）工程预算总表（表一），如表 2-39 所示。

2）建筑安装工程费用预算表（表二），如表 2-40 所示。

3）建筑安装工程量预算表（表三）甲，如表 2-41 所示。

4）建筑安装工程施工机械使用费预算表（表三）乙，如表 2-42 所示。

5）国内器材预算表（表四）甲，如表 2-43 所示。

6）工程建设其他费用预算表（表五）甲，如表 2-44 所示。

表2-39 工程预算总表（表一）

建设项目名称：××路通信管道工程
工程名称：××路通信管道工程

建设单位名称：×××

表格编号：

第1页

序号	表格编号	费用名称	小型建筑工程费	需要安装的设备费	不需要安装的设备、工器具费	建筑安装工程费	其他费用	总 价 值	
					（元）			人民币（元）	其中外币（ ）
I	II	III	IV	V	VI	VII	VIII	IX	X
1	表二	建筑安装工程费				36166.2		36166.2	
2	表五	工程建设其他费					4093.52	4093.52	
3		合 计				36166.2	4093.52	40259.72	
4		预备费（合计×5%）:					2012.99	2012.99	
5		总 计				36166.2	4093.52	42272.71	

设计负责人：　　　　　审核：　　　　　编制：　　　　　编制日期：　　年　月

表2-40 建筑安装工程费用 预 算表（表二）

工程名称：××路通信管道工程　　建设单位名称：×××　　表格编号：　　第2页

序号 I	费用名称 II	依据和计算算法 III	合计（元）IV
—	建筑安装工程费	一+二+三+四	36166.20
（一）	直接费	（一）+（二）	30025.42
（一）	直接工程费	1+2+3+4	26482.88
1	人工费	（1）+（2）	5790.46
（1）	技工费	技工总工日×48.00元/工日	2154.24
（2）	普工费	普工总工日×19.00元/工日	3636.22
2	材料费	（1）+（2）	19966.46
（1）	主要材料费	国内主材费	19867.12
（2）	辅助材料费	国内主材费×0.50%	99.34
3	机械使用费	机械台班单价×机械台班量	725.96
4	仪表使用费	仪表台班单价×仪表台班量	
（二）	措施费	1+2+3+…+16	3542.54
1	环境保护费	人工费×1.50%	86.86
2	文明施工费	人工费×1.00%	57.90
3	工地器材搬运费	人工费×1.60%	92.65
4	工程干扰费	人工费×6.00%	347.43
5	工程点交、场地清理费	人工费×2.00%	115.81
6	临时设施费	人工费×12.00%	694.86
7	工程车辆使用费	人工费×2.60%	150.55
8	夜间施工增加费	人工费×3.00%	173.71
9	冬雨季施工增加费	人工费×2.00%	115.81
10	生产工具用具使用费	人工费×3.00%	173.71
11	施工用水电蒸汽费	已知	100.00
12	特殊地区施工增加费	按实计列	
13	已完工程及设备保护费	按实计列	1433.25
14	运土费	按实计列	
15	施工队伍调遣费	按实计列	
16	大型施工机械调遣费	按实计列	
（二）	间接费	（一）+（二）	3500.56
（一）	规费	1+2+3+4	2052.94
1	工程排污费	按实计列	200.00
2	社会保障费	人工费×26.81%	1552.42
3	住房公积金	人工费×4.19%	242.62
4	危险作业意外伤害保险费	人工费×1.00%	57.90
（二）	企业管理费	人工费×25.00%	1447.62
三	利润	人工费×25.00%	1447.62
四	税金	（直接费+间接费+利润）×3.41%	1192.60

设计负责人：　　审核：　　编制：　　编制日期：　年　月

工程名称：××路通信管道工程

表2-41 建筑安装工程量 预 算表（表三）甲

建设单位名称：×××　　　　表格编号：　　　　第 3 页

序号	定额编号	项目名称	单位	数量	单位定额值（工日）		合计值（工日）	
					技工	普工	技工	普工
I	II	III	IV	V	VI	VII	VIII	IX
1	TGD1-001	施工测量	km	0.130	30.000		3.90	
2	TGD1-002	人工开挖路面混凝土路面（150mm以下）	100m²	0.940	6.880	61.92	6.47	58.20
3	TGD1-003	人工开挖路面混凝土路面（250mm以下）	100m²	0.199	16.160	104.80	3.22	20.86
4	TGD1-013	人工开挖路面水泥花砖路面	100m²	0.131	0.500	4.50	0.07	0.59
5	TGD1-016	开挖管道沟及人（手）孔坑（硬土）	100m³	0.954		43.00		41.02
6	TGD1-023	回填土方（夯填原土）	100m³	0.740		26.00		19.24
7	TGD2-013	混凝土管道基础—平型（基础496mm×80mm，C15碎石）	100m	1.000	6.960	10.43	6.96	10.43
8	TGD2-062	敷设塑料管道3孔（3×1）	100m	1.000	1.600	2.40	1.60	2.40
9	TGD2-077	敷设镀锌钢管道3孔（3×1）	100m	0.300	1.820	2.74	0.55	0.82
10	TGD2-090	管道混凝土包封C15	m³	6.473	1.740	1.74	11.26	11.26
11	TGD3-065	砖砌配线一号手孔（SK1）	个	1.000	1.480	1.95	1.48	1.95
12	TGD3-066	砖砌配线二号手孔（SK2）	个	2.000	2.650	3.60	5.30	7.20
		合　计					40.80	173.98
		工程总工日 250 工日以下调整（系数：1.1）					4.08	17.40
		总　计					44.88	191.38

设计负责人：　　　　　　审核：　　　　　　编制：　　　　　　编制日期：　年　月

131

表2-42　建筑安装工程施工机械使用费 预 算表（表三）乙

工程名称：××路通信管道工程

建设单位名称：×××

表格编号：

第 4 页

序 号	定额编号	项目名称	单位	数量	机械名称	单位定额值		合 计 值		
						数量（台班）	单价（元）	数量（台班）	单价（元）	
I	II	III	IV	V	VI	VII	VIII	IX	X	
1	TGD1-002	人工开挖路面混凝土路面（150mm 以下）	100m²	0.940	燃油式路面切割机	0.700	121.00	0.658	79.62	
2	TGD1-002	人工开挖路面混凝土路面（150mm 以下）	100m²	0.940	燃油式空气压缩机（含风镐），6m³/min	1.500	330.00	1.410	465.30	
3	TGD1-003	人工开挖路面混凝土路面（250mm 以下）	100m²	0.199	燃油式路面切割机	0.700	121.00	0.139	16.86	
4	TGD1-003	人工开挖路面混凝土路面（250mm 以下）	100m²	0.199	燃油式空气压缩机（含风镐），6m³/min	2.500	330.00	0.498	164.18	
		总　计							725.96	

设计负责人：　　　　　　审核：　　　　　　编制：　　　　　　编制日期：　　年　月

表2-43　国内器材　预　算表（表四）甲

工程名称：××路通信管道工程　　建设单位名称：×××　　表格编号：　　第 5 页

序号	名　称	规格型号	单位	数　量	单价（元）	合计（元）	备注
I	II	III	IV	V	VI	VII	VIII
1	1#手孔口圈		只	1.010	450.00	454.50	
2	2#手孔口圈		只	2.020	750.00	1515.00	
3	塑料管	φ102	m	303.000	20.00	6060.00	
	塑料及塑料制品类材料小计					8029.50	
	运杂费	小计×6.5%				521.92	
	运输保险费	小计×0.1%				8.03	
	采购及保管费	小计×3%				240.89	
	塑料及塑料制品类材料合计					8800.34	
	其他类材料						
4	镀锌钢管	φ102	m	90.000	60.00	5400.00	
5	管箍	φ114	个	18.000	5.00	90.00	
6	电缆托架	60cm	根	10.100	8.00	80.80	
7	电缆托架穿钉	M16	副	20.200	4.00	80.80	
	其他类材料小计					5651.60	
	运杂费	小计×9%				508.64	
	运输保险费	小计×0.1%				5.65	
	采购及保管费	小计×3%				169.55	
	其他类材料合计					6335.44	
8	水泥	325#	t	3.778	500.00	1889.00	
9	粗砂		t	9.874	50.00	493.70	
10	碎石	0.5~3.2cm	t	15.398	58.00	893.08	
11	机制红砖	240mm×115mm×53mm（甲级）	千块	1.370	500.00	685.00	
12	圆钢	φ6	kg	1.663	4.97	8.27	
13	圆钢	φ10	kg	10.562	4.97	52.49	
14	板方材III等		m³	0.546	1300.00	709.80	
	总计	预算价材料之和				19867.12	

设计负责人：　　审核：　　编制：　　编制日期：年　月

133

表2-44 工程建设其他费用 预 算表（表五）甲

工程名称：××路通信管道工程

建设单位名称：×××　　表格编号：

第 6 页

序 号	费 用 名 称	计算依据及方法	合 计	备 注
I	II	III	IV	V
1	建设用地及综合赔补费	已知	1000.00	
2	建设单位管理费			
3	可行性研究费			
4	研究试验费			
5	勘察设计费	已知	2731.86	
6	环境影响评价费			
7	劳动安全卫生评价费			
8	建设工程监理费			
9	安全生产费	建筑安装工程费 × 1.00%	361.66	
10	工程质量监督费			
11	工程定额测定费			
12	引进技术及引进设备其他费			
13	工程保险费			
14	工程招标代理费			
15	专利及专用技术使用费			
16	生产准备及开办费（运营费）	设计定员 × 生产准备费指标（元/人）		
	总 计		4093.52	

设计负责人：　　　审核：　　　编制：　　　编制日期： 年 月

2.5.4　能力拓展

一、通信管道的基本施工过程和施工工艺

如前所述，工程量的正确计算和统计必须要对施工的基本过程和施工工艺有所了解，所以在开始计算和统计工程量之前，先来了解一下通信管道工程的基本施工过程。

通信管道是现在通信线路铺设过程中经常采用的一种施工形式，尤其是城市内的通信线路铺设，新建通信线路基本都采用了通信管道的形式。在市内道路改造过程中为了美观等原因，也往往要求对原有的架空通信线路"上改下"，即拆除原有地面上的架空线路，改为地面下的直埋或通信管道形式。因此，通信管道工程是现在常见的一种通信线路工程类型，通信管道工程的工作流程如图2-9所示。

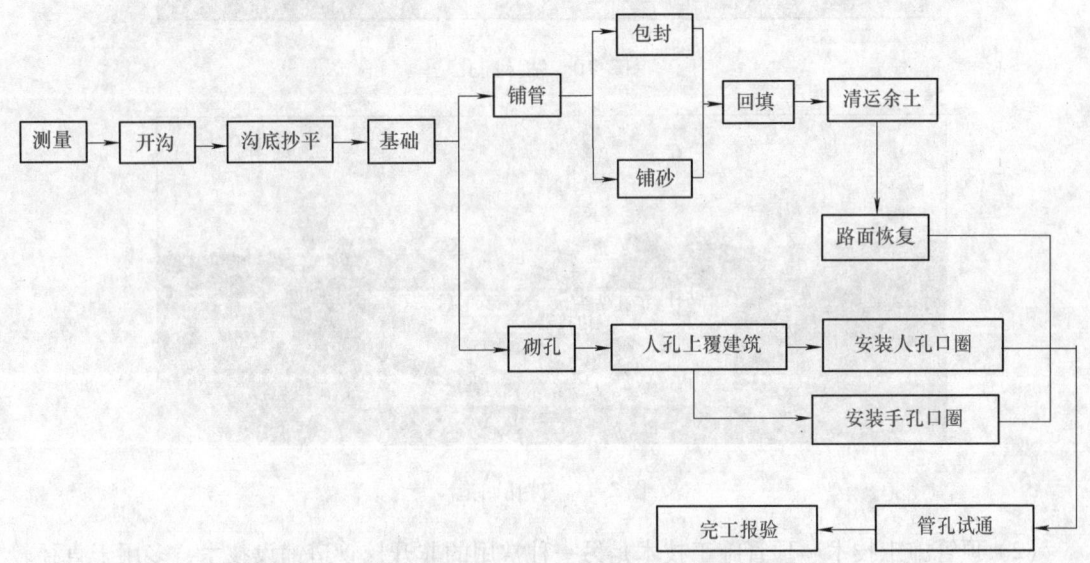

图 2-9　通信管道工程的工作流程

1. 施工测量

施工测量主要是根据设计图样对管道路由进行复测，以确定施工现场通信管道的具体走向、管道坐标与高程及各人、手孔的具体位置。

2. 管道沟和人、手孔坑的上方工程

为了在地面下铺设通信管道和建筑人、手孔，首先必须开挖管道沟和人、手孔坑，具体包括：开挖土方、沟（坑）底抄平等过程，土方开挖可以采用人工挖掘，也可以采用机械挖掘，在通信管道需跨越道路时还应先开挖路面。在通信管道需要穿越道路和河流时，为了减少管道施工对道路通行和河道通航的影响，也可采用较新的非开挖施工工艺。所谓非开挖施工就是在不开挖地面的情况下将管道铺设在地面下指定位置的地下管道施工工艺，其不仅可用于通信管道的地下施工，也广泛用于电力、煤气等地下管线的施工过程中，已经成为一种比较成熟、应用日益广泛的地下管线施工工艺。

现在应用较多的非开挖施工技术主要有水平定向钻施工技术和顶管施工技术，分别介绍如下：

（1）水平定向钻施工技术　这是一种常用的非开挖管道施工技术，其基本施工过程分为钻导向孔和扩孔回拖两个主要过程，分别如图 2-10 和图 2-11 所示。

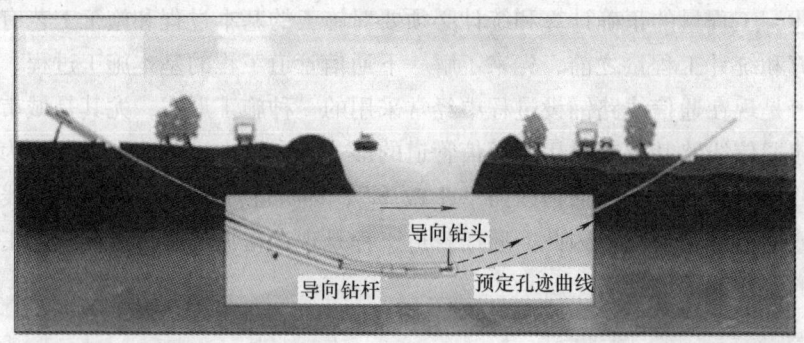

图 2-10　钻导向孔

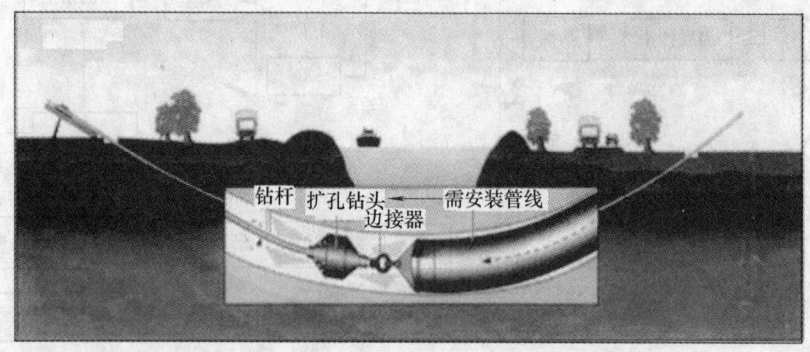

图 2-11　扩孔回拖

（2）顶管施工技术　顶管施工技术是另一种常用的非开挖管道铺设技术，多用于直径较大的金属或水泥管道的非开挖敷设，其施工过程如图 2-12 所示。

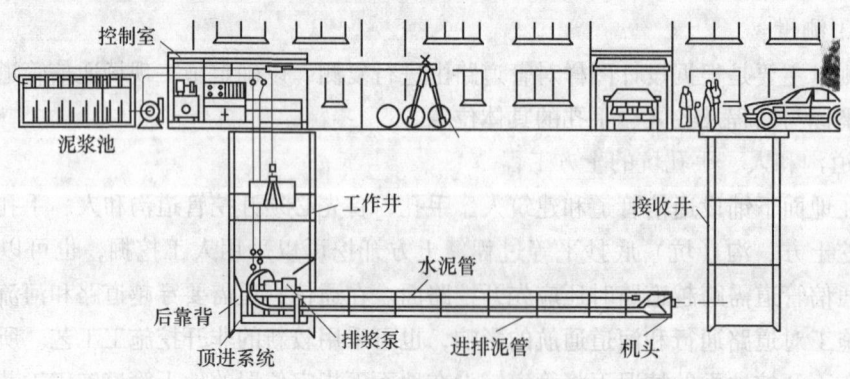

图 2-12　顶管施工示意图

3. 管道基础敷设

为了防止地基沉降对通信管道的影响，有些通信管道铺设前要求在管道沟底先做管道基础，通常的管道基础采用铺设一定厚度的特定规格混凝土完成，对于土质特别松软或通信管道下方有水管经过的地方，还会要求在基础混凝土中加入一定规格的钢筋，称为管道基础加筋，以进一步增强管道基础的稳定性和承受能力。

4. 管道铺设

即将规定规格和材质的管道放入管道沟中，可以是人工铺设，也可以采用机械铺设。

5. 接头包封

考虑到加工和运输的方便，无论金属、塑料、水泥哪种材质的通信管道都有一定的长度限制，因而实际的通信管道都是由一段一段的管道拼接而成的，为了防止雨水、污水进入通信管道以及后继的光（电）缆敷设中，通常要求管道接头处必须满足一定的气密性要求。因此，通信管道铺设过程中通常要求在管道接头处采用混凝土进行包封处理。

6. 人、手孔建筑

通信管道线路为了便于光（电）缆敷设和后继的线路维护，要求在通信管道线路上每隔一定距离设置人、手孔。人、手孔结构功能类似，只是人孔较大，以方便操作人员在其中进行相应操作，而手孔相对较小，不须操作人员进入其中，只要操作人员的手臂能伸进去操作就行了，典型的人孔结构如图 2-13 所示。

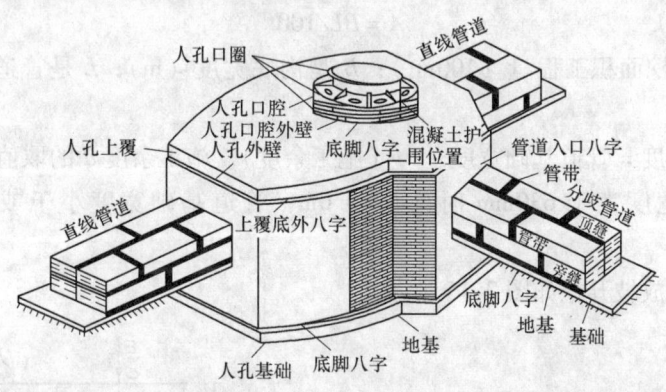

图 2-13　通信管道人孔结构示意图

通信管道人孔主要由人孔基础、人孔外壁、人孔上覆、人孔口腔、人孔口圈等几部分组成，建好的人孔内一般还有积水罐、拉力环、光电缆托架等辅助部分，以便于人孔内光电缆的敷设。其中人孔基础一般由钢筋混凝土浇筑而成，人孔腔外壁则由普通的机制红砖砌成，人孔上覆就是一块钢筋混凝土板，可以在现场浇筑而成，称为现场浇筑上覆，也可以首先在其他地方批量浇筑好，再运输到施工现场并吊装到红砖砌好的人孔外壁上，称为吊装上覆。人孔口腔外壁也是由红砖砌成，人孔口圈和口圈盖是成套的，可以采用铸铁材料的，为了防止被盗现在也有采用非金属材料的。

7. 土方回填和清运余土

在通信管道敷设完成和人手孔建筑全部完成后，应回填土方并恢复通信管道经过处的原有地方，回填后余下的土方应清运到指定的地方。

二、通信管道工程量的计算和统计

通信管道工程的施工过程主要包括施工测量，开挖路面，开挖管道沟和人、手孔坑，敷设管道基础，铺设管道，做管道接头包封，建筑人、手孔，管道土方回填和清运余土等基本施工过程，各项工作工程量的计算规则和统计方法如下：

1. 施工测量工程量的计算和统计

通信管道工程施工测量的工程量以施工测量的距离长度来计量，计量单位是 km。施工测量长度的计算规则是：

管道工程施工测量长度 = 各人孔中心至人孔中心长度之和 = 管道线路的路由长度

一般通信管道工程的设计图样中所标注的各段管道的长度尺寸即是人孔中心之间的距离，所以具体统计时把图样中各段管道的长度加起来就是施工测量的长度。

2. 路面开挖工程量的计算和统计

当通信管道需要跨越路面或人、手孔坑需要建筑在路面上时，如果采用开挖方式施工，就需要路面开挖，工程量以路面开挖面积计算，计量单位为 100m²。管道工程和人、手孔坑的开挖有两种不同的方式：不放坡开挖和放坡开挖。两种情况要分别计算，具体计算规则如下。

（1）不放坡开挖　管道工程不放坡开挖如图 2-14 所示。

路面开挖工程量用下式计算：

$$A = BL/100$$

式中，A 是路面开挖面积工程量（100m²）；B 是沟底宽度（m）；L 是管道沟所经过的路面长度（m）。

其中：沟底宽度 = 管道基础宽度 + 2d（施工余度）。施工余度 d 的取值方法为：

当管道基础宽度大于 630mm 时，$d = 0.6$m；管道基础宽度小于或等于 630mm 时，$d = 0.3$m。

人、手孔坑不放坡开挖如图 2-15 所示。

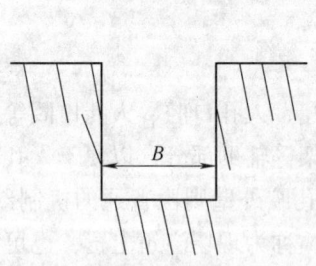

图 2-14　管道工程不放坡开挖

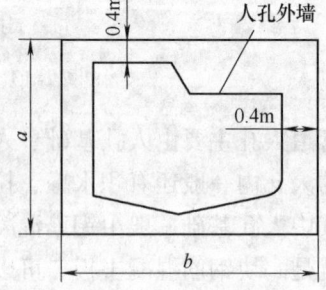

图 2-15　人、手孔坑不放坡开挖

路面开挖工程量用下式计算：

$$A = ab/100$$

式中，A 是路面开挖面积工程量（100m²）；a 是人、手孔坑底长度（m）；b 是人、手孔坑底宽度（m）。

其中：

a = 人、手孔坑外墙长度 + 0.8m = 人、手孔坑基础长度 + 0.6m

$$b = 人、手孔坑外墙宽度 + 0.8m = 人、手孔坑基础宽度 + 0.6m$$

（2）放坡开挖　在需要挖掘较深或土质较为松软的情况下，需采用放坡开挖以防止沟壁或坑壁垮塌。管道工程放坡开挖如图 2-16 所示。

在放坡情况下，管道沟开挖路面面积用下式计算：

$$A = (2Hi + B)L/100$$

式中，A 是路面开挖面积工程量（100m²）；H 是管道沟的挖深；B 表示沟底宽度；L 表示管道沟所挖路面的长度；i 表示放坡系数（由设计图样给出）。

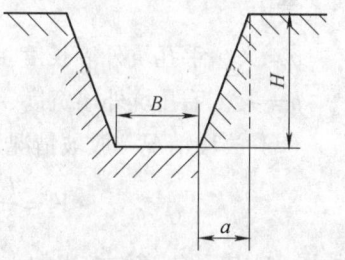

图 2-16　管道工程放坡开挖

其中：

沟底宽度 = 管道基础宽度 + 2d（施工余度），施工余度 d 的取值方法为：

管道基础宽度大于 630mm 时，$d = 0.6$m；管道基础宽度小于等于 630mm 时，$d = 0.3$m。

i（放坡系数）表示了放坡开挖时的放坡程度，如图 2-16 所示，放坡系数就是图中 a 与 H 的比值，即 $i = a/H$。

在放坡情况下，人、手孔坑开挖路面的面积计算规则如下：

$$A = (2Hi + a) \times (2Hi + b)/100$$

式中，A 表示路面开挖面积工程量（100m²）；a 表示人、手孔坑底长度（m）；b 表示人、手孔坑底宽度（m）；H 表示人、手孔坑的挖掘深度（不含路面厚度）（m）；i 表示放坡开挖的放坡系数。

其中：

$$a = 人、手孔坑外墙长度 + 0.8m = 人、手孔坑基础长度 + 0.6m$$
$$b = 人、手孔坑外墙宽度 + 0.8m = 人、手孔坑基础宽度 + 0.6m$$

综上所述，人、手孔坑开挖路面总面积 = ∑人、手孔坑放坡开挖路面面积 + ∑人、手孔坑不放坡开挖路面面积；管道沟开挖路面总面积 = ∑管道沟放坡开挖路面面积 + ∑管道沟不放坡开挖路面面积；路面开挖的总面积 = 人、手孔坑开挖路面总面积 + 管道沟开挖路面总面积。

3. 土方工程量的计算和统计

在通信管道施工过程中需要开挖管道沟和人、手孔坑，这部分土方的工程量（路面开挖除外）以挖掘出的土方体积计量，计量单位是 100m³。管道沟和人、手孔坑的开挖分成放坡和不放坡两种不同的情况，应分开计算，合并统计。

（1）不放坡情况　不放坡情况下管道沟开挖的截面为一长方形，因此开挖的土方体积计算如下：

$$V_1 = BHL/100$$

式中，V_1 是管道沟挖出的土方体积（100m³）；B 是管道沟沟底宽度（m）；H 是开挖管道沟的深度（不含路面厚度）（m）；L 是开挖管道沟的长度（两相邻人、孔坑坑边间距）（m）。

不放坡情况下人、手孔坑开挖出的土方形状为长方体，因此挖出的土方体积可计算如下：

$$V_2 = abH/100$$

式中，V_2 表示人、手孔坑挖出的土方体积（100m³）；a 表示人、手孔坑底长度（m）；b 表示人、手孔坑底宽度（m）；H 表示人、手孔坑的挖掘深度（不含路面厚度）（m）。

其中：

a = 人、手孔坑外墙长度 + 0.8m = 人、手孔坑基础长度 + 0.6m

b = 人、手孔坑外墙宽度 + 0.8m = 人、手孔坑基础宽度 + 0.6m

（2）放坡情况　放坡情况下管道沟的截面为一梯形，因此挖出土方的体积可计算如下：

$$V_3 = \frac{(2Hi + B + B)H}{2}L/100 = (Hi + B)BL/100$$

式中，V_3 表示管道沟挖出的土方体积（100m³）；B 表示管道沟沟底宽度（m）；L 表示开挖管道沟的长度（两相邻人、孔坑坑边间距）（m）；H 表示开挖管道沟的深度（不含路面厚度）（m）；i 表示放坡开挖的放坡系数。

放坡情况下人、手孔坑开挖的土方为四棱台体，其体积的计算较为复杂，计算公式如下：

$$V_4 = \left[ab + (a + b)Hi + \frac{4}{3}H^2i^2 \right]H/100$$

式中，V_4 是人、手孔坑挖出的土方体积（100m³）；a 是人、手孔坑底长度（m）；b 是人、手孔坑底宽度（m）；H 是人、手孔坑的挖掘深度（不含路面厚度）（m）；i 是放坡开挖的放坡系数。

其中：

a = 人、手孔坑外墙长度 + 0.8m = 人、手孔坑基础长度 + 0.6m

b = 人、手孔坑外墙宽度 + 0.8m = 人、手孔坑基础宽度 + 0.6m

综上所述，总的开挖土方体积 $V = V_1 + V_2 + V_3 + V_4$。

4. 管道基础工程量的计算和统计

为了防止通信管道沟地基的不稳定沉降对通信管道的不利影响，通常采用构筑管道基础的形式对管道沟地基进行加固。管道基础工程量以所做管道基础的长度来计量，计算公式如下：

$$N = \sum_{i=1}^{m} L_i/100$$

式中，N 是管道基础的总数量；L_i 是第 i 段管道基础的长度，计量单位为100m。

在通信管道基础的铺设过程中，对于不同的地质条件和不同的管道类型，所需要铺设的管道基础的宽度和厚度也往往各不相同。同时不同的土质条件和管道形式所要求的基础形式也是不一样的：土质较硬且稳定性好的管道沟管道基础通常采用铺设碎石基底作为基础，土质较软且稳定性不好的管道沟则要采用铺设一定厚度的混凝土作为管道基础，称为混凝土基础。对于管道沟地基稳定性特别差的情况，则不但要铺设较厚的混凝土，而且要在混凝土中按一定的形式加入钢筋，以进一步加强管道基础的稳定性，称之为混凝土基础加筋。显然管道基础施工的实际工程量不仅和铺设管道基础的长度有关，还和所铺设管道基础的宽度、厚度以及管道基础的铺设形式有关，所以实际统计管道基础的工程量时应按不同的宽度、厚度和管道基础形式分别统计各种条件下的管道基础工程量。

为了通信管道中光电缆敷设和维护的方便，按照规定在通信管道线路上每隔一定距离必须建筑相应的人、手孔。通信管道人、手孔建筑的工程量以所建筑的人、手孔的个数为计量单位，来统计相应的人、手孔的数量。

在不同的情况下，通信管道中的人、手孔会有不同的大小和不同的形状，如小号直通人孔、大号直通人孔、小号三通人孔等，还有不同大小的手孔。同时在实际建筑人孔的过程中，人孔上覆的安装又有现场浇筑和吊装两种不同的施工方式，这些都会对实际施工的工程量造成影响。因此在统计人、手孔建筑工程量时，应该注意对不同大小、不同形式以及不同施工方式（现场浇筑上覆和吊装上覆）的人、手孔分别统计个数。

（1）通信管道铺设工程量的计算和统计　通信管道铺设的工程量以通信管道铺设的长度计量，即均按图示管道段长即人（手）孔中心～人（手）孔中心计算，不扣除人（手）孔所占长度，计量单位：100m。

需要注意的是：常用的通信管道有多种不同的材质，如水泥管道、镀锌钢管、塑料管道等，同一种材质的管道也有多种不同的规格，通信管道铺设过程中不同材质、不同规格的管道所消耗的工程量是不同的，也就是说通信管道铺设过程的工程量不仅和管道铺设的距离长度有关，还和所铺设管道的材质和规格有关。因此，在统计管道铺设的工程量时，应对不同材质、不同规格的通信管道分别统计铺设的长度。

（2）通信管道接头包封工程量的统计和计算　通信管道接头包封的工程量以包封所用混凝土的体积计量，计量单位为 m^3，通信管道接头包封如图 2-17 所示，整个包封可以看成由三部分组成：基础包封、管道侧包封和管道顶部包封。

通信管道接头包封体积可以分别计算这三部分
的体积，再加起来就是整个管道接头包封的体积。

1）基础包封体积 V_1 的计算如下：

$$V_1 = 2(d - 0.05)gL$$

式中，V_1 是管道基础侧包封体积（m^3）；d 是要求
的包封厚度（m）；g 是管道基础厚度；L 是要求
的包封长度。

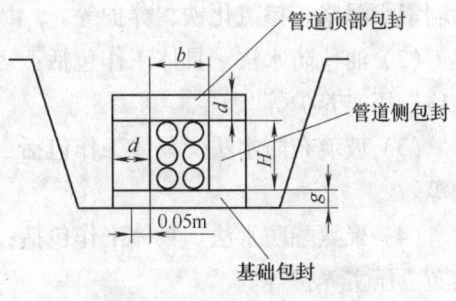

图 2-17　通信管道接头包封

2）管道侧包封体积 V_2 的计算如下：

$$V_2 = 2dHL$$

式中，V_2 是管道基础侧包封体积（m^3）；d 是要求的包封厚度；H 是管道侧面高度；L 是要求的包封长度。

3）管道顶部包封体积 V_3 的计算如下：

$$V_3 = (b + 2d)dL$$

式中，V_3 是管道顶部包封体积（m^3）；d 是要求的包封厚度；b 是管道顶面宽度；L 是要求的包封长度。

综上所述，整个包封的体积 $V = V_1 + V_2 + V_3$。

5. 土方回填工程量的计算和统计

通信管道建筑全部完成后，应将开挖的管道沟重新填平恢复原有地貌，称之为土方回填。土方回填的工程量以回填土方的体积计量，计量单位为100m³。

回填土方的体积 = 挖出管道沟与人、孔坑土方量之和 - 管道建筑(基础、管群、包封)体积与人、手孔建筑体积之和

6. 抽水工程量的计算和统计

在通信线路工程施工过程中，当管道沟或人、手孔坑中有积水影响到工程的进一步施工时，应当先行抽取积水再进行进一步的施工，抽水的具体工作包括：安装、拆卸抽水器具、抽水等。在进行抽水工程量统计时，将抽水分为管道沟抽水和人、手孔坑抽水，并分别统计，其中管道沟的抽水工程量以需要抽水的管道沟的长度计量，计量单位为100m；人、手孔坑的抽水工程量以需要抽水的人、手孔坑的个数计量，计量单位为个。

7. 手推车倒运土方工程量的计算和统计

为了方便施工场地的进一步施工，有时需要将挖出的土方用手推车转移到施工场地附近其他的地方，这个过程称之为手推车倒运土方，具体工作包括：装车、短距离运土、卸土等。手推车倒运土方的工程量以倒运土方的体积计量，计量单位是100m³。具体统计时按实际倒运土方的体积统计即可。

8. 防水工程量的计算和统计

根据相关的通信线路工程设计要求，在通信管道线路工程施工中有时需要进行防水的施工，防水施工的工程量以所做防水施工的面积来计量，计量单位是m²，常用的防水施工方法主要有：

(1) **防水砂浆抹面法** 具体工作包括：运料、清扫墙面、拌制砂浆、抹平压光、调制、涂刷素水泥浆、掺氯化铁、养护等。

(2) **油毡防水法** 具体工作包括：运料、调制、涂刷冷底子油、熬制沥青、涂刷沥青贴油毡、压实养护等。

(3) **玻璃布防水法** 具体工作包括：运料、调制、涂刷冷底子油、浸铺玻璃布、压实养护等。

(4) **聚氨酯防水法** 具体工作包括：运料、调制、水泥砂浆找平、涂刷聚氨酯、浸铺玻璃布、压实养护等。

三、工程量统计实务

根据已知条件和各子目工程量计算规则，分别计算各子目工程量。

1. 单个 SK1 手孔开挖面积计算

SK1 手孔断面图如图 2-18 所示。已知：$a = 0.45m$，$b = 0.84m$，人孔坑壁厚 0.24m，各方向基础为 0.1m，操作面为 0.3m，H 按 1.0m 考虑，不考虑放坡，每个 SK1 挖土面积计算如下：$A = [a + (0.24m + 0.1m + 0.3m) \times 2] \times [b + (0.24m + 0.1m + 0.3m) \times 2] = 3.67m^2$。

2. 单个 SK2 手孔开挖面积计算

SK2 手孔断面图如图 2-19 所示。已知：$a = 0.84m$，$b = 0.95m$，人孔坑壁厚 0.24m，各方向基础为 0.1m，操作面为 0.3m，H 按 1.0m 考虑，不考虑放坡，每个 SK2 挖土面积计算如下：

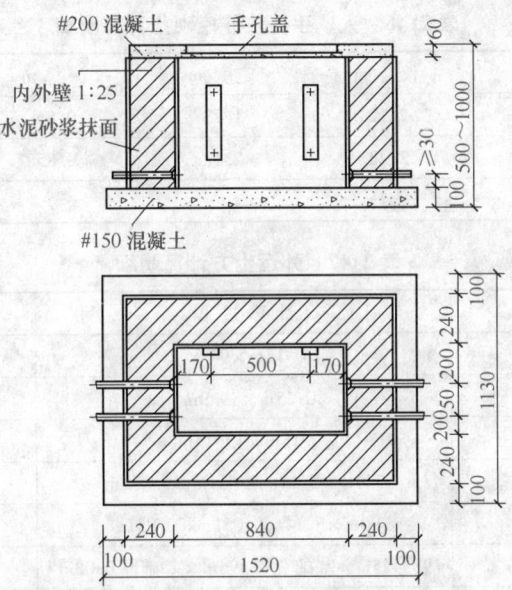

图 2-18 SK1 手孔断面图

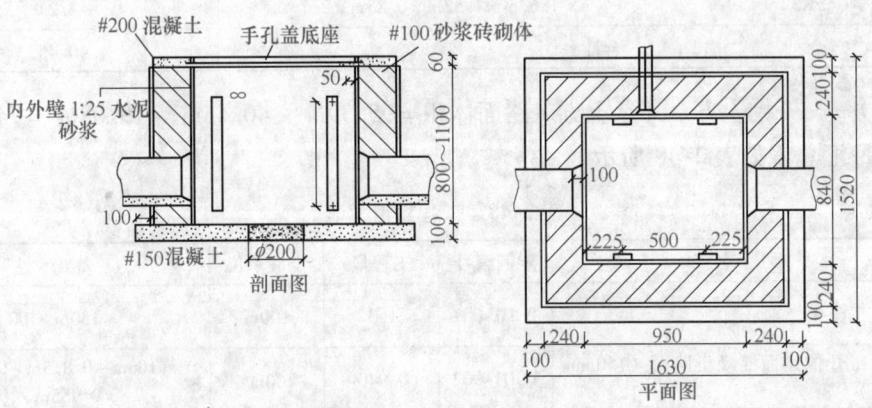

图 2-19 SK2 手孔断面图

$$A = [a + (0.24\text{m} + 0.1\text{m} + 0.3\text{m}) \times 2)] \times [b + (0.24\text{m} + 0.1\text{m} + 0.3\text{m}) \times 2] = 4.73\text{m}^2。$$

3. 开挖外运回填土方计算明细

本工程开挖硬土计算明细：管道沟及人、手孔坑开挖硬土 84.23m³ + 11.16m³ = 95.39m³，各工程量统计如表 2-45 ~ 表 2-47 所示。

表 2-45 管道沟开挖硬土计算明细

项 目	长度/m	宽度/m	深度/m	土方工程量/m³
塑料管 φ102×3	98.425	0.876	0.85	73.29
钢管 φ102×3	28.425	0.7	0.55	10.94
合计				84.23

表 2-46　人、手孔坑开挖硬土计算明细

项　目	数　量	长度/m	宽度/m	深度/m	土方工程量/m³
SK1	1	2.12	1.73	0.85	3.12
SK2	2	2.23	2.12	0.85	8.04
合计					11.16

表 2-47　外运土方计算明细

项　目	计算过程	计算结果/m³
150mm 厚水泥路面	0.15m × 94m²	14.1
250mm 厚水泥路面	0.25m × 19.9m²	4.975
150mm 厚水泥花砖路面	0.15m × 13.13m²	1.97
ϕ102 塑料管	300m × 3.14 × 0.051m × 0.051m	2.45
ϕ102 钢管	90m × 3.14 × 0.051m × 0.051m	0.74
基础	98.425m × 基础宽 0.496m × 基础厚 0.08m	3.97
包封	6.473m³	6.577
SK1	1.52m × 1.13m × 0.85m	1.46
SK2	1.63m × 1.52m × 0.85m × 2 个	4.21
合计		40.452

回填土方 = 开挖土方 − 外运土方 + 路面体积 = $95.39\text{m}^3 − 40.45\text{m}^3 + 19.08\text{m}^3 = 74.02\text{m}^3$

工程量汇总表如表 2-48 所示。

表 2-48　工程量汇总表

序号	项目名称	定额编号	工程量	定额单位	备　注
1	施工测量	TGD1-001	1.3	100m	130m /100
2	人工开挖路面混凝土路面（150mm 以下）	TGD1-002	0.940	100m²	(100m − 0.815m − 0.76m) × 0.955m /100
3	人工开挖路面混凝土路面（250mm 以下）	TGD1-003	0.199	100m²	(30m − 0.815m − 0.76m) × 0.7m /100
4	人工开挖路面水泥花砖路面	TGD1-013	0.131	100m²	3.67m² + 4.73m² × 2
5	开挖管道沟及人（手）孔坑（硬土）	TGD1-016	0.954	100m³	95.4m³/100
6	回填土方（夯填原土）	TGD1-023	0.740	100m³	74m³/100
7	混凝土管道基础——平型（基础 496mm × 80mm、C15 碎石）	TGD2-013	0.984	100m	98.425m /100
8	敷设塑料管道 3 孔（3 × 1）	TGD2-062	1.000	100m	100m /100
9	敷设镀锌钢管道 3 孔（3 × 1）	TGD2-077	0.300	100m	30m /100
10	管道混凝土包封 C15	TGD2-090	6.473	m³	(0.496m × 0.182m − 3.14 × 0.051m × 0.051m × 3) × 98.425m
11	砖砌配线手孔一号手孔（SK1）	TGD3-065	1.000	个	1 个
12	砖砌配线手孔二号手孔（SK2）	TGD3-066	2.000	个	2 个

项目三

通信工程经济分析

模块一 工程经济分析基础

3.1.1 项目案例

某移动通信公司投资建设 4G 通信网络，该项目需要以现代化的 4G 通信技术为基础，建成一个具有技术先进、扩展性强、结构合理等优势的移动通信网络，并在此基础上能够满足"三网融合"的发展趋势，即：该网络同时满足语音、视频和数据的传输，为使用移动终端的各类人员提供完备的信息服务解决方案。

该移动通信公司的工程造价人员按照需求分析和设计方案，进行工程经济分析。在工作启动前，工程造价人员要充分考虑各种因素对项目收益如：资金时间价值、项目投资收益率、投资回收期等指标的影响。

3.1.2 案例分析

工程经济分析的实质是对可实现某一预定目标的多种技术方案进行比较，从中选出最优方案。投资者为了获得预期的效益，就要通过项目评估进行决策，然后进行设计招标、工程招标、直至竣工验收等一系列建设管理活动，使投资转化为固定资产和无形资产。

工程经济分析以工程造价为基础，工程经济分析涉及国民经济各部门、各行业社会再生产中的各个环节，也直接关系到人民群众的相关利益，所以它的作用范围和影响程度都很大。按照工程经济分析参与者不同，分为投资方分析、建设方分析、施工方分析等几方面；按照作用形式不同，可分为投资分析、概算分析、预算分析、成本分析以及成本控制等几方面。

3.1.3 知识储备

一、工程经济分析的作用

1. 工程经济分析是项目决策的工具

建设工程投资大、生产和使用周期长等特点决定了项目决策的重要性。工程经济分析以建设工程造价为基础，工程造价决定着项目的一次性投资费用。工程经济分析是一个独立的投资主体必须首先要解决的问题，如果建设工程的投资超过投资者的支付能力，就会迫使他放弃拟建的项目；如果项目投资的效果达不到预期的目标，投资者也会放弃拟建的工程。因此在项目决策阶段，工程经济分析就成为项目财务分析和经济评价的重要依据。

2. 工程经济分析是制定投资计划和控制投资的有效工具

投资计划是按照建设工期、进度和建设工程建造价格等方面，逐年、分月加以制定的。正确的投资计划有助于合理而有效地使用建设资金。

工程经济分析在控制投资方面的作用非常显见，工程经济分析以建设工程造价为基础，工程造价是通过多次性预估，最终通过竣工决算确定下来的。每一次预估的过程就是对建设工程造价的控制过程，这种控制是在投资者财务能力的限度内，为取得既定的投资效益所必需的工作。建设工程造价对投资的控制也表现在利用各类定额、标准和参数，对建设工程造价进行控制。在市场经济利益风险机制的作用下，工程经济分析成为投资控制重要的约束手段。

3. 工程经济分析是筹集建设资金的依据

投资体制的改革和市场经济的建立，要求项目的投资者必须有很强的筹资能力，以保证工程建设有充足的资金供应。工程造价基本决定了建设资金的需求量，从而为筹集资金提供了比较准确的依据。同时，金融机构也需要依据工程造价来确定给予投资者的贷款数额。

4. 建设工程造价是合理利益分配和调节产业结构的手段

建设工程造价的高低，涉及国民经济各部门和企业间的利益分配。在市场经济中，工程造价也无不例外地受供求状况的影响，并在围绕价值的波动中实现对建设规模、产业结构和利益分配的调节。加上政府正确的宏观调控和价格政策导向，工程造价在这方面的作用就会充分发挥出来。

5. 工程经济分析是评价投资效果的重要指标

工程经济分析是一个包含着多层次分析的体系。就一个工程项目来说，它既是建设项目的工程经济分析，又包含单项工程的造价和单位工程的造价，同时也包含单位生产能力的造价。所以这些使工程经济分析体系自身形成了一个指标体系，能够为评价投资效果提供多种评价指标，并能够形成新的价格信息，为今后类似建设工程项目的投资提供可靠的参考。

工程经济分析以工程造价为基础，在分析的过程中，应充分考虑物价上涨、利率调控等各种因素对项目收益的影响，以及资金的时间价值。

二、工程造价的计价特征

工程造价的特点，决定了工程造价的计价特征。了解这些特征，对工程造价的确定与控制是非常必要的，其特征如下：

1. 单件性计价特征

工程的差别性决定每项工程都必须依据其差别单独计算造价，这是因为每个建设项目所处的地理位置、地形地貌、地质结构、水文、气候、建筑标准以及运输、材料供应等都有其独特的形式和结构，都需要一套单独的设计图样，并采取不同的施工方法和施工组织，不能像对一般工业产品那样按品种、规格、质量等成批地定价。

2. 多次性计价特征

建设工程周期长、规模大、造价高，因此要按建设程序分阶段实施，在不同的阶段影响工程造价的各种因素逐步被确定，此时需适时地调整工程造价，以保证其控制的科学性。多次性计价就是一个逐步深入、逐步细化和逐步接近实际造价的过程。工程造价的多次性计价主要由以下几种构成：

（1）投资估算　是指在项目建议书或可行性研究阶段，对拟建项目通过编制估算文件确定的项目总投资额，投资估算是决策、筹资和控制建设工程造价的主要依据。

（2）项目概算　指在初步设计阶段，按照概算定额、概算指标或预算定额编制的工程造价。项目概算分为建设项目总概算、单项工程概算和单位工程概算等。

（3）项目修正概算　指在技术设计阶段按照概算定额、概算指标或预算定额编制的工程造价。它对初步设计概算进行修正调整，比概算更接近项目的实际价格。

（4）项目预算　指在施工图设计阶段按照预算定额编制的工程造价，是预算造价的重要组成部分。

（5）合同价　指在工程招投标阶段通过签订总承包合同、建筑安装承包合同、设备采购合同，以及技术和咨询服务合同等确定的价格。合同价属于市场价格的性质，它是由承发包双方根据市场行情共同议定和认可的成交价格。

（6）结算价　是指在工程结算时，根据不同合同方式的调价范围和调价方法，对实际发生的工程量增减、设备和材料价差等进行调整后计算和确定的价格。结算价是该结算工程的实际价格。

综上所述，多次性计价是一个由粗到细、由浅入深、由概略到精细的过程，也是一个复杂而重要的管理系统工程。

3. 组合性特征

工程造价的计算是分步组合而成，这一特征和建设项目的组合性有关。建设项目是一个工程综合体，这个综合体可以分解为许多有内在联系的独立和不能独立的工程。单位工程的造价可以分解出分部分项工程的造价。从计价和工程管理的角度，分部分项工程还可以再分解。由上可以看出，建设项目的这种组合性决定了计价的过程是一个逐步组合的过程。这一特征在计算概算造价和预算造价时尤为明显，所以也反映到了合同价和结算价中。

按照工程项目划分，工程造价的计算过程和计算顺序是：分部分项工程造价—单位工程造价—单项工程造价—建设项目总造价。

分部分项工程是编制施工预算和统计实物工作量的依据，也是计算施工产值和投资完成额的基础。

4. 方法的多样性特征

为适应多次性计价以及各阶段对造价的不同精确度要求，计算和确定工程造价的方法有综合指标估算法、单位指标估算法、套用定额法、设备系数法等。不同的方法各有利弊，适应条件也不同，所以计价时要加以选择。

三、影响工程造价因素分类

依据工程造价的复杂性特征，影响工程造价的因素主要可分为以下七类：

1）计算设备和工程量依据包括项目建设书、可行性研究报告、设计图样等。

2）计算人工、材料、机械等实物消耗量依据包括投资估算指标、概算定额、预算定额等。

3）计算工程单价的价格依据包括人工单价、材料价格、机械和仪表台班价格等。

4）计算设备单价依据包括设备原价、设备运杂费、进口设备关税等。

5）计算措施费、间接费和工程建设其他费依据主要是相关的费用定额和指标。

6）政府规定的税、费。

7）物价指数和工程造价指数。

依据的复杂性不仅使计算过程复杂，而且要求计价人员熟悉各类依据，并要正确地加以利用。

四、工程造价的有效控制

建设工程造价的有效控制是工程建设管理的重要组成部分。所谓建设工程造价控制，就是在投资决策阶段、设计阶段、建设项目发包阶段和建设实施阶段，把建设工程造价的发生控制在批准的造价限额以内，随时纠正发生的偏差，以保证项目管理目标的实现，以求在各个建设项目中能合理使用人力、物力、财力，取得较好的投资效益和社会效益。

1. 建设工程造价控制目标的设置

控制是为确保目标的实现而服务的，一个系统若没有目标，就不需要、也无法进行控制，目标的设置应是很严肃的，应有科学的依据。

工程项目建设过程是一个周期长、数量大的生产消耗过程，而建设者的经验知识是有限的。工程项目建设不但常常受到科学条件和技术条件的限制，而且也受到客观过程的发展及其表现程度的限制，所以不可能在工程项目伊始，就能设置一个科学的、一成不变的造价控制目标，而只能设置一个大致的造价控制目标，这就是投资估算。造价控制目标是有机联系的整体，各阶段目标相互制约、相互补充，前者控制后者，后者补充前者，共同组成工程造价控制的目标系统。

2. 以设计阶段为重点的建设全过程造价控制

工程造价控制贯穿于项目建设全过程，这一点是没有疑义的，而且必须重点突出。很显然，工程造价控制的关键在于施工前的投资决策和设计阶段，而在项目做出投资决策后，控制工程造价的关键就在于设计。建设工程全寿命费用包括工程造价和工程交付使用后的经常开支费用（含经营费用、日常维护修理费用、使用期内大修和局部更新费用）以及该项目使用期满后的报废拆除费用等。

3. 实事求是，合理制定造价控制方案

传统决策理论是建立在绝对的逻辑基础上的一种封闭式决策模型。它把人看作具有绝对理性的"理性的人"或"经济人"，决策人在决策时会本能地遵循最优化原则（即取影响目标的各种因素的最有利的值）来选择实施方案。一般来说，项目管理工程师在项目建设时的基本任务是对建设项目的建设工期、工程造价和工程质量进行有效的控制，为此，应根据业主的要求及建设的客观条件进行综合研究，实事求是地确定一套切合实际的衡量准则。只要造价控制的方案符合这套准则，取得令人满意的结果，就应该说造价控制达到了预期的目标。

4. 技术与经济相结合是控制工程造价最有效的手段

要有效地控制工程造价，应从组织、技术、经济、合同与信息管理等多方面采取措施。从组织上采取的措施，包括明确项目组织结构，明确造价控制者及其任务以使造价控制有专人负责，明确管理职能上的分工；从技术上采取措施，包括重视设计多方案选择，严格审查监督初步设计、技术设计、施工图设计、施工组织设计，深入技术领域研究节约投资的可能；从经济上采取措施，包括动态地比较造价的计划值和实际值，严格审核各项费用支出，采取对节约投资的有力奖励措施等。

3.1.4　能力拓展

一、资金时间价值

1. 概念

资金作为生产要素，在扩大再生产及资金流通过程中随时间变化而产生增值，其增值部分就是原有资金的时间价值，资金的时间价值特性如图 3-1 所示。

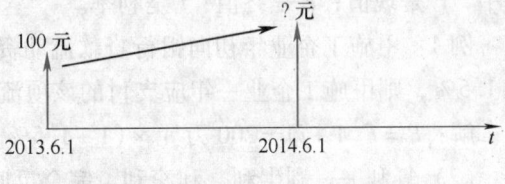

图 3-1　资金的时间价值特性

2. 影响因素

（1）资金的使用时间　在单位时间内资金增值率一定的条件下，资金使用时间越长，则资金时间价值就越大。

（2）资金数量的多少　在单位时间内资金增值率一定的条件下，投资越多，产生的效益越大。

（3）资金投入和回收的特点　在回收资金额一定的情况下，在离现时点越远的时点上回收资金越多，资金时间价值越小。

（4）资金周转速度　在一定的时间内，等量资金的周转次数越多，则资金时间价值越多。

3. 使用资金的原则

1）加速资金周转；

2）尽早回收资金；

3）从事回报高的投资；

4）不闲置资金。

4. 衡量尺度——利息与利率

（1）绝对尺度——利息　利息是资金时间价值的一种重要表现形式，是衡量资金时间价值的绝对尺度；利息的本质是由贷款发生利润的一种再分配，是资金的机会成本；是占用资金所付出的代价或者是放弃使用资金所得的补偿。

（2）相对尺度——利率　利率是在单位时间内所得利息额与原借贷金额之比，通常用百分数表示。利率是衡量资金时间价值的相对尺度，决定利率高低的因素如下：

1）社会平均利润率；

2）借贷资本供求状况；

3）借出资本承担的风险；

4）通货膨胀；

5）借出资本期限。

（3）在工程经济活动中的作用　利息与利率在工程经济活动中的作用如下：

1）利息与利率是以信用方式动员和筹集资金的动力；

2）利息能够促进投资者加强经济核算，节约使用资金；

3）利息与利率是宏观经济管理的重要杠杆；

4）利息与利率是金融企业经营发展的重要条件。

5. 利息的计算

（1）单利——利不生利　没有完全反映资金的时间价值，通常只适用于短期投资或短期贷款，在计息周期内，资金偿还额度计算方式如下：

$$P = F(1 + i)$$

式中，P 是现值；F 是终值；i 是利率。

例1：甲施工企业年初向银行贷款流动资金200万元，按季度计算并支付利息，季度利率1.5%，则甲施工企业一年应支付的该项流动资金还本付息的资金额为多少万元？

解：$P = F(1 + i) = 200$ 万元 $\times (1 + 1.5\% \times 4) = 212$ 万元

（2）复利——利生利、利滚利　完全反映资金的时间价值，通常只适用于短期投资或短期贷款，在计息周期内，资金偿还额度计算方式如下：

$$P = F(1 + i)^n$$

式中，P 是现值；F 是终值；i 是利率；n 是资金周期。

例2：甲施工企业年初向银行贷款流动资金200万元，按季度计算利息，季度利率1.5%，则甲施工企业一年应支付的该项流动资金还本付息的资金额为多少万元？

解：$P = F(1 + i)^4 = 200$ 万元 $\times (1 + 1.5\%)^4 = 212.272$ 万元

二、名义利率与有效利率

在复利计算中，利率周期通常以年为单位，它可以与计息周期相同，也可以不同。当计息周期小于一年时，就出现了名义利率和有效利率。

1. 名义利率

名义利率是指计息周期利率乘以一年内的计息周期数所得的年利率，即

$$r = im$$

式中，r 是名义利率；i 是计息周期利率；m 是一年内的计息周期数所得的年利率。

若计息周期月利率为1%，则年名义利率为12%。很显然，计算名义利率与单利的计算相同。

2. 有效利率

有效利率是指资金在计息中所发生的实际利率，包括：计息周期有效利率和年有效

利率。

（1）计息周期有效利率 计息周期有效利率 i 计算方式如下：

$$i = r/m$$

式中，i 是计息周期利率；r 是名义利率；m 是一年内的计息周期数所得的年利率。

（2）年有效利率（年实际利率）年有效利率 i_{eff} 与名义利率的换算关系：

$$i_{eff} = \left(1 + \frac{r}{m}\right)^m - 1$$

式中，i_{eff} 是年有效利率（年实际利率）；r 是名义利率；m 是一年内的计息周期数所得的年利率。

三、资金等值计算

1. 现金流量

考察技术方案整个期间各时点上实际发生的资金流出或资金流入称为现金流量。计算方式为

$$净现金流量 = CI_t - CO_t$$

式中，CO_t 是计算时点的现金流出；CI_t 是计算时点的现金流入；t 是计算时点。

2. 现金流量图

它是反映技术方案资金运动状态的图示，即把技术方案现金流量绘入以时间为坐标的图中，表示出各现金流入、流出与相应时间的对应关系。在现金流量的流入、流出的时点上，现金流入用向上的箭线表示，现金流出用向下的箭线表示，箭线的长短代表现金流量的数额。现金流量图是进行工程经济分析的基本工具，现金流量图如图3-2所示。

3. 资金等值计算

在考虑资金时间价值的前提下，在一定的利率条件下，不同时点、不同金额的资金在价值上是等效的，称为资金等值，资金等值概念的建立是工程经济方案比选的理论基础。

将某一时点发生的资金在一定利率条件下，利用相应的计算公式换算成另一时点的等值金额的过程称为资金的等值计算，如图3-3所示。

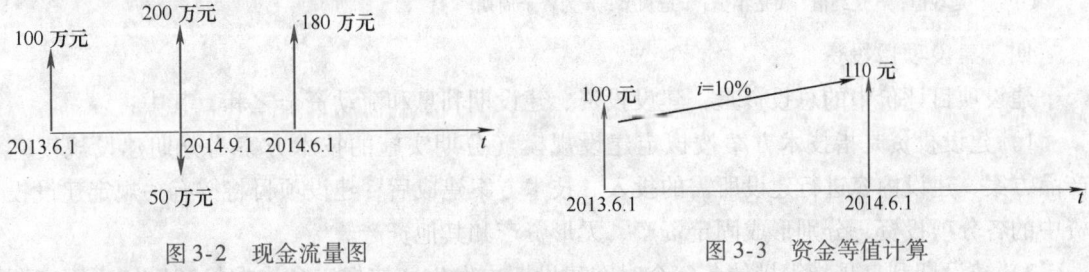

图 3-2 现金流量图   图 3-3 资金等值计算

（1）基本概念 资金等值计算过程中的基本概念如下：

1）现值（P）是资金现在的价值，即资金在某一特定时间序列起点时的价值。

2）终值（F）是资金在未来时点上的价值，即资金在某一特定时间序列终点的价值。

3）年金（A）是一定期间内每期等额收付的款项。在某些情况下，年金是复利的产物，是复利的一种特殊形式（等额收付），同时也是投资的年收益额或年平均净收益额。

4）贴现或折现是把将来某一时点的资金金额在一定的利率条件下换算成现在时点的等值金额的过程。

资金等值计算关系如图 3-4 所示。

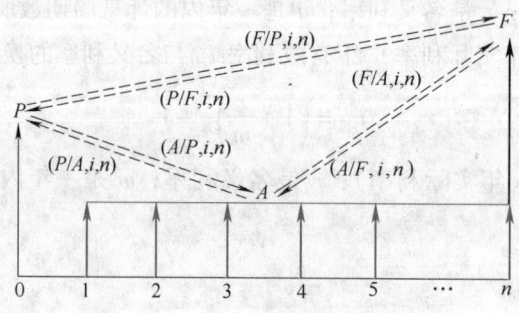

图 3-4　资金等值计算关系示意图

（2）资金等值计算基本公式　资金等值计算的基本公式如表 3-1 所示。

表 3-1　资金等值计算基本公式

公 式 名 称	已 知 项	欲 求 项	系数符号	公　　式
一次支付终值	P	F	$(F/P, i, n)$	$F = P(1+i)^n$
一次支付现值	F	P	$(P/F, i, n)$	$P = F(1+i)^{-n}$
等额支付终值	A	F	$(F/A, i, n)$	$F = A\dfrac{(1+i)^n - 1}{i}$
偿债基金	F	A	$(A/F, i, n)$	$A = F\dfrac{i}{(1+i)^n - 1}$
年金现值	A	P	$(P/A, i, n)$	$P = A\dfrac{(1+i)^n - 1}{i(1+i)^n}$
资金回收	P	A	$(A/P, i, n)$	$A = P\dfrac{i(1+i)^n}{(1+i)^n - 1}$

其中：P 是现值；F 是终值；A 是年金；i 是利率；n 为资金周期。

四、建设项目投资

建设项目评价中的总投资是：建设投资、建设期利息和流动资金之和，其中：

1）建设投资是指技术方案按拟定建设规模（分期实施的技术方案为分期建设规模）、产品方案、建设内容进行建设所需的投入。技术方案建成后，建设项目将按有关规定建设投资中的各分项投资，分别形成固定资产、无形资产和其他资产。

2）建设期利息是指筹措债务资金时在建设期内发生并按规定允许在投产后计入固定资产原值的利息，即资本化利息。建设期利息包括银行借款和其他债务资金的利息，以及融资中发生的手续费、承诺费、管理费、信贷保险费等其他融资费用。分期建成投产的技术方案，应按各期投产时间分别停止借款费用的资本化，此后发生的借款利息应计入总成本费用。

3）流动资金是指运营期内长期占用并周转使用的营运资金，不包括运营中需要的临时性运营资金。在技术方案寿命期结束时，投入的流动资金应予以回收。流动资金是流动资产与流动负债的差额，其构成要素一般包括：存货、库存现金、应收账款和预付账款；流动负债的构成要素一般只考虑应付账款和预收账款。

例 3：某通信工程建设项目建设期 3 年，生产经营期 17 年。建设投资 5500 万元，流动资金 500 万元。建设期第 1 年初贷款 2000 万元，年利率 9%，贷款期限 5 年，每年复利计息一次，到期一次还本付息，计算该项目的总投资。

解：总投资 $= 5500$ 万元 $+ 500$ 万元 $+ 2000$ 万元 $\times [(1+9\%)^3 - 1] = 6590.058$ 万元

模块二 技术方案经济效果评价

3.2.1 项目案例

某移动通信公司投资建设 4G 通信网络，该项目需要以现代化的 4G 通信技术为基础，建成一个具有技术先进、扩展性强、结构合理等优势的移动通信网络，并在此基础上能够满足"三网融合"的发展趋势，即：该网络同时满足语音、视频和数据的传输，为使用移动终端的各类人员提供完备的信息服务解决方案。

该移动通信公司的工程造价人员按照需求分析和设计方案，进行技术方案分析。工程造价人员通过考察相应的影响因素后，将分析的重点放在投资收益率、投资回收期等相关指标，以这些指标为基础进行遴选方案，最终选择性价比最高的建设方案。

3.2.2 案例分析

技术方案是工程经济最直接的研究对象，而获得最佳的技术方案经济效果则是工程经济研究的目的。技术方案的经济效果评价就是根据国民经济与社会发展以及行业、地区发展规划的要求，在拟定的技术方案、财务效益与费用估算的基础上，采用科学的分析方法，对技术方案的财务可行性和经济合理性进行分析论证，为选择技术方案提供科学的决策依据。

投资收益率是衡量投资方案获利水平的评价指标，它是技术方案建成投产达到设计生产能力后一个正常生产年份的年净收益额与方案投资的比率。

投资回收期也称返本期，是反映技术方案投资回收能力的重要指标，分为静态投资回收期和动态投资回收期，通常只进行技术方案静态投资回收期计算分析。

3.2.3 知识储备

一、技术方案经济效果评价基本内涵

技术方案的经济效果评价就是根据国民经济与社会发展以及行业、地区发展规划的要求，在拟定的技术方案、财务效益与费用估算的基础上，采用科学的分析方法，对技术方案的财务可行性和经济合理性进行分析论证，为选择技术方案提供科学的决策依据。技术方案经济效果评价基本内涵如表 3-2 所示。

表 3-2 技术方案经济效果评价基本内涵

基本内容	盈利能力分析	含义		分析和测算拟定技术方案计算期的盈利能力和盈利水平	
		对应指标		财务内部收益率、财务净现值、资本金财务内部收益率、静态回收期、总投资收益率、资本金净利润率	
	偿债能力分析	含义		分析和判断财务主体的偿债能力	
		对应指标		借款偿还期、利息备付率、偿债备付率、资产负债率、流动比率、速动比率	
	财务生存能力分析	含义		也称资金平衡分析，根据拟定技术方案的财务计划现金流量表，通过考察拟定技术方案计算期内各年的投资、融资和经营活动所产生的各项现金流入和现金流出，计算净现金流量和累计盈余资金，分析技术方案是否有足够的净现金流量维持生产运营，以实现财务可持续性	
		财务可持续性条件	基本条件	有足够的经营净现金流量	
			必要条件	允许个别年份净现金流量为负，但各年累计盈余资金不应为负	
特别注意				经营性方案三项内容均进行分析；非经营性方案主要分析财务生存能力	
方法	基本方法			确定性评价方法和不确定性评价方法（同一技术方案二者均要进行）	
	按性质分类			定量分析与定性分析（二者相结合，以定量分析为主）	
	按是否考虑时间因素分类			静态分析与动态分析（二者结合，以动态分析为主）。静态分析适用于粗略或短期评价，或逐年收益大致相等的技术方案评价；动态分析强调资金时间价值	
	按是否考虑融资分类	融资前分析	对应报表	技术方案投资现金流量表	
			对应指标	技术方案投资内部收益率、净现值、静态投资回收期（以动态分析为主）	
			作用	考察技术方案投资总获利能力，作为初步决策与融资方案研究的依据和基础	
		融资后分析	基本理解	考察技术方案在拟定融资条件下的盈利能力、偿债能力和财务生存能力，判断技术方案在拟定融资条件下的可行性，用于比选融资方案	
			动态分析	资本金现金流量分析	计算资本金财务内部收益率
				投资各方现金流量分析	计算投资各方财务内部收益率
			静态分析	计算资本金净利润率（ROE）和总投资收益率（ROI）	
	按评价时间分类			事前评价、事中评价、事后评价	
程序				①熟悉建设技术方案的基本情况；②收集、整理和计算有关技术经济基础数据资料与参数；③根据基础财务数据资料编制各基本财务报表；④经济效果评价	
方案	独立型方案	含义		方案间互不干扰、在经济上互不相关的方案，即这些方案是彼此独立无关的，选择或放弃其中一个方案，并不影响其他方案的选择	
		特例		单一方案	
		实质		在做与不做间选择，取决于技术方案自身的经济性，即进行绝对经济效果检验	
	互斥型方案	含义		又称排他型方案，在若干备选方案中，各个方案彼此可以相互代替，具有排他性，选择其中任何一个方案，则其他方案必然被排斥	
		实质		只能选择一个经济性最优的方案	
		评价内容		①考察各个方案自身的经济效果，即进行绝对经济效果检验；②考察哪个方案相对经济效果最优，即相对经济效果检验	
计算期	建设期	含义		技术方案从资金正式投入开始到技术方案建成投产为止所需要的时间	
		确定依据		①技术方案建设的合理工期；②建设进度计划	
	运营期	阶段	投产期	技术方案投入生产，但生产能力尚未完全达到设计能力时的过渡阶段	
			达产期	生产运营达到设计预期水平后的时间	
		确定依据		①主要设施和设备的经济寿命期（或折旧年限）；②产品寿命期；③主要技术的寿命期；④遵从行业规定	

二、经济效果评价工作流程

经济效果评价的工作流程如图 3-5 所示。

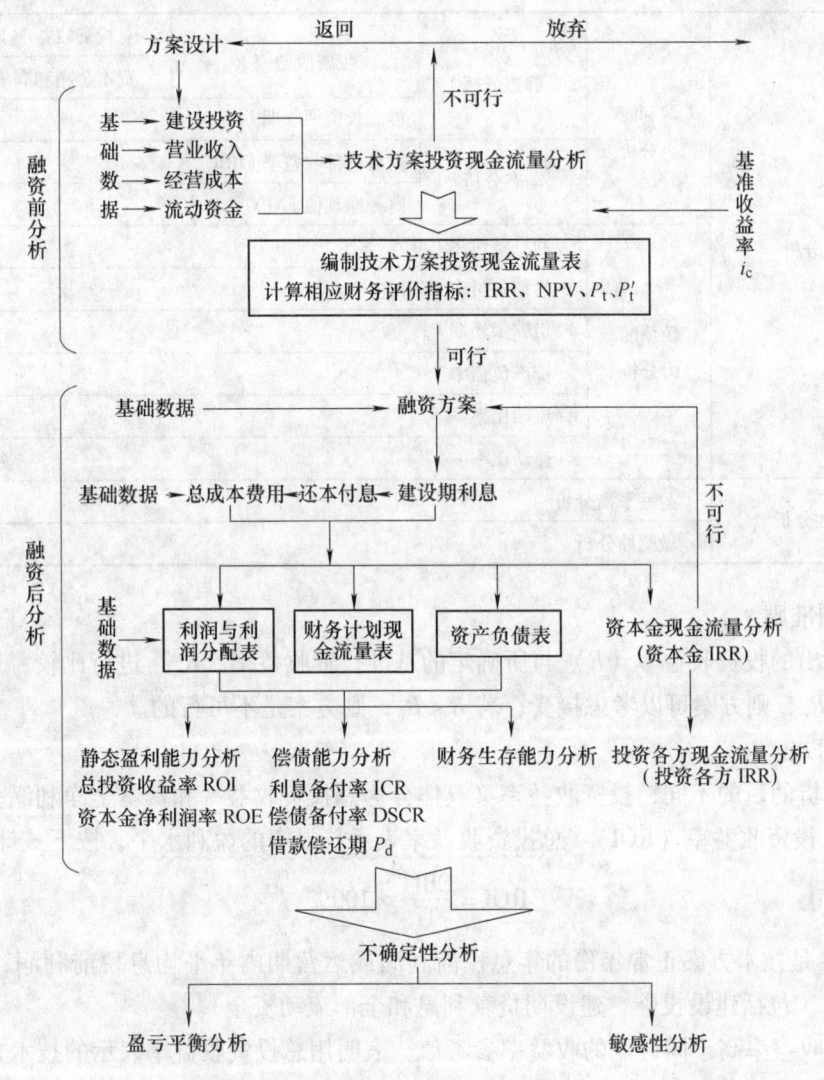

图 3-5　经济效果评价工作流程

三、经济效果评价指标体系

经济效果评价指标体系如表 3-3 所示。

四、投资收益率分析

1. 概念

投资收益率（R）是衡量投资方案获利水平的评价指标，它是技术方案建成投产达到设计生产能力后一个正常生产年份的年净收益额与方案投资的比率。它表明投资方案在正常生产年份中，单位投资每年所创造的年净收益额。对生产期内各年的净收益额变化幅度较大的方案，用于计算生产期年平均净收益额与投资的比率，其计算公式为

$$R = \frac{A}{I} \times 100\%$$

式中，R 是投资收益率；A 是技术方案年收益额或年平均净收益额；I 是技术方案投资。

表 3-3　经济效果评价指标体系

				总投资收益率 ROI
确定性分析	盈利能力分析	静态分析	投资收益率 R	资本金净利润率 ROE
			静态投资回收期 P_t	
		动态分析	财务内部收益率 FIRR	
			财务净现值 FNPV	
	偿债能力分析	利息备付率 ICR		
		偿债备付率 DSCR		
		借款偿还期 P_d		
		资产负债率		
		流动比率		
		速动比率		
不确定性分析	盈亏平衡分析			
	敏感性分析			

2. 判别准则

将计算出的投资收益率（R）与所确定的基准投资收益率（R_c）进行比较：

若 $R \geqslant R_c$，则方案可以考虑接受；若 $R < R_c$，则方案是不可行的。

3. 应用式

根据分析的目的不同，投资收益率又具体分为总投资收益率和资本金净利润率。

（1）总投资收益率（ROI）　总投资收益率表示总投资的盈利水平，按下式计算：

$$ROI = \frac{EBIT}{TI} \times 100\%$$

式中，EBIT 是技术方案正常年份的年息税前利润或运营期内年平均息税前利润；TI 是技术方案总投资（包括建设投资、建设期贷款利息和全部流动资金）。

总投资收益率高于同行业的收益率参考值，表明用总投资收益率表示的技术方案盈利能力满足要求。

（2）资本金净利润率（ROE）　技术方案资本金净利润率表示技术方案资本金的盈利水平，按下式计算：

$$ROE = \frac{NP}{EC} \times 100\%$$

式中，NP 是技术方案正常年份的年净利润或运营期内年平均净利润；EC 是技术方案资本金，其中：

净利润 = 利润总额 - 所得税

技术方案资本金净利润率高于同行业的净利润率参考值，表明用技术方案资本金净利润率表示的技术方案盈利能力满足要求。

对于技术方案而言，若总投资收益率或资本金净利润率高于同期银行利率，适度举债是有利的。反之，过高的负债比率将损害企业和投资者的利益。

所以总投资收益率或资本金净利润率指标不仅可以用来衡量工程建设方案的获利能力，还可以作为技术方案筹资决策参考的依据。

4. 优势与不足

投资收益率指标经济意义明确、直观，计算简便，在一定程度上反映了投资效果的优劣，可适用于各种投资规模。

但不足的是没有考虑投资收益的时间因素，忽视了资金具有时间价值的重要性；指标的计算主观随意性太强，正常生产年份的选择比较困难，其确定带有一定的不确定性和人为因素。

5. 适用范围

投资收益率主要用在工程建设方案制定的早期阶段或研究过程，且计算期较短、不具备综合分析所需详细资料的方案，尤其适用于工艺简单而生产情况变化不大的工程建设方案的选择和投资经济效果的评价。

五、投资回收期分析

投资回收期也称返本期，是反映技术方案投资回收能力的重要指标，分为静态投资回收期和动态投资回收期，通常只进行技术方案静态投资回收期计算分析。

1. 静态投资回收期概念

技术方案静态投资回收期（P_t）是在不考虑资金时间价值的条件下，以技术方案的净收益回收其总投资（包括建设投资和流动资金）所需要的时间，一般以年为单位。

静态投资回收期宜从技术方案建设开始年算起，若从技术方案投产开始年算起，应予以特别注明。从建设开始年算起，静态投资回收期计算公式如下：

$$\sum_{t=0}^{P_t} (CI_t - CO_t) = 0$$

2. 应用式

具体计算又分以下两种情况：

1）当技术方案建成投产后各年的净收益（即净现金流量）均相同时，静态投资回收期的计算公式如下：

$$P_t = I/A$$

式中，I 是技术方案总投资；A 是技术方案每年的净收益，即 $A = CI_t - CO_t$

由于年净收益不等于年利润额，所以投资回收期不等于投资利润率的倒数。注意收益和利润是两个概念。

2）当技术方案建成投产后各年的净收益不相同时，静态投资回收期可根据累计净现金流量求得，也就是在技术方案投资现金流量表中累计净现金流量由负值变为零的时点，其计算公式为

$$P_t = (累计净现金流量出现正值的年份 - 1)$$
$$+ (上一年累计净现金流量的绝对值/当年净现金流量)$$

3. 判别准则

若 $P_t \leqslant P_c$，则方案可以考虑接受；若 $P_t > P_c$，则方案是不可行的。

4. 优势与不足

静态投资回收期指标容易理解，计算也比较简便，技术方案投资回收期在一定程度上显示了资本的周转速度。显然，资本周转速度越快，回收期越短，风险越小，技术方案抗风险能力越强。

但不足的是静态投资回收期没有全面地考虑投资方案整个计算期内现金流量，即只考虑回收之前的效果，不能反映投资回收之后的情况，故无法准确衡量方案在整个计算期内的经济效果。

静态投资回收期作为技术方案选择和排队的评价准则是不可靠的，它只能作为辅助评价指标，或与其他评价指标结合应用。

3.2.4 能力拓展

一、财务净现值分析

1. 概念

财务净现值（FNPV）是反映投资方案在计算期内盈利能力的动态评价指标。技术方案中的财务净现值是指用一个预定的基准收益率（或设定的折现率）i_c 分别把整个计算期间内各年所发生的净现金流量都折现到投资方案开始实施时的现值之和。财务净现值计算公式为

$$\text{FNPV} = \sum_{t=0}^{n} (\text{CI}_t - \text{CO}_t)(1 + i_c)^{-t}$$

2. 判别准则

财务净现值是评价技术方案盈利能力的绝对指标。当 FNPV > 0 时，说明该方案除了满足基准收益率要求的盈利之外，还能得到超额收益，换句话说方案现金流入的现值和大于现金流出的现值和，该方案有收益，故该方案财务上可行；当 FNPV = 0 时，说明该方案基本能满足基准收益率要求的盈利水平，即方案现金流入的现值和正好抵偿方案现金流出的现值和，该方案财务上还是可行的；当 FNPV < 0 时，说明该方案不能满足基准收益率要求的盈利水平，即方案收益的现值和不能抵偿支出的现值和，该方案财务上不可行。

3. 优势与不足

财务净现值指标的优势是：

1）考虑了资金的时间价值；

2）全面考虑了技术方案在整个计算期内现金流量的时间分布的状况；

3）能够直接以货币额表示技术方案的盈利水平；

4）判断直观。

不足之处是：

1）必须首先确定一个符合经济现实的基准收益率，而基准收益率的确定往往是比较困难的；

2）在互斥方案评价时，财务净现值必须慎重考虑互斥方案的寿命，如果互斥方案寿命不等，必须构造一个相同的分析期限，才能进行各个方案之间的比选；

3）财务净现值也不能真正反映技术方案投资中单位投资的使用效率；

4）不能直接说明在技术方案运营期间各年的经营成果；

5）不能反映投资的回收速度。

二、财务内部收益率分析

1. 财务净现值函数

对具有常规现金流量（即在计算期内，开始时有支出而后才有收益，且方案的净现金流量序列的符号只改变一次的现金流量）的技术方案。随着折现率的逐渐增大，财务净现值由大变小，由正变负。财务净现值的大小与折现率的高低有直接的关系。若已知某技术方案各年的净现金流量，则该技术方案的财务净现值就完全取决于所选的折现率，即财务净现值是折现率的函数。其表达式如下：

$$FNPV(i) = \sum_{t=0}^{n} (CI_t - CO_t)(1 + i)^{-t}$$

常规现金流量技术方案的净现值函数曲线，如图 3-6 所示。

2. 财务内部收益率的概念

对常规投资的技术方案，随着折现率的逐渐增大，财务净现值由大变小，由正变负，当 FNPV≥0 时，技术方案就可以接受。当 FNPV(i) 曲线与 i 轴相交，其交点就是财务内部收益率（FIRR）。

财务内部收益率其实质就是使技术方案在计算期内各年净现金流量的现值累计等于零时的折现率，其数学表达式为

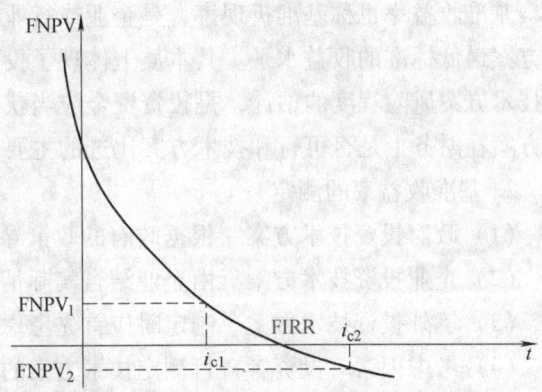

图 3-6　常规现金流量技术方案净现值函数曲线

$$FNPV(FIRR) = \sum_{t=0}^{n} (CI_t - CO_t)(1 + FIRR)^{-t} = 0$$

式中，FIRR 是财务内部收益率。

3. 判别准则

若 FIRR≥i_c，则技术方案在经济上可以接受；若 FIRR<i_c，则技术方案在经济上应予拒绝。

4. 优势与不足

财务内部收益率（FIRR）指标优势在于考虑了资金的时间价值以及技术方案在整个计算期内的经济状况，不仅能反映投资过程的收益程度，而且 FIRR 的大小不受外部参数影响，完全取决于技术方案投资过程中内部净现金流量的系列变化情况。由于技术方案这种内部决定性，使它在应用中具有一个显著的优点，即避免了像财务净现值之类的指标那样需事先确定基准收益率这个难题，而只需要知道基准收益率的大致范围即可。

财务内部收益率不足之处在于：

1）计算比较麻烦；

2）对于具有非常规现金流量的技术方案来讲，其财务内部收益率在某些情况下甚至不存在或存在多个内部收益率。

5. FIRR 与 FNPV 比较

对于独立常规投资的技术方案，有以下结论：

1）对于同一个技术方案，当其 $\text{FIRR} \geq i_c$ 时，必然有 $\text{FNPV} \geq 0$；当其 $\text{FIRR} < i_c$ 时，则 $\text{FNPV} < 0$。即对于独立常规投资方案，用 FIRR 与 FNPV 评价的结论是一致的。

2）FNPV 指标计算简便，显示出了技术方案现金流量的时间分配，但得不出投资过程收益程度大小，且受外部参数（i_c）的影响。

3）FIRR 指标计算较为麻烦，但能反映投资过程的收益程度，而 FIRR 的大小不受外部参数影响，完全取决于投资过程现金流量。

三、基准收益率的确定

1. 基准收益率的概念

基准收益率也称基准折现率，是企业或行业投资者以动态的观点所确定的、可接受的投资方案最低标准的收益水平。其本质上体现了投资决策者对技术方案资金时间价值的判断和对技术方案风险程度的估计，是投资资金应当获得的最低盈利利率水平，它是评价和判断技术方案在财务上是否可行和技术方案比选的主要依据。

2. 基准收益率的测定

（1）政府投资技术方案　根据政府的政策导向进行确定；

（2）企业投资技术方案　由企业结合实际情况综合测定；

（3）境外投资技术方案　制定时应首先考虑国家风险因素；

（4）考虑因素　投资者自行测定技术方案的最低可接受财务收益率考虑因素应包括：

1）资金成本：包括筹资费（注册费、代理费、手续费等）和资金使用费。

2）投资的机会成本，是指投资者将有限的资金用于拟建技术方案而放弃的其他投资机会所能获得的最大收益。机会成本是在方案外部形成的，不可能反映在该方案的财务上。机会成本不是实际支出。

综上所述，基准收益率应不低于单位资金成本和单位投资的机会成本，可用下式表达：

$$i_c \geq i_1 = \max \{ \text{单位资金成本}, \text{单位投资机会成本} \}$$

3）在计算时，应充分考虑投资风险，加上一个适当的风险贴补率 i_2。一般说来，从客观上看，投资风险如下：

① 资金密集技术方案的风险高于劳动密集的；

② 资产专用性强的高于资产通用性强的；

③ 以降低生产成本为目的的低于以扩大产量、扩大市场份额为目的的；

④ 在某种意义上，资金雄厚的投资主体的风险低于资金拮据者。

4）除以上因素外，还应考虑通货膨胀因素。通货膨胀指由于货币（这里指纸币）的发行量超过商品流通所需要的货币量而引起的货币贬值和物价上涨的现象。

通货膨胀以通货膨胀率来表示，通货膨胀率主要表现为物价指数的变化，即通货膨胀率约等于物价指数变化率。年通货膨胀率记为 i_3。

综上所述，投资者自行测定的基准收益率可确定如下：

1）若技术方案现金流量按当年价格预测估算，则

$$i_c = (1 + i_1)(1 + i_2)(1 + i_3) - 1 \approx i_1 + i_2 + i_3$$

2）若技术方案现金流量按基年不变价格预测估算，则

$$i_c = (1 + i_1)(1 + i_2) - 1 \approx i_1 + i_2$$

上述近似处理的条件是 i_1、i_2、i_3 都为小数。

确定基准收益率的基础是资金成本和机会成本，而投资风险和通货膨胀则是必须考虑的影响因素。

四、偿债能力分析

债务清偿能力评价，一定要分析债务资金的融资主体即企业的清偿能力，而不是技术方案的清偿能力。对于企业融资技术方案，应以技术方案所依托的整个企业作为债务清偿能力的分析主体。

1. 偿债资金来源

根据国家现行财税制度的规定，贷款还本的资金来源主要包括：

1）可用于归还借款的未分配利润；

2）固定资产折旧；

3）无形资产及其他资产摊销费；

4）其他还款资金。

2. 还款方式及还款顺序

1）国外（含境外）借款的还款方式，用等额还本付息、等额还本利息照付两种方法。

2）国内借款的还款方式，按照先贷先还、后贷后还，利息高的先还、利息低的后还的顺序。

3. 偿债能力分析

偿债能力指标主要包括：

（1）借款偿还期 借款偿还期指根据国家财税规定及技术方案的具体财务条件，以可作为偿还贷款的技术方案收益（利润、折旧、摊销费及其他收益）来偿还技术方案投资借款本金和利息所需要的时间。

（2）利息备付率 利息备付率也称已获利息倍数，指技术方案在借款偿还期内各年可用于支付利息的息税前利润（EBIT）与当期应付利息（PI）的比值。

（3）偿债备付率 偿债备付率指技术方案在借款偿还期内，各年可用于还本付息的资金（EBITDA - T_{AX}）与当期应还本付息金额（PD）的比值。

模块三 技术方案不确定性分析

3.3.1 项目案例

某移动通信公司投资建设 4G 通信网络，该项目需要以现代化的 4G 通信技术为基础，

通信工程造价与实务项目教程

建成一个具有技术先进、扩展性强、结构合理等优势的移动通信网络，并在此基础上能够满足"三网融合"的发展趋势，即：该网络同时满足语音、视频和数据的传输，为使用移动终端的各类人员提供完备的信息服务解决方案。

该移动通信公司的工程造价人员按照需求分析和设计方案，进行技术方案分析。工程造价人员基于投资收益率、投资回收期等相关的静态指标，参考实际情况、风险等因素进行技术方案的不确定性分析即动态分析，遴选方案，最终选择性价比最高的建设方案。

3.3.2 案例分析

技术方案经济效果评价的确定性分析都是以确定的数据为基础，认为它们是已知的、确定的，认为估计或预测的数据是可靠的、有效的。但不论用什么方法预测、估计、判断，都包含许多不确定性因素，不确定性是所有技术方案固有的内在特性。为了避免决策失误需要了解不确定性对经济效果的影响程度，以及技术方案对各种内外部条件变化的承受能力。

不确定性分析就是根据拟实施技术方案的具体情况，分析各种外部条件发生变化或者测算数据误差对技术方案经济效果的影响程度，以估计技术方案可能承担不确定性的风险及其承受能力，确定技术方案在经济上的可靠性，并采取相应的对策力争把风险减低到最小限度。不确定性分析的方法有如下几种：

（1）盈亏平衡分析　盈亏平衡分析也称量本利分析，就是将技术方案投产后的产销量作为不确定因素，通过计算技术方案的盈亏平衡点的产销量，据此分析判断不确定性因素对技术方案经济效果的影响程度，说明技术方案实施的风险大小及技术方案承担风险的能力，为决策提供科学依据。

（2）敏感性分析　敏感性分析则是分析各种不确定性因素发生增减变化时，对技术方案经济效果评价指标的影响，并计算敏感度系数和临界点，找出敏感因素。

通常情况下，盈亏平衡分析只适用于项目的财务评价，而敏感性分析则可同时用于财务评价和国民经济评价。

3.3.3 知识储备

一、不确定性分析概述

1. 不确定性与风险的区别

风险是指不利事件发生的可能性，其中不利事件发生的概率是可以计量的。而不确定性是指人们在事先只知道所采取行动的所有可能后果，而不知道它们出现的可能性，或者两者均不知道，只能对两者做些粗略的估计，因此不确定性是难以计量的。

2. 不确定性因素产生的原因

1）所依据的基本数据的不足或者统计偏差；

2）预测方法的局限，预测的假设不准确；

3）未来经济形势的变化（如通货膨胀、供求结构变化）；

4）技术、科技等体系进步，或者产业调整；

5）无法以定量来表示的定性因素的影响；

162

6）其他外部影响因素，如政府政策的变化，新的法律、法规的颁布，国际政治经济形势的变化。

二、盈亏平衡分析

盈亏平衡分析也称量本利分析，就是将技术方案投产后的产销量作为不确定因素，通过计算技术方案的盈亏平衡点的产销量，据此分析判断不确定性因素对技术方案经济效果的影响程度，说明技术方案实施的风险大小及技术方案承担风险的能力，为决策提供科学依据。

根据生产成本及销售收入与产销量之间是否呈线性关系，盈亏平衡分析又可分为线性盈亏平衡分析和非线性盈亏平衡分析。

1. 总成本费用

根据成本费用与产量（或工程量）Q 的关系可以将总成本费用分解为：固定成本、可变成本和半可变（或半固定）成本。

（1）固定成本 C_F　C_F 是指在一定的产量范围内不受产品产量影响的成本，即不随产品产量的增减发生变化的各项成本费用，如工资及福利费（计件工资除外）、修理费、折旧费、无形资产及其他资产摊销费等。其中：

1）工资及福利费通常包括职工工资、奖金、津贴和补贴，职工福利费，以及医疗保险费、养老保险费、失业保险费、工伤保险费、生育保险费等社会保险费和住房公积金中由职工个人缴付的部分。

2）修理费可直接按固定资产原值（扣除所含的建设期利息）或折旧额的一定百分数估算。

3）折旧费是指固定资产折旧费。

4）摊销费主要指无形资产，无形资产从开始使用之日起，在有效使用期限内平均摊入成本。无形资产的摊销一般采用平均年限法，不计残值。其他资产的摊销也可以采用平均年限法，不计残值。

5）利息支出估算包括长期借款利息、流动资金借款利息和短期借款利息三部分。需要引起注意的是，在生产经营期利息是可以进入总成本的，因而每年计算的利息不再参与以后各年利息的计算。

6）其他费用包括：其他制造费用、其他管理费用和其他营业费用这三项费用。产品出口退税和减免税项目按规定不能抵扣的进项税额也可包括在内。

（2）可变成本 C_U　C_U 是随产品产量的增减而成正比例变化的各项成本，如原材料、燃料、动力费、包装费和计件工资等。

（3）半可变（或半固定）成本 C_V　C_V 是指介于固定成本和可变成本之间，随产量增长而增长，但不成正比例变化的成本，如与生产批量有关的某些消耗性材料费用、工模具费及运输费。由于半可变成本通常在总成本中所占的比例很小，在技术方案经济效果分析中，为便于计算和分析，一般也将作为固定成本。

综上所述，总成本费用 = 固定成本 + 可变成本，即总成本 $C = C_F + C_U Q$，其中，Q 表示产量。

2. 销售收入与营业税金及附加

技术方案的销售收入是销量的线性函数：

$$S = pQ - T_{U}Q$$

式中，S 是销售收入；p 是单位产品售价；T_{U} 是单位产品营业税金及附加；Q 是销量。

税金一般属于财务现金流出。在进行税金计算时应说明税种、税基、税率和计税额。

（1）营业税　以营业额为基数。

（2）消费税　有从价计税、从量定额等两种方式，其中：

1）实行从价计税办法征税的，计税依据为应税消费品的销售额；

2）实行从量定额办法计税时，通常以每单位应税消费品的重量、容积或数量为计税依据。

（3）资源税　以产量（或金额）为基数。

（4）土地增值税　房地产开发项目缴纳，以增值额为基数。

（5）城市维护建设税和教育费附加　城市维护建设税以增值税、营业税和消费税三者之和为计税依据，分别与产品税、增值税、营业税同时缴纳。教育费附加以各单位和个人实际缴纳的增值税、营业税、消费税的税额为计征依据，教育费附加率为 3%，分别与增值税、营业税、消费税同时缴纳。

在经济效果分析中，营业税、消费税、资源税、土地增值税、城市维护建设税和教育费附加均可包含在营业税金及附加中。

（6）增值税　价外税，纳税人交税，最终由消费者负担，因此与经营成本和利润无关。

（7）关税　关税是指进出口商品在经过一国关境时，由政府设置的海关向进出口国所征收的税收，有从价关税、从量关税、混合关税等三种方式，其中：

1）从价关税：依照进出口货物的价格作为标准征收关税。

2）从量关税：依照进出口货物数量的计量单位（如吨、箱、百个等）征收定量关税。

3）混合关税：依各种需要对进出口货物进行从价、从量的混合征税。

（8）所得税　按企业应纳税所得额征收。

3. 量本利模型

（1）数学模型　表示成本、产销量和利润关系的数学模型表达形式为

$$利润 B = 销售收入 S - 总成本 C$$

（2）假设条件　线性盈亏平衡分析的假设条件如下：

1）生产量等于销售量；

2）产销量变化，单位可变成本不变，总生产成本是产销量的线性函数；

3）产销量变化，销售单价不变，销售收入是产销量的线性函数；

4）只生产单一产品，或者生产多种产品，但可以换算为单一产品计算，不同产品的生产负荷率的变化应保持一致。

4. 量本利关系

$$B = pQ - T_{U}Q - C_{F} - C_{U}Q$$

式中相互联系的 6 个变量之间的关系如图 3-7 所示。

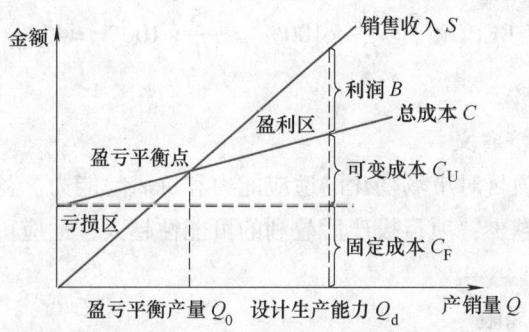

图 3-7　量本利关系图

销售收入线与总成本线的交点是盈亏平衡点（BEP），也叫保本点。项目盈亏平衡点（BEP）的表达形式有多种，可以用绝对值表示，如以实物产销量、单位产品售价、单位产品的可变成本、年固定总成本以及年销售收入等；也可以用相对值表示，如生产能力利用率。其中以产销量和生产能力利用率表示的盈亏平衡点应用最为广泛。

三、盈亏平衡点的计算

1. 产销量（工程量）盈亏平衡分析

就单一产品技术方案来说，盈亏平衡点的计算就是使利润 $B = 0$，即可导出以产销量表示的盈亏平衡点 BEP（Q）。

例 1：某通信建设项目设计能力为满足 10 万个用户接入，年固定成本为 1500 万元，每用户的通信收入为 1200 元，为用户提供服务运营的可变成本为 650 元，营业税金及附加为 150 元，分析该项目的盈亏平衡点。

解：根据盈亏平衡方程式：$1200Q - 150Q - 1500 \times 10^4 - 650Q = 0$

解得 BEP(Q) = 37500，即接入 37500 用户，可满足盈亏平衡。

例 2：某通信建设项目设计能力为满足 8 万个用户接入，年固定成本 1000 万元，预计每用户通信收入 500 元，为用户提供服务运营的可变成本为 275 元，销售税金及附加为每用户通信收入的 5%，分析该项目的盈亏平衡点。

解：根据盈亏平衡方程式：$500Q - 500 \times 5\% Q - 1000 \times 10^4 - 275Q = 0$

解得 BEP(Q) = 50000，即接入 5 万用户，可满足盈亏平衡。

2. 生产能力利用率盈亏平衡分析

生产能力利用率表示的盈亏平衡点 BEP(%)，是指盈亏平衡点产销量 Q_0 占技术方案正常产量的比重。在技术方案评价中，一般用设计生产能力 Q_d 表示正常产量。

$$BEP(\%) = \frac{Q_0}{Q_d} \times 100\%$$

例 3：某通信建设项目设计能力为满足 10 万个用户接入，为用户提供服务运营的可变成本为每用户通信收入的 55%，销售税金及附加为每用户通信收入的 5%，经分析用户的通信接入盈亏平衡点为年 4.5 万个，试分析若企业要盈利，接入率应维持的水准。

解：根据生产能力利用率盈亏平衡方程式：

$$\text{BEP}(\%) = \frac{Q_0}{Q_d} \times 100\% = \frac{4.5}{10} \times 100\% = 45\%$$

解得 BEP(%) = 45%。

3. 盈亏平衡点的经济含义

盈亏平衡点反映了项目对市场变化的适应能力和抗风险能力。盈亏平衡点越低，达到此点的盈亏平衡产销量就越少，项目投产后盈利的可能性越大，适应市场变化的能力越强，抗风险能力也越强。

4. 盈亏平衡分析的局限

盈亏平衡分析虽然能从市场适应性方面说明技术方案风险的大小，但不能揭示产生项目风险的根源。

3.3.4 能力拓展

一、敏感性分析

敏感性分析就是在技术方案确定性分析的基础上，通过进一步分析、预测技术方案主要不确定因素的变化对技术方案经济效果评价指标（如财务内部收益率、财务净现值等）的影响，从中找出敏感因素，确定评价指标对该因素的敏感程度和技术方案对其变化的承受能力。

敏感性分析有单因素敏感性分析和多因素敏感性分析两种。

单因素敏感性分析是对单一不确定因素变化对技术方案经济效果的影响进行分析，即假设各个不确定性因素之间相互独立，每次只考察一个因素，其他因素保持不变，以分析这个可变因素对经济效果评价指标的影响程度和敏感程度。为了找出关键的敏感性因素，通常只进行单因素敏感性分析。

多因素敏感性分析是假设两个或两个以上互相独立的不确定因素同时变化时，分析这些变化的因素对经济效果评价指标的影响程度和敏感程度。

二、单因素敏感性分析

工程造价人员利用单因素敏感性分析进行工程经济分析的工作流程如下：

1. 确定分析指标

如果主要分析技术方案状态和参数变化对方案投资回收快慢的影响，则可选用静态投资回收期作为分析指标；如果主要分析产品价格波动对方案超额净收益的影响，则可选用净现值作为分析指标；如果主要分析投资大小对技术方案资金回收能力的影响，则可选用内部收益率指标等。

敏感性分析的指标应与确定性经济效果评价指标一致，不应超出范围另立新的分析指标；当确定性经济效果评价指标较多时，敏感性分析可以围绕其中一个或若干最重要的指标进行。

2. 选择需要分析的不确定性因素

在选择需要分析的不确定性因素时主要考虑以下两条原则：

1）预计这些因素在其可能变动的范围内对经济评价指标的影响较大；

2）对在确定性经济分析中采用该因素的数据的准确性把握不大。

具体选择的方法如下：

1）从收益方面来看，主要包括产销量与销售价格、汇率；

2）从费用方面来看，包括成本（特别是变动成本）、建设投资、流动资金占用、折现率、汇率；

3）从时间方面来看，包括项目建设期、生产期；

4）选择因素要与选定的分析指标相联系。

3. 分析每个不确定性因素的波动程度及其对分析指标可能带来的增减变化情况

1）对所选定的不确定性因素，应根据实际情况设定这些因素的变动幅度，其他因素固定不变；

2）计算不确定性因素每次变动对技术方案经济效果评价指标的影响；

3）将因素变动及相应指标变动结果用敏感性分析表和敏感性分析图的形式表示出来。

4. 确定敏感性因素

可以通过计算敏感度系数和临界点来判断，敏感度系数与临界点的确定方法如下：

（1）敏感度系数（S_{AF}）　敏感度系数表示技术方案经济效果评价指标对不确定因素的敏感程度，就是用评价指标的变化率除以不确定因素的变化率，计算公式如下：

$$S_{AF} = \frac{\Delta A/A}{\Delta F/F}$$

$S_{AF} > 0$ 表示评价指标与不确定性因素同方向变化；$S_{AF} < 0$ 表示评价指标与不确定性因素反方向变化。$|S_{AF}|$ 越大，表明评价指标 A 对于不确定性因素 F 越敏感；反之，则不敏感。

敏感度系数提供了各不确定性因素变动率与评价指标变动率之间的比例，但不能直接显示变化后评价指标的值。为了弥补这种不足，有时需要编制敏感分析表，表示各因素变动率及相应的评价指标值。列表法的缺点是不能连续表示变量之间的关系，为此人们又设计了敏感分析图，如图 3-8 所示。

图中直线反映不确定性因素不同变化水平时所对应的评价指标值。每一条直线的斜率反映经济评价指标对该不确定性因素的

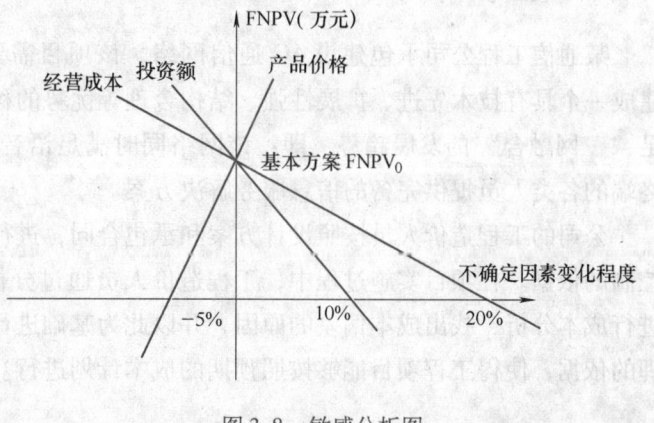

图 3-8　敏感分析图

敏感程度，斜率的绝对值越大，敏感度越高。一张图可以同时反映多个因素的敏感性分析结果。

（2）临界点　临界点是指项目允许不确定性因素向不利方向变化的极限值。超过极限，项目的效益指标将不可行。可用临界点百分比或临界值分别表示某一变量的变化达到一定的

百分比或者一定数值时，项目的效益指标将从可行转变为不可行。

采用图解法时，每条直线与判断基准线的相交点所对应的横坐标上不确定性因素变化率即为该因素的临界点。如果某因素可能出现的变动幅度超过最大允许变动幅度，则表明该因素是技术方案的敏感因素。实践中常常把敏感度系数和临界点两种方法结合起来确定敏感因素。

5. 选择方案

如果进行敏感性分析的目的是对不同的技术方案进行选择，一般应选择敏感程度小、承受风险能力强、可靠性大的技术方案。

6. 敏感性分析的优势与不足

敏感性分析的优势如下：

1）敏感性分析在一定程度上对不确定性因素的变动对项目投资效果的影响做了定量的描述；

2）有助于搞清项目对不确定性因素的不利变动所能容许的风险程度；

3）有助于鉴别何者是敏感因素，从而把调查研究的重点集中在那些敏感因素上，或者针对敏感因素制定出管理和应变对策，以达到尽量减少风险、增加决策可靠性的目的。

敏感性分析的不足如下：

1）它主要依靠分析人员凭借主观经验来分析判断，难免存在片面性；

2）不能说明不确定性因素发生变动的可能性是大还是小。

▬▬▬ 模块四　施工成本管理 ▬▬▬

3.4.1　项目案例

某通信工程公司承包建设 4G 通信网络，该项目需要以现代化的 4G 通信技术为基础，建成一个具有技术先进、扩展性强、结构合理等优势的移动通信网络，并在此基础上能够满足"三网融合"的发展趋势，即：该网络同时满足语音、视频和数据的传输，为使用移动终端的各类人员提供完备的信息服务解决方案。

公司的工程造价人员按照设计方案和承包合同，进行施工成本计划制定，作为项目成本控制的依据。在项目实施过程中，工程造价人员通过分析实际的实施成本，对比成本计划，进行成本分析，找出成本偏差的原因，并以此为基础进行成本预测，为项目经理提供成本管理的依据，使得工程项目能够按照预期的成本计划进行。

3.4.2　案例分析

施工成本是指在建设工程项目的施工过程中所发生的全部生产费用的总和，包括所消耗的原材料、辅助材料、构配件等的费用，周转材料的摊销费或租赁费等，施工机械的使用费或租赁费等，支付给生产工人的工资、奖金、工资性质的津贴等，以及进行施工组织与管理所发生的全部费用支出。

在确定了施工成本计划之后，必须定期地进行施工成本计划值与实际值的比较，当实际值偏离计划值时，分析产生偏差的原因，采取适当的纠偏措施，以确保施工成本控制目标的实现。施工成本控制是指在施工过程中，对影响施工成本的各种因素加强管理，并采取各种有效措施，将施工中实际发生的各种消耗和支出严格控制在成本计划范围内，随时揭示并及时反馈，严格审查各项费用是否符合标准，计算实际成本和计划成本之间的差异并进行分析，进而采取多种措施，消除施工中的损失浪费现象。

施工成本分析是在施工成本核算的基础上，对成本的形成过程和影响成本升降的因素进行分析，以寻求进一步降低成本的途径，包括有利偏差的挖掘和不利偏差的纠正。施工成本分析贯穿于施工成本管理的全过程。

3.4.3 知识储备

建设工程项目施工成本由直接成本和间接成本所组成。

直接成本是指施工过程中耗费的构成工程实体或有助于工程实体形成的各项费用支出，其是可以直接计入工程对象的费用，包括人工费、材料费、施工机械使用费和施工措施费等。

间接成本是指为施工准备、组织和管理施工生产的全部费用的支出，是非直接用于也无法直接计入工程对象，但为进行工程施工所必须发生的费用，包括管理人员工资、办公费、差旅交通费等。

根据通信工程建设成本运行规律，成本管理责任体系应包括组织管理层和项目管理层。组织管理层的成本管理除生产成本以外，还包括经营管理费用；项目管理层应对生产成本进行管理。组织管理层贯穿于项目投标、实施和结算过程，体现效益中心的管理职能；项目管理层则着眼于执行组织确定的施工成本管理目标，发挥现场生产成本控制中心的管理职能。

施工成本管理的工作流程如下：

施工成本预测—施工成本计划—施工成本控制—施工成本核算—施工成本分析—施工成本考核。

一、施工成本预测

施工成本预测就是根据成本信息和施工项目的具体情况，运用一定的专门方法，对未来的成本水平及其可能发展趋势做出科学的估计，其是在工程施工以前对成本进行的估算。通过成本预测，可以在满足项目业主和本企业要求的前提下，选择成本低、效益好的最佳成本方案，并能够在施工项目成本形成过程中，针对薄弱环节，加强成本控制，克服盲目性，提高预见性。因此，施工成本预测是施工项目成本决策与计划的依据。施工成本预测，通常是对施工项目计划工期内影响其成本变化的各个因素进行分析，比照近期已完工施工项目或将完工施工项目的成本（单位成本），预测这些因素对工程成本中有关项目的影响程度，预测出工程的单位成本或总成本。

二、施工成本计划

施工成本计划是以货币形式编制施工项目在计划期内的生产费用、成本水平、成本降低率以及为降低成本所采取的主要措施和规划的书面方案，它是建立施工项目成本管理责任制、开展成本控制和核算的基础，它是该项目降低成本的指导文件，是设立目标成本的依据。可以说，成本计划是目标成本的一种形式。施工成本计划应满足以下要求：

1）合同规定的项目质量和工期要求；

2）组织对施工成本管理目标的要求；

3）以经济合理的项目实施方案为基础的要求；

4）有关定额及市场价格的要求。

施工成本计划的具体内容如下：

（1）编制说明　编制说明指对工程的范围、投标竞争过程及合同条件、承包人对项目经理提出的责任成本目标、施工成本计划编制的指导思想和依据等做出具体说明。

（2）施工成本计划的指标　施工成本计划的指标应经过科学的分析预测确定，可以采用对比法、因素分析法等进行测定。

施工成本计划一般情况下有以下三类指标：

1）成本计划的数量指标，如：

① 按子项汇总的工程项目计划总成本指标；

② 按分部汇总的各单位工程（或子项目）计划成本指标；

③ 按人工、材料、机械等各主要生产要素计划成本指标。

2）成本计划的质量指标，如施工项目总成本降低率，可采用：

① 设计预算成本计划降低率＝设计预算总成本计划降低额/设计预算总成本

② 责任目标成本计划降低率＝责任目标总成本计划降低额/责任目标总成本

3）成本计划的效益指标，如工程项目成本降低额：

① 设计预算成本计划降低额＝设计预算总成本－计划总成本

② 责任目标成本计划降低率＝责任目标总成本－计划总成本

（3）编制单位工程计划成本汇总表　按工程量清单列出的单位工程计划成本汇总表，如表3-4所示。

表3-4　单位工程计划成本汇总表

	清单项目编码	清单项目名称	合同价格	计划成本
1				
2				
...				

（4）编制单位工程成本汇总表　按成本性质划分的单位工程，根据清单项目的造价分析，分别对人工费、材料费、机械费、措施费、企业管理费和税费进行汇总，形成单位工程成本汇总表。

项目计划成本应在项目实施方案确定和不断优化的前提下进行编制，因为不同的实施方案将导致直接工程费、措施费和企业管理费的差异。成本计划的编制是施工成本预控的重要手段。因此，应在工程开工前编制完成，为各项成本的执行提供明确的目标、控制手段和管理措施。

三、施工成本控制

建设工程项目施工成本控制应贯穿于项目从投标阶段开始直至竣工验收的全过程，它是企业全面成本管理的重要环节。施工成本控制可分为事先控制、事中控制（过程控制）和事后控制。在项目的施工过程中，需按动态控制原理对实际施工成本的发生过程进行有效控制。合同文件和成本计划是成本控制的目标，进度报告和工程变更与索赔资料是成本控制过程中的动态资料。

1. 施工成本控制的依据

（1）工程承包合同 施工成本控制要以工程承包合同为依据，围绕降低工程成本这个目标，从预算收入和实际成本两方面，努力挖掘增收节支潜力，以求获得最大的经济效益。

（2）施工成本计划 施工成本计划是根据施工项目的具体情况制定的施工成本控制方案，既包括预定的具体成本控制目标，又包括实现控制目标的措施和规划，是施工成本控制的指导文件。

（3）进度报告 进度报告提供了每一时刻工程实际完成量、工程施工成本实际支付情况等重要信息。施工成本控制工作正是通过实际情况与施工成本计划相比较，找出二者之间的差别，分析偏差产生的原因，从而采取措施改进以后的工作。此外，进度报告还有助于管理者及时发现工程实施中存在的问题，并在事态还未造成重大损失之前采取有效措施，尽量避免损失。

（4）工程变更 在项目的实施过程中，由于各方面的原因，工程变更是很难避免的。工程变更一般包括设计变更、进度计划变更、施工条件变更、技术规范与标准变更、施工次序变更、工程数量变更等。一旦出现变更，工程量、工期、成本都必将发生变化，从而使得施工成本控制工作变得更加复杂和困难。因此，施工成本管理人员就应当通过对变更要求当中各类数据的计算、分析，随时掌握变更情况，包括已发生工程量、将要发生工程量、工期是否拖延、支付情况等重要信息，判断变更以及变更可能带来的索赔额度等。

除了上述几种施工成本控制工作的主要依据以外，有关施工组织设计、分包合同等也都是施工成本控制的依据。

2. 施工成本控制流程

施工成本控制的程序体现了动态跟踪控制的原理。施工成本控制报告可单独编制，也可以根据需要与进度、质量、安全和其他进展报告结合，提出综合进展报告，施工成本控制应满足下列要求：

1）要按照计划成本目标值来控制生产要素的采购价格，并认真做好材料、设备进场数量和质量的检查、验收与保管。

2）要控制生产要素的利用效率和消耗定额，如任务单管理、限额领料、验工报告审核等。同时要做好不可预见成本风险的分析和预控，包括编制相应的应急措施等。

3）控制影响效率和消耗量的其他因素（如工程变更等）所引起的成本增加。

4）把施工成本管理责任制度与对项目管理者的激励机制结合起来，以增强管理人员的成本意识和控制能力。

5）承包人必须有一套健全的项目财务管理制度，按规定的权限和程序对项目资金的使用和费用的结算支付进行审核、审批，使其成为施工成本控制的一个重要手段。

在确定了施工成本计划之后，必须定期地进行施工成本计划值与实际值的比较，当实际值偏离计划值时，分析产生偏差的原因，采取适当的纠偏措施，以确保施工成本控制目标的实现，其步骤如下：

（1）比较　按照某种确定的方式将施工成本计划值与实际值逐项进行比较，以发现施工成本是否已超支。

（2）分析　在比较的基础上，对比较的结果进行分析，以确定偏差的严重性及偏差产生的原因。这一步是施工成本控制工作的核心，其主要目的在于找出产生偏差的原因，从而采取有针对性的措施，减少或避免相同原因的再次发生或减少由此造成的损失。

（3）预测　按照完成情况估计完成项目所需的总费用。

（4）纠偏　当工程项目的实际施工成本出现了偏差，应当根据工程的具体情况、偏差分析和预测的结果，采取适当的措施，以期达到使施工成本偏差尽可能小的目的。纠偏是施工成本控制中最具实质性的一步。只有通过纠偏，才能最终达到有效控制施工成本的目的。

对偏差原因进行分析的目的是为了有针对性地采取纠偏措施，从而实现成本的动态控制和主动控制。纠偏首先要确定纠偏的主要对象，偏差原因有些是无法避免和控制的，如客观原因，充其量只能对其中少数原因做到防患于未然，力求减少该原因所产生的经济损失。在确定了纠偏的主要对象之后，就需要采取有针对性的纠偏措施。纠偏可采用组织措施、经济措施、技术措施和合同措施等。

（5）检查　它是指对工程的进展进行跟踪和检查，及时了解工程进展状况以及纠偏措施的执行情况和效果，为今后的工作积累经验。

四、施工成本核算

施工成本核算，就是根据会计核算、业务核算和统计核算提供的资料，对施工成本的形成过程和影响成本升降的因素进行分析，以寻求进一步降低成本的途径；另一方面，通过成本分析，可从账簿、报表反映的成本现象看清成本的实质，从而增强项目成本的透明度和可控性，为加强成本控制，实现项目成本目标创造条件。

（1）会计核算　会计核算主要是价值核算。会计是对一定单位的经济业务进行计量、记录、分析和检查，并做出预测，参与决策，实行监督，旨在实现最优经济效益的一种管理活动。它通过设置账户、复式记账、填制和审核凭证、登记账簿、成本计算、财产清查和编制会计报表等一系列有组织有系统的方法，来记录企业的一切生产经营活动，然后据以提出一些用货币来反映的有关各种综合性经济指标的数据，它是施工成本分析的重要依据。

（2）业务核算　业务核算是各业务部门根据业务工作的需要而建立的核算制度，它包括原始记录和计算登记表，如单位工程及分部分项工程进度登记，质量登记，工效、定额计算登记，物资消耗定额记录，测试记录等。业务核算的范围比会计、统计核算要广。业务核算的目的，在于迅速取得资料，在经济活动中及时采取措施进行调整。

（3）统计核算　统计核算是利用会计核算资料和业务核算资料，把企业生产经营活动客观现状的大量数据，按统计方法加以系统整理，表明其规律性。它的计量尺度比会计宽，可以用货币计算，也可以用实物或劳动量计量。它通过全面调查和抽样调查等特有的方法，不仅能提供绝对数指标，还能提供相对数和平均数指标，可以计算当前的实际水平，确定变动速度，可以预测发展的趋势。

施工成本核算包括两个基本环节：

1）按照规定的成本开支范围对施工费用进行归集和分配，计算出施工费用的实际发生额；

2）根据成本核算对象，采用适当的方法，计算出该施工项目的总成本和单位成本。施工成本管理需要正确及时地核算施工过程中发生的各项费用，计算施工项目的实际成本。施工项目成本核算所提供的各种成本信息，是成本预测、成本计划、成本控制、成本分析和成本考核等各个环节的依据。

施工成本一般以单位工程为成本核算对象，但也可以按照承包工程项目的规模、工期、结构类型、施工组织和施工现场等情况，结合成本管理要求，灵活划分成本核算对象。施工成本核算的基本内容包括：人工费核算、材料费核算、周转材料费核算、结构件费核算、机械使用费核算、其他措施费核算、分包工程成本核算、间接费核算、项目月度施工成本报告编制。

施工成本核算制是明确施工成本核算的原则、范围、程序、方法、内容、责任及要求的制度。项目管理必须实行施工成本核算制，它和项目经理责任制等共同构成了项目管理的运行机制。组织管理层与项目管理层的经济关系、管理责任关系、管理权限关系，以及项目管理组织所承担的责任成本核算的范围、核算业务流程和要求等，都应以制度的形式作出明确的规定。

项目经理部要建立一系列项目业务核算台账和施工成本会计账户，实施全过程的成本核算，具体可分为定期的成本核算和竣工工程成本核算，如：每天、每周、每月的成本核算。定期的成本核算是竣工工程全面成本核算的基础。

赢得值法作为一项先进的项目管理技术，最初是美国国防部于 1967 年首次确立的。到目前为止国际上先进的工程公司已普遍采用赢得值法进行工程项目的费用、进度综合分析控制。用赢得值法进行费用、进度综合分析控制，基本参数有三项，即已完工作预算费用、计划工作预算费用和已完工作实际费用，其计算方法如下：

1. 赢得值法的基本参数

（1）已完工作预算费用 已完工作预算费用为 BCWP，是指在某一时间已经完成的工作（或部分工作），以批准认可的预算为标准所需要的资金总额，由于业主正是根据这个值为承包人完成的工作量支付相应的费用，也就是承包人获得（挣得）的金额，故称赢得值或挣值。已完工作预算费用（BCWP）= 已完成工作量 × 预算单价。

（2）计划工作预算费用 计划工作预算费用为 BCWS，即根据进度计划，在某一时刻应当完成的工作（或部分工作），以预算为标准所需要的资金总额，一般来说，除非合同有变更，BCWS 在工程实施过程中应保持不变。计划工作预算费用（BCWS）= 计划工作量 × 预算单价。

（3）已完工作实际费用 已完工作实际费用为 ACWP，即到某一时刻为止，已完成的工作（或部分工作）所实际花费的总金额。已完工作实际费用（ACWP）= 已完成工作量 ×

实际单价。

2. 赢得值法的四个评价指标

在这三个基本参数的基础上，可以确定赢得值法的四个评价指标，它们也都是时间的函数。

（1）费用偏差（Cost Variance，CV） 费用偏差(CV) = 已完工作预算费用(BCWP) – 已完工作实际费用(ACWP)。

当费用偏差为负值时，即表示项目运行超出预算费用；当费用偏差为正值时，表示项目运行节支，实际费用没有超出预算费用。

（2）进度偏差（Schedule Variance，SV） 进度偏差(SV) = 已完工作预算费用(BCWP) – 计划工作预算费用(BCWS)。

当进度偏差为负值时，表示进度延误，即实际进度落后于计划进度；当进度偏差为正值时，表示进度提前，即实际进度快于计划进度。

（3）费用绩效指数（CPI） 费用绩效指数(CPI) = 已完工作预算费用(BCWP)/已完工作实际费用(ACWP)。

当费用绩效指数 CPI < 1 时，表示超支，即实际费用高于预算费用；

当费用绩效指数 CPI > 1 时，表示节支，即实际费用低于预算费用。

（4）进度绩效指数（SPI） 进度绩效指数(SPI) = 已完工作预算费用(BCWP)/计划工作预算费用(BCWS)。

当进度绩效指数 SPI < 1 时，表示进度延误，即实际进度比计划进度拖后；

当进度绩效指数 SPI > 1 时，表示进度提前，即实际进度比计划进度快。

费用（进度）偏差反映的是绝对偏差，结果很直观，有助于费用管理人员了解项目费用出现偏差的绝对数额，并依此采取一定措施，制定或调整费用支出计划和资金筹措计划。但是绝对偏差有其不容忽视的局限性。

例：某通信线路工程，计划总工程量为4800m，预算单价为580元/m，计划6个月内均衡完成。开工后，实际单价为600元/m。施工至第3个月底，累计实际完成工程量3000m。若运用赢得值法分析，分析至第3个月底的费用偏差。

已完工作预算费用(BCWP) = 已完成工作量 × 预算单价 = 3000m × 580元/m = 174万元；

已完工作实际费用(ACWP) = 已完成工作量 × 实际单价 = 3000m × 600元/m = 180万元；

费用偏差(CV) = BCWP – ACWP = 174万元 – 180万元 = –6万元，费用偏差为负值，即表示项目运行超出预算费用。

五、施工成本分析

施工成本分析贯穿于施工成本管理的全过程，在成本的形成过程中，主要利用施工项目的成本核算资料（成本信息），与目标成本、预算成本以及类似的施工项目的实际成本等进行比较，了解成本的变动情况，同时分析主要技术经济指标对成本的影响，系统地研究成本变动的因素，检查成本计划的合理性，并通过成本分析，深入揭示成本变动的规律，寻找降低施工项目成本的途径，以便有效地进行成本控制。成本偏差的控制，分析是关键，纠偏是核心，要针对分析得出的偏差发生原因，采取切实措施，加以纠正。

成本分析的方法可以单独使用，也可结合使用。尤其是在进行成本综合分析时，必须使用基本方法。为了更好地说明成本升降的具体原因，必须依据定量分析的结果进行定性分析。

成本偏差分为局部成本偏差和累计成本偏差。局部成本偏差包括项目的月度（或周、天等）核算成本偏差、专业核算成本偏差以及分部分项作业成本偏差等；累计成本偏差是指已完工程在某一时间点上实际总成本与相应的计划总成本的差异。对成本偏差的原因分析，应采取定量和定性相结合的方法。

施工成本分析的基本方法包括：比较法、因素分析法、差额计算法、比率法等。

1. 比较法

比较法，又称指标对比分析法，就是通过技术经济指标的对比，检查目标的完成情况，分析产生差异的原因，进而挖掘内部潜力的方法。这种方法，具有通俗易懂、简单易行、便于掌握的特点，因而得到了广泛的应用，但在应用时必须注意各技术经济指标的可比性。比较法的应用，通常有下列形式。

（1）将实际指标与目标指标对比　以此检查目标完成情况，分析影响目标完成的积极因素和消极因素，以便及时采取措施，保证成本目标的实现。在进行实际指标与目标指标对比时，还应注意目标本身有无问题。如果目标本身出现问题，则应调整目标，重新正确评价实际工作的成绩。

（2）本期实际指标与上期实际指标对比　通过本期实际指标与上期实际指标对比，可以看出各项技术经济指标的变动情况，反映施工管理水平的提高程度。

（3）与本行业平均水平、先进水平对比　通过这种对比，可以反映本项目的技术管理和经济管理与行业的平均水平和先进水平的差距，进而采取措施赶超先进水平。

2. 因素分析法

因素分析法又称连环置换法，这种方法可用来分析各种因素对成本的影响程度。在进行分析时，首先要假定众多因素中的一个因素发生了变化，而其他因素则不变，然后逐个替换，分别比较其计算结果，以确定各个因素的变化对成本的影响程度。因素分析法的计算步骤如下：

1）确定分析对象，并计算出实际与目标数的差异；

2）确定该指标是由哪几个因素组成的，并按其相互关系进行排序（排序规则是：先实物量，后价值量；先绝对值，后相对值）；

3）以目标数为基础，将各因素的目标数相乘，作为分析替代的基数；

4）将各个因素的实际数按照上面的排列顺序进行替换计算，并将替换后的实际数保留下来；

5）将每次替换计算所得的结果，与前一次的计算结果相比较，两者的差异即为该因素对成本的影响程度；

6）各个因素的影响程度之和，应与分析对象的总差异相等。

例：某通信工程目标成本为 443040 元，实际成本为 473697 元，比目标成本增加 30657元，各项费用如表 3-5 所示，请分析成本增加的原因。

表 3-5　目标成本与实际成本对照表

项　目	单　位	目　标	实　际	差　额
产量	m	600	630	+30
单价	元/m	710	730	+20
损耗	%	4	3	−1
成本	元	443040	473697	+30657

1）确定分析对象，并计算出实际与目标数的差异：

目标成本 $=600\mathrm{m}\times710$ 元/m $\times1.04=443040$ 元；实际成本 $=630\mathrm{m}\times730$ 元/m $\times1.03=473697$ 元；

2）以目标数为基础，将各因素的目标数相乘，作为分析替代的基数：

目标成本 $=600\mathrm{m}\times710$ 元/m $\times1.04=443040$ 元；各因素对目标成本的影响如下：

① 当产量变化，成本与损耗不变时：$630\mathrm{m}\times710$ 元/m $\times1.04=465192$ 元；

② 当产量、成本变化，损耗不变时：$630\mathrm{m}\times730$ 元/m $\times1.04=478296$ 元；

③ 当产量、成本、损耗变化时：$630\mathrm{m}\times730$ 元/m $\times1.03=473697$ 元；

3）将每次替换计算所得的结果，与前一次的计算结果相比较，两者的差异即为该因素对成本的影响程度：

① 当产量变化，成本与损耗不变时，成本变化为 465192 元 − 443040 元 = 22152 元；

② 当产量、成本变化，损耗不变时，成本变化为 478296 元 − 465192 元 = 13104 元；

③ 当产量、成本、损耗变化时，成本变化为 473697 元 − 478296 元 = −4599 元；

综上所述，产量使成本增加 22152 元，单价提高使成本增加 13104 元，损耗下降使成本降低 4599 元，因此，该通信工程成本增加的主要因素是产量增加所致。

3. 差额计算法

差额计算法是因素分析法的一种简化形式，它利用各个因素的目标值与实际值的差额来计算其对成本的影响程度。

4. 比率法

比率法是指用两个以上指标的比例进行分析的方法。它的基本特点是：先把对比分析的数值变成相对数，再观察其相互之间的关系。常用的比率法有：相关比率法、构成比率法、动态比率法。

六、施工成本考核

施工成本考核是指在施工项目完成后，对施工项目成本形成中的各责任者，按施工项目成本目标责任制的有关规定，将成本的实际指标与计划、定额、预算进行对比和考核，评定施工项目成本计划的完成情况和各责任者的业绩，并以此给以相应的奖励和处罚。通过成本考核，做到有奖有惩，赏罚分明，才能有效地调动每一位员工在各自施工岗位上努力完成目标成本的积极性，为降低施工项目成本和增加企业的积累，做出自己的贡献。

施工成本考核是衡量成本降低的实际成果，也是对成本指标完成情况的总结和评价。成本考核制度包括考核的目的、时间、范围、对象、方式、依据、指标、组织领导、评价与奖惩原则等内容。

以施工成本降低额和施工成本降低率作为成本考核的主要指标，要加强组织管理层对项目管理部的指导，并充分依靠技术人员、管理人员和作业人员的经验和智慧，防止项目管理在企业内部异化为靠少数人承担风险的以包代管模式。成本考核也可分别考核组织管理层和项目管理层。

项目管理层对项目经理部进行考核与奖惩时，既要防止虚盈实亏，也要避免实际成本归集差错等的影响，使施工成本考核真正做到公平、公正、公开，在此基础上兑现施工成本管理责任制的奖惩或激励措施。

施工成本管理的每一个环节都是相互联系和相互作用的。成本预测是成本决策的前提，成本计划是成本决策所确定目标的具体化。成本计划控制则是对成本计划的实施进行控制和监督，保证决策的成本目标的实现，而成本核算又是对成本计划是否实现的最后检验，它所提供的成本信息又对下一个施工项目成本预测和决策提供基础资料。成本考核是实现成本目标责任制的保证和实现决策目标的重要手段。

3.4.4 能力拓展

一、施工成本计划

对于一个施工项目而言，其成本计划的编制是一个不断深化的过程。在这一过程的不同阶段形成深度和作用不同的成本计划，成本计划按其作用可分为三类。

1. 竞争性成本计划

即工程项目投标及签订合同阶段的估算成本计划。这类成本计划是以招标文件中的合同条件、投标者须知、技术规程、设计图样或工程量清单等为依据，以有关价格条件说明为基础，结合调研和现场考察获得的情况，根据本企业的工料消耗标准、水平、价格资料和费用指标，对本企业完成招标工程所需要支出的全部费用的估算。在投标报价过程中，虽也着力考虑降低成本的途径和措施，但总体上较为粗略。

2. 指导性成本计划

即选派项目经理阶段的预算成本计划，是项目经理的责任成本目标。它是以合同标书为依据，按照企业的预算定额标准制定的设计预算成本计划，且一般情况下只是确定责任总成本指标。

3. 实施性计划成本

即项目施工准备阶段的施工预算成本计划，它以项目实施方案为依据，落实项目经理责任目标为出发点，采用企业的施工定额通过施工预算的编制而形成的实施性施工成本计划。施工预算和施工图预算虽仅一字之差，但区别较大。

（1）编制的依据不同　施工预算的编制以施工定额为主要依据，施工图预算的编制以预算定额为主要依据，而施工定额比预算定额划分得更详细、更具体，并对其中所包括的内容，如质量要求、施工方法以及所需劳动工日、材料品种、规格型号等均有较详细的规定或要求。

（2）适用的范围不同　施工预算是施工企业内部管理用的一种文件，与建设单位无直接关系；而施工图预算既适用于建设单位，又适用于施工单位。

（3）发挥的作用不同　施工预算是施工企业组织生产、编制施工计划、准备现场材料、签发任务书、考核功效、进行经济核算的依据，它也是施工企业改善经营管理、降低生产成本和推行内部经营承包责任制的重要手段；而施工图预算则是投标报价的主要依据。

施工成本计划是施工项目成本控制的一个重要环节，是实现降低施工成本任务的指导性文件。如果针对施工项目所编制的成本计划达不到目标成本要求时，就必须组织施工项目管理班子的有关人员重新研究寻找降低成本的途径，重新进行编制。同时，编制成本计划的过程也是动员全体施工项目管理人员的过程，是挖掘降低成本潜力的过程，是检验施工技术质量管理、工期管理、物资消耗和劳动力消耗管理等是否落实的过程。

编制施工成本计划，需要广泛收集相关资料并进行整理，以作为施工成本计划编制的依据。在此基础上，根据有关设计文件、工程承包合同、施工组织设计、施工成本预测资料等，按照施工项目应投入的生产要素，结合各种因素的变化和拟采取的各种措施，估算施工项目生产费用支出的总水平，进而提出施工项目的成本计划控制指标，确定目标总成本。目标成本确定后，应将总目标分解落实到各个机构、班组、便于进行控制的子项目或工序。最后，通过综合平衡，编制完成施工成本计划。

施工成本计划的编制依据包括：

1）投标报价文件；

2）企业定额、施工预算；

3）施工组织设计或施工方案；

4）人工、材料、机械台班的市场价；

5）企业颁布的材料指导价、企业内部机械台班价格、劳动力内部挂牌价格；

6）周转设备内部租赁价格、摊销损耗标准；

7）已签订的工程合同、分包合同（或估价书）；

8）结构件外加工计划和合同；

9）有关财务成本核算制度和财务历史资料；

10）施工成本预测资料；

11）拟采取的降低施工成本的措施；

12）其他相关资料。

施工成本计划的编制以成本预测为基础，关键是确定目标成本。施工成本计划的制订，需结合施工组织设计的编制过程，通过不断地优化施工技术方案和合理配置生产要素，进行工料机消耗的分析，制定一系列节约成本和挖潜措施，确定施工成本计划。一般情况下，施工成本计划总额应控制在目标成本的范围内，并使成本计划建立在切实可行的基础上。

施工总成本目标确定之后，还需通过编制详细的实施性施工成本计划把目标成本层层分解，落实到施工过程的每个环节，有效地进行成本控制。施工成本计划的编制方式有：

1）按施工成本组成编制施工成本计划；

2）按项目组成编制施工成本计划；

3）按工程进度编制施工成本计划。

施工成本可以按成本组成分解为人工费、材料费、施工机械使用费、措施费和间接费（企业管理费和规费），编制按施工成本组成分解的施工成本计划。

二、按项目组成编制施工成本计划的方法

大中型工程项目通常是由若干单项工程构成的，而每个单项工程包括了多个单位工程，每个单位工程又是由若干个分部分项工程所构成。因此，首先要把项目的总施工成本分解到单项工程和单位工程中，再进一步分解为分部分项工程，如图 3-9 所示。

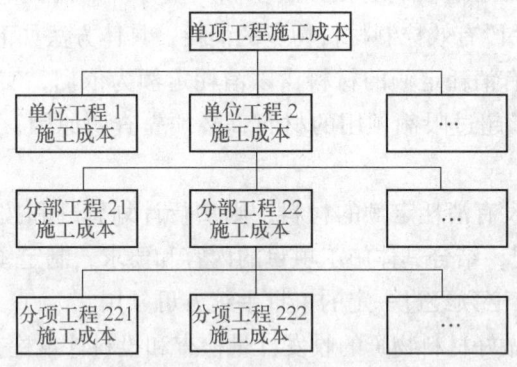

图 3-9　单项工程成本组成

在完成施工项目成本目标分解之后，接下来就要具体地分配成本，编制分项工程的成本支出计划，从而得到详细的成本计划表，如表 3-6 所示。

表 3-6　成本计划表

分项工程编码	工程内容	计量单位	工程数量	计划综合单价	本分项总计
（1）	（2）	（3）	（4）	（5）	（6）

在编制成本支出计划时，要在项目的方面考虑总的预备费，也要在主要的分项工程中安排适当的不可预见费，避免在具体编制成本计划时，可能发现个别单位工程或工程量表中某项内容的工程量计算有较大出入，使原来的成本预算失实，并在项目实施过程中对其尽可能地采取一些措施。

编制按工程进度的施工成本计划，通常可利用控制项目进度的网络图进一步扩充而得。即在建立网络图时，一方面确定完成各项工作所需花费的时间，另一方面同时确定完成这一工作的合适的施工成本支出计划。

通过对施工成本目标按时间进行分解，在网络计划基础上，可获得项目进度计划的横道图，并在此基础上编制成本计划。其表示方式有两种：一种是在时标网络图上按月编制的成本计划；另一种是利用时间 – 成本曲线（S 形曲线）表示。

三、施工成本控制的方法

施工阶段是控制建设工程项目成本发生的主要阶段，它通过确定成本目标并按计划成本进行施工资源配置，对施工现场发生的各种成本费用进行有效控制，其具体的控制方法如下。

（1）人工费的控制　人工费的控制实行"量价分离"的方法，将作业用工及零星用工按定额工日的一定比例综合确定用工数量与单价，通过劳务合同进行控制。

（2）材料费的控制　材料费控制同样按照"量价分离"原则，控制材料用量和材料价格。

1）材料用量的控制，在保证符合设计要求和质量标准的前提下，合理使用材料，通过定额管理、计量管理等手段有效控制材料物资的消耗，具体方法如下。

① 定额控制。对于有消耗定额的材料，以消耗定额为依据，实行限额发料制度。在规定限额内分期分批领用，超过限额领用的材料，必须先查明原因，经过一定审批手续方可领料。

② 指标控制。对于没有消耗定额的材料，则实行计划管理和按指标控制的办法。根据以往项目的实际耗用情况，结合具体施工项目的内容和要求，制定领用材料指标，据以控制发料。超过指标的材料，必须经过一定的审批手续方可领用。

③ 计量控制。准确做好材料物资的收发计量检查和投料计量检查。

④ 包干控制。在材料使用过程中，对部分小型及零星材料（如钢钉、钢丝等）根据工程量计算出所需材料量，将其折算成费用，由作业者包干控制。

2）材料价格的控制，材料价格主要由材料采购部门控制。由于材料价格是由买价、运杂费、运输中的合理损耗等所组成，因此控制材料价格，主要是通过掌握市场信息，应用招标和询价等方式控制材料、设备的采购价格。

（3）施工机械使用费的控制　合理选择施工机械设备，合理使用施工机械设备对成本控制具有十分重要的意义，尤其是高层建筑施工。据某些工程实例统计，高层建筑地面以上部分的总费用中，垂直运输机械费用占 6% ~ 10%。由于不同的起重运输机械各有不同的用途和特点，因此在选择起重运输机械时，首先应根据工程特点和施工条件确定采取何种不同起重运输机械的组合方式。在确定采用何种组合方式时，首先应满足施工需要，同时还要考虑到费用的高低和综合经济效益。

施工机械使用费主要由台班数量和台班单价两方面决定，为有效控制施工机械使用费支出，主要从以下几个方面进行控制：

1）合理安排施工生产，加强设备租赁计划管理，减少因安排不当引起的设备闲置；

2）加强机械设备的调度工作，尽量避免窝工，提高现场设备利用率；

3）加强现场设备的维修保养，避免因不正当使用造成机械设备的停置；

4）做好机上人员与辅助生产人员的协调与配合，提高施工机械台班产量。

（4）施工分包费用的控制　分包工程价格的高低，必然对项目经理部的施工项目成本产生一定的影响。因此，施工项目成本控制的重要工作之一是对分包价格的控制。项目经理部应在确定施工方案的初期就要确定需要分包的工程范围。决定分包范围的因素主要是施工项目的专业性和项目规模。对分包费用的控制，主要是要做好分包工程的询价、订立平等互利的分包合同、建立稳定的分包关系网络、加强施工验收和分包结算等工作。

四、偏差分析的方法

偏差分析可采用不同的方法，常用的有横道图法、表格法和曲线法。

1. 横道图法

用横道图法进行费用偏差分析，是用不同的横道标识已完工作预算费用（BCWP）、计划工作预算费用（BCWS）和已完工作实际费用（ACWP），横道的长度与其金额成正比例。

横道图法具有形象、直观、一目了然等优点，它能够准确表达出费用的绝对偏差，而且能一眼感受到偏差的严重性。但这种方法反映的信息量少，一般在项目的较高管理层应用。

2. 表格法

表格法是进行偏差分析最常用的一种方法。它将项目编号、名称、各费用参数以及费用偏差数综合归纳入一张表格中，并且直接在表格中进行比较。由于各偏差参数都在表中列出，使得费用管理者能够综合地了解并处理这些数据。

用表格法进行偏差分析具有如下优点：

1）灵活、适用性强。可根据实际需要设计表格，进行增减项。

2）信息量大。可以反映偏差分析所需的资料，从而有利于费用控制人员及时采取针对性措施，加强控制。

3）表格处理可借助于计算机，从而节约大量数据处理所需的人力，并大大提高速度。

3. 曲线法

在项目实施过程中，以上三个参数可以形成三条曲线，即计划工作预算费用（BCWS）、已完工作预算费用（BCWP）、已完工作实际费用（ACWP）曲线。

五、偏差原因分析与纠偏措施

1. 偏差原因分析

偏差分析的一个重要目的就是要找出引起偏差的原因，从而有可能采取有针对性的措施，减少或避免相同原因的再次发生。

一般来说，产生费用偏差的原因有几种，如图 3-10 所示。

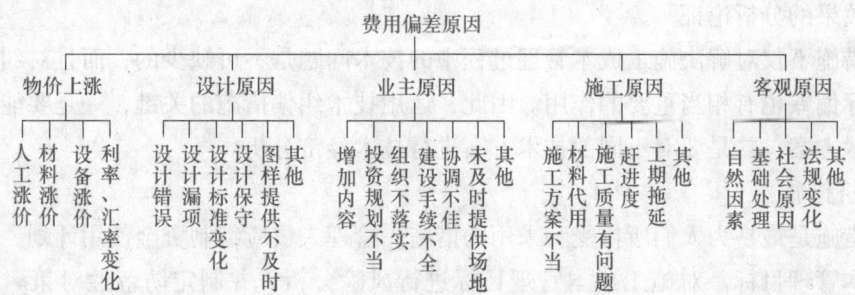

图 3-10　产生费用偏差的原因

2. 纠偏措施

1）寻找新的、更好更省的、效率更高的设计方案；

2）购买部分产品，而不是采用完全由自己生产的产品；

3）重新选择供应商，但会产生供应风险，选择需要时间；

4）改变实施过程；

5）变更工程范围；

6）索赔，例如向业主、承（分）包商、供应商索赔以弥补费用超支。

六、施工成本管理的措施

为了取得施工成本管理的理想效果，应当从多方面采取措施实施管理，通常可以将这些措施归纳为组织措施、技术措施、经济措施、合同措施。

1. 组织措施

组织措施是从施工成本管理的组织方面采取的措施。施工成本控制是全员的活动，如实行项目经理责任制，落实施工成本管理的组织机构和人员，明确各级施工成本管理人员的任务和职能分工、权利和责任。施工成本管理不仅是专业成本管理人员的工作，各级项目管理人员都负有成本控制责任。

组织措施的另一方面是编制施工成本控制工作计划，确定合理详细的工作流程。要做好施工采购规划，通过生产要素的优化配置、合理使用、动态管理，有效控制实际成本；加强施工定额管理和施工任务单管理，控制活劳动和物化劳动的消耗；加强施工调度，避免因施工计划不周和盲目调度造成窝工损失、机械利用率降低、物料积压等而使施工成本增加。成本控制工作只有建立在科学管理的基础之上，具备合理的管理体制，完善的规章制度，稳定的作业秩序，完整准确的信息传递，才能取得成效。组织措施是其他各类措施的前提和保障，而且一般不需要增加什么费用，运用得当可以收到良好的效果。

2. 技术措施

施工过程中降低成本的技术措施，包括进行技术经济分析，确定最佳的施工方案。结合施工方法，进行材料使用的比选，在满足功能要求的前提下，通过代用、改变配合比、使用添加剂等方法降低材料消耗的费用。确定最合适的施工机械、设备使用方案。结合项目的施工组织设计及自然地理条件，降低材料的库存成本和运输成本。先进的施工技术的应用，新材料的运用，新开发机械设备的使用等。在实践中，也要避免仅从技术角度选定方案而忽视对其经济效果的分析论证。

技术措施不仅对解决施工成本管理过程中的技术问题是不可缺少的，而且对纠正施工成本管理目标偏差也有相当重要的作用。因此，运用技术纠偏措施的关键，一是要能提出多个不同的技术方案，二是要对不同的技术方案进行技术经济分析。

3. 经济措施

经济措施是最易为人们所接受和采用的措施。管理人员应编制资金使用计划，确定、分解施工成本管理目标。对施工成本管理目标进行风险分析，并制定防范性对策。对各种支出，应认真做好资金的使用计划，并在施工中严格控制各项开支。及时准确地记录、收集、整理、核算实际发生的成本。对各种变更，及时做好增减账，及时落实业主签证，及时结算工程款。通过偏差分析和未完工程预测，可发现一些潜在的问题将引起未完工程施工成本增加，对这些问题应以主动控制为出发点，及时采取预防措施。由此可见，经济措施的运用绝不仅仅是财务人员的事情。

4. 合同措施

采用合同措施控制施工成本，应贯穿整个合同周期，包括从合同谈判开始到合同终结的全过程。首先是选用合适的合同结构，对各种合同结构模式进行分析、比较，在合同谈判时，要争取选用适合于工程规模、性质和特点的合同结构模式。其次，在合同的条款中应仔细考虑一切影响成本和效益的因素，特别是潜在的风险因素。通过对引起成本变动的风险因素的识别和分析，采取必要的风险对策，如通过合理的方式，增加承担风险的个体数量，降低损失发生的比例，并最终使这些策略反映在合同的具体条款中。在合同执行期间，合同管理的措施既要密切注视对方合同执行的情况，以寻求合同索赔的机会；同时也要密切关注自己履行合同的情况，以防止被对方索赔。

▶ 附　录 ∙∙∙∙∙∙∙∙∙∙∙∙∙∙∙∙∙∙∙∙∙∙∙∙∙∙∙∙∙

附录 A　2008 版通信建设工程费用定额

第一章　通信建设工程费用构成

第一条　通信建设工程项目总费用由各单项工程项目总费用构成；各单项工程总费用由工程费、工程建设其他费、预备费、建设期利息四部分构成。具体项目构成如下：

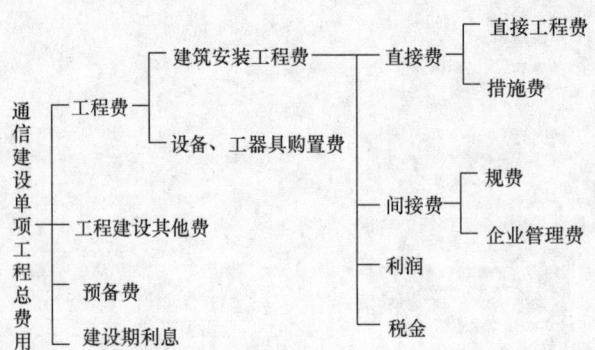

第二条　直接费由直接工程费、措施费构成。具体内容如下：

一、直接工程费

直接工程费指施工过程中耗用的构成工程实体和有助于工程实体形成的各项费用，包括人工费、材料费、机械使用费、仪表使用费。

（一）人工费

人工费指直接从事建筑安装工程施工的生产人员开支的各项费用，内容包括：

1）基本工资：指发放给生产人员的岗位工资和技能工资。

2）工资性补贴：指规定标准的物价补贴，煤、燃气补贴，交通费补贴，住房补贴，流动施工津贴等。

3）辅助工资：指生产人员年平均有效施工天数以外非作业天数的工资，包括职工学习、培训期间的工资，调动工作、探亲、休假期间的工资，因气候影响的停工工资，女工哺乳期间的工资，病假在六个月以内的工资及产、婚、丧假期的工资。

4）职工福利费：指按规定标准计提的职工福利费。

5）劳动保护费：指规定标准的劳动保护用品的购置费及修理费、徒工服装补贴、防暑降温等保健费用。

（二）材料费

材料费指施工过程中实体消耗的直接材料费用与采备材料所发生的费用总和，其内容包括：

1）材料原价：供应价或供货地点价。

2）材料运杂费：是指材料自来源地运至工地仓库（或指定堆放地点）所发生的费用。

3）运输保险费：指材料（或器材）自来源地运至工地仓库（或指定堆放地点）所发生的保险费用。

4）采购及保管费：指为组织材料采购及材料保管过程中所需要的各项费用。

5）采购代理服务费：指委托中介采购代理服务的费用。

6）辅助材料费：指对施工生产起辅助作用的材料。

（三）机械使用费

机械使用费是指施工机械作业所发生的机械使用费以及机械安拆费，内容包括：

1）折旧费：指施工机械在规定的使用年限内，陆续收回其原值及购置资金的时间价值。

2）大修理费：指施工机械按规定的大修理间隔台班进行必要的大修理，以恢复其正常功能所需的费用。

3）经常修理费：指施工机械除大修理以外的各级保养和临时故障排除所需的费用，包括为保障机械正常运转所需替换设备与随机配备工具和附具的摊销、维护费用，机械运转中日常保养所需润滑与擦拭的材料费用及机械停滞期间的维护和保养费用等。

4）安拆费：指施工机械在现场进行安装与拆卸所需的人工、材料、机械和试运转费用以及机械辅助设施的折旧、搭设、拆除等费用。

5）人工费：指机上操作人员和其他操作人员的工作日人工费及上述人员在施工机械规定的年工作台班以外的人工费。

6）燃料动力费：指施工机械在运转作业中所消耗的固体燃料（煤、木柴）、液体燃料（汽油、柴油）及水、电等。

7）养路费及车船使用税：指施工机械按照国家规定和有关部门规定应缴纳的养路费、车船使用税、保险费及年检费等。

（四）仪表使用费

仪表使用费是指施工作业所发生的属于固定资产的仪表使用费，内容包括：

1）折旧费：是指施工仪表在规定的年限内，陆续收回其原值及购置资金的时间价值。

2）经常修理费：指施工仪表的各级保养和临时故障排除所需的费用，包括为保证仪表正常使用所需备件（备品）的摊销和维护费用。

3）年检费：指施工仪表在使用寿命期间定期标定与年检的费用。

4）人工费：指施工仪表操作人员在台班定额内的人工费。

二、措施费

措施费指为完成工程项目施工，发生于该工程前和施工过程中非工程实体项目的费用，内容包括：

1）环境保护费：指施工现场为达到环保部门要求所需要的各项费用。

2）文明施工费：指施工现场文明施工所需要的各项费用。

3）工地器材搬运费：指由工地仓库（或指定地点）至施工现场转运器材而发生的费用。

4）工程干扰费：通信线路工程、通信管道工程由于受市政管理、交通管制、人流密集、输配电设施等影响工效的补偿费用。

5）工程点交、场地清理费：指按规定编制竣工图及资料、工程点交、施工场地清理等发生的费用。

6）临时设施费：指施工企业为进行工程施工所必须设置的生活和生产用的临时建筑物、构筑物和其他临时设施费用等。临时设施费用包括：临时设施的租用或搭设、维修、拆除费或摊销费。

7）工程车辆使用费：指工程施工中接送施工人员、生活用车等（含过路、过桥）费用。

8）夜间施工增加费：指因夜间施工所发生的夜间补助费、夜间施工降效、夜间施工照明设备摊销及照明用电等费用。

9）冬雨季施工增加费：指在冬雨季施工时所采取的防冻、保温、防雨等安全措施及工效降低所增加的费用。

10）生产工具用具使用费：指施工所需的不属于固定资产的工具用具等的购置、摊销、维修费。

11）施工用水电蒸汽费：指施工生产过程中使用水、电、蒸汽所发生的费用。

12）特殊地区施工增加费：指在原始森林地区、海拔2000m以上高原地区、化工区、核污染区、沙漠地区、山区无人值守站等特殊地区施工所需增加的费用。

13）已完工程及设备保护费：指竣工验收前，对已完工程及设备进行保护所需的费用。

14）运土费：指直埋光（电）缆、管道工程施工，需从远离施工地点取土及必须向外倒运出土方所发生的费用。

15）施工队伍调遣费：指因建设工程的需要，应支付施工队伍的调遣费用，内容包括：调遣人员的差旅费、调遣期间的工资、施工工具与用具等的运费。

16）大型施工机械调遣费：指大型施工机械调遣所发生的运输费用。

第三条 间接费由规费、企业管理费构成。

一、规费

规费指政府和有关部门规定必须缴纳的费用（简称规费），内容包括：

1）工程排污费：指施工现场按规定缴纳的工程排污费。

2）社会保障费

① 养老保险费：指企业按规定标准为职工缴纳的基本养老保险费。

② 失业保险费：指企业按照国家规定标准为职工缴纳的失业保险费。

③ 医疗保险费：指企业按照规定标准为职工缴纳的基本医疗保险费。

3）住房公积金：指企业按照规定标准为职工缴纳的住房公积金。

4）危险作业意外伤害保险：指企业为从事危险作业的建筑安装施工人员支付的意外伤害保险费。

二、企业管理费

企业管理费指施工企业组织施工生产和经营管理所需费用，内容包括：

1）管理人员工资：指管理人员的基本工资、工资性补贴、职工福利费、劳动保护费等。

2）办公费：指企业管理办公用的文具、纸张、账表、印刷、邮电、书报、会议、水电、烧水和集体取暖（包括现场临时宿舍取暖）用煤等费用。

3）差旅交通费：指职工因公出差、调动工作的差旅费、住勤补助费，市内交通费和误餐补助费，职工探亲路费，劳动力招募费，职工离退休、退职一次性路费，工伤人员就医路费，工地转移费以及管理部门使用的交通工具的油料、燃料、养路费及牌照费。

4）固定资产使用费：指管理和试验部门及附属生产单位使用的属于固定资产的房屋、设备仪器等的折旧、大修、维修或租赁费。

5）工具用具使用费：指管理使用的不属于固定资产的生产工具、器具、家具、交通工具和检验、测绘、消防用具等的购置、维修和摊销费。

6）劳动保险费：指由企业支付离退休职工的异地安家补助费、职工退职金、六个月以上的病假人员工资、职工死亡丧葬补助费、抚恤金、按规定支付给离退休干部的各项经费。

7）工会经费：指企业按职工工资总额计提的工会经费。

8）职工教育经费：指企业为职工学习先进技术和提高文化水平，按职工工资总额计提的费用。

9）财产保险费：指施工管理用财产、车辆保险费用。

10）财务费：指企业为筹集资金而发生的各种费用。

11）税金：指企业按规定缴纳的房产税、车船使用税、土地使用税、印花税等。

12）其他：包括技术转让费、技术开发费、业务招待费、绿化费、广告费、公证费、法律顾问费、审计费、咨询费等。

第四条　利润：指施工企业完成所承包工程获得的盈利。

第五条　税金：指按国家税法规定应计入建筑安装工程造价内的营业税、城市维护建设税及教育费附加。

第六条　设备、工器具购置费：指根据设计提出的设备（包括必需的备品备件）、仪表、工器具清单，按设备原价、运杂费、采购及保管费、运输保险费和采购代理服务费计算的费用。

第七条　工程建设其他费：指应在建设项目的建设投资中开支的固定资产其他费用、无形资产费用和其他资产费用。

一、建设用地及综合赔补费

建设用地及综合赔补费指按照《中华人民共和国土地管理法》等规定，建设项目征用土地或租用土地应支付的费用。内容包括：

1）土地征用及迁移补偿费：经营性建设项目通过出让方式购置的土地使用权（或建设项目通过划拨方式取得无限期的土地使用权）而支付的土地补偿费、安置补偿费、地上附着物和青苗补偿费、余物迁建补偿费、土地登记管理费等；行政事业单位的建设项目通过出让方式取得土地使用权而支付的出让金；建设单位在建设过程中发生的土地复垦费用和土地损失补偿费用；建设期间临时占地补偿费。

2）征用耕地按规定一次性缴纳的耕地占用税；征用城镇土地在建设期间按规定每年缴纳的城镇土地使用税；征用城市郊区菜地按规定缴纳的新菜地开发建设基金。

3）建设单位租用建设项目土地使用权而支付的租地费用。

4）建设单位因建设项目期间租用建筑设施、场地费用；以及因项目施工造成所在地企事业单位或居民的生产、生活干扰而支付的补偿费用。

二、建设单位管理费

建设单位管理费指建设单位发生的管理性质的开支，包括：差旅交通费、工具用具使用费、固定资产使用费、必要的办公及生活用品购置费、必要的通信设备及交通工具购置费、零星固定资产购置费、招募生产工人费、技术图书资料费、业务招待费、设计审查费、合同契约公证费、法律顾问费、咨询费、完工清理费、竣工验收费、印花税和其他管理性质开支。如果成立筹建机构，建设单位管理费还应包括筹建人员工资类开支。

三、可行性研究费

可行性研究费指在建设项目前期工作中，编制和评估项目建议书（或预可行性研究报告）、可行性研究报告所需的费用。

四、研究试验费

研究试验费指为本建设项目提供或验证设计数据、资料等进行必要的研究试验及按照设计规定在建设过程中必须进行试验、验证所需的费用。

五、勘察设计费

勘察设计费指委托勘察设计单位进行工程水文地质勘察、工程设计所发生的各项费用。包括：工程勘察费、初步设计费、施工图设计费。

六、环境影响评价费

环境影响评价费指按照《中华人民共和国环境保护法》、《中华人民共和国环境影响评价法》等规定，为全面、详细评价本建设项目对环境可能产生的污染或造成的重大影响所需的费用，包括编制环境影响报告书（含大纲）、环境影响报告表和评估环境影响报告书（含大纲）、评估环境影响报告表等所需的费用。

七、劳动安全卫生评价费

劳动安全卫生评价费指按照劳动部 10 号令（1998 年 2 月 5 日）《建设项目（工程）劳动安全卫生预评价管理办法》的规定，为预测和分析建设项目存在的职业危险、危害因素的种类和危险危害程度，并提出先进、科学、合理可行的劳动安全卫生技术和管理对策所需的费用，包括编制建设项目劳动安全卫生预评价大纲和劳动安全卫生预评价报告书以及为编制上述文件所进行的工程分析和环境现状调查等所需费用。

八、建设工程监理费

建设工程监理费指建设单位委托工程监理单位实施工程监理的费用。

九、安全生产费

安全生产费指施工企业按照国家有关规定和建筑施工安全标准，购置施工防护用具、落实安全施工措施以及改善安全生产条件所需要的各项费用。

十、工程质量监督费

工程质量监督费指工程质量监督机构对通信工程进行质量监督所发生的费用。

十一、工程定额编制测定费

工程定额编制测定费指建设单位发包工程按规定上缴工程造价（定额）管理部门的费用。

十二、引进技术及进口设备其他费

引进技术及进口设备其他费所包含的费用内容如下：

1）引进项目图样资料翻译复制费、备品备件测绘费；

2）出国人员费用：包括买方人员出国设计联络、出国考察、联合设计、监造、培训等所发生的差旅费、生活费、制装费等。

3）来华人员费用：包括卖方来华工程技术人员的现场办公费用、往返现场交通费用、工资、食宿费用、接待费用等；

4）银行担保及承诺费：指引进项目由国内外金融机构出面承担风险和责任担保所发生的费用，以及支付贷款机构的承诺费用。

十三、工程保险费

工程保险费指建设项目在建设期间根据需要对建筑工程、安装工程及机器设备进行投保而发生的保险费用，包括建筑安装工程一切险、引进设备财产和人身意外伤害险等。

十四、工程招标代理费

工程招标代理费指招标人委托代理机构编制招标文件、编制标底、审查投标人资格、组织投标人踏勘现场并答疑，组织开标、评标、定标，以及提供招标前期咨询、协调合同的签订等业务所收取的费用。

十五、专利及专用技术使用费

专利及专用技术使用费的费用内容包括：

1）国外设计及技术资料费，引进有效专利、专有技术使用费和技术保密费；

2）国内有效专利、专有技术使用费用；

3）商标使用费、特许经营权费等。

十六、生产准备及开办费

生产准备及开办费指建设项目为保证正常生产（或营业、使用）而发生的人员培训费、提前进场费以及投产使用初期必备的生产生活用具、工器具等购置费用，其内容包括：

1）人员培训费及提前进厂费：自行组织培训或委托其他单位培训的人员工资、工资性补贴、职工福利费、差旅交通费、劳动保护费、学习资料费等；

2）为保证初期正常生产、生活（或营业、使用）所必需的生产办公、生活家具用具购置费；

3）为保证初期正常生产（或营业、使用）必需的第一套不够固定资产标准的生产工具、器具、用具购置费（不包括备品备件费）。

第八条 预备费：是指在初步设计及概算内难以预料的工程费用。预备费包括基本预备费和价差预备费。

1. 基本预备费

1）进行技术设计、施工图设计和施工过程中，在批准的初步设计和概算范围内所增加的工程费用。

2）由一般自然灾害所造成的损失和预防自然灾害所采取的措施费用。

3）竣工验收为鉴定工程质量，必须开挖和修复隐蔽工程的费用。

2. 价差预备费

设备、材料的价差。

第九条 建设期利息

建设期利息指建设项目贷款在建设期内发生并应计入固定资产的贷款利息等财务费用。

第二章　通信建设工程费用定额及计算规则

第十条 直接费

一、直接工程费

（一）人工费

1）通信建设工程不分专业和地区工资类别，综合取定人工费。人工费单价：技工为48元/工日；普工为19元/工日。

2）概（预）算人工费＝技工费＋普工费。

3）概（预）算技工费＝技工单价×概（预）算技工总工日；概（预）算普工费＝普工单价×概（预）算普工总工日。

（二）材料费

材料费＝主要材料费＋辅助材料费

主要材料费＝材料原价＋运杂费＋运输保险费＋采购及保管费＋采购代理服务费

辅助材料费＝主要材料费×辅助材料费系数

式中：

（1）材料原价　供应价或供货地点价；

（2）运杂费　编制概算时，除水泥及水泥制品的运输距离按500km计算，其他类型的材料运输距离按1500km计算。运杂费＝材料原价×器材运杂费费率，器材运杂费费率如表一所示。

（3）运输保险费　运输保险费＝材料原价×保险费率0.1%

（4）采购及保管费　采购及保管费＝材料原价×采购及保管费费率，材料采购及保管费费率如表二所示。

表一　器材运杂费费率表

费率（%） 运距 L/km	光　缆	电　缆	塑料及 塑料制品	木材及 木制品	水泥及 水泥构件	其　他
L≤100	1.0	1.5	4.3	8.4	18.0	3.6
100＜L≤200	1.1	1.7	4.8	9.4	20.0	4.0
200＜L≤300	1.2	1.9	5.4	10.5	23.0	4.5
300＜L≤400	1.3	2.1	5.8	11.5	24.5	4.8
400＜L≤500	1.4	2.4	6.5	12.5	27.0	5.4
500＜L≤750	1.7	2.6	6.7	14.7	—	6.3
750＜L≤1000	1.9	3.0	6.9	16.8	—	7.2
1000＜L≤1250	2.2	3.4	7.2	18.9	—	8.1
1250＜L≤1500	2.4	3.8	7.5	21.0	—	9.0
1500＜L≤1750	2.6	4.0	—	22.4	—	9.6
1750＜L≤2000	2.8	4.3	—	23.8	—	10.2
L＞2000km 时，每增 250km 的增加量	0.2	0.3	—	1.5	—	0.6

表二　材料采购及保管费费率表

工 程 名 称	计 算 基 础	费率（%）
通信设备安装工程	材料原价	1.0
通信线路工程		1.1
通信管道工程		3.0

（5）采购代理服务费　采购代理服务费按实计列。

（6）辅助材料费　辅助材料费 = 主要材料费 × 辅助材料费费率，辅助材料费费率如表三所示。

表三　辅助材料费费率表

工 程 名 称	计 算 基 础	费率（%）
通信设备安装工程	主要材料费	3.0
电源设备安装工程		5.0
通信线路工程		0.3
通信管道工程		0.5

（7）利旧材料　凡由建设单位提供的利旧材料，其材料费不计入工程成本。

（三）机械使用费

机械使用费 = 机械台班单价 × 概算、预算的机械台班量

（四）仪表使用费

仪表使用费 = 仪表台班单价 × 概算、预算的仪表台班量

二、措施费

1. 环境保护费

环境保护费 = 人工费 × 相关费率，环境保护费费率如表四所示。

表四　环境保护费费率表

工 程 名 称	计 算 基 础	费率（%）
无线通信设备安装工程	人工费	1.20
通信线路工程、通信管道工程		1.50

2. 文明施工费

文明施工费 = 人工费 × 费率1.0%

3. 工地器材搬运费

工地器材搬运费 = 人工费 × 相关费率，工地器材搬运费费率如表五所示。

表五　工地器材搬运费费率表

工 程 名 称	计 算 基 础	费率（%）
通信设备安装工程	人工费	1.3
通信线路工程		5.0
通信管道工程		1.6

4. 工程干扰费

工程干扰费 = 人工费 × 相关费率，工程干扰费费率如表六所示。

表六　工程干扰费费率表

工 程 名 称	计 算 基 础	费率（%）
通信线路工程、通信管道工程（干扰地区）	人工费	6.0
移动通信基站设备安装工程		4.0

注：1. 干扰地区指城区、高速公路隔离带、铁路路基边缘等施工地带。

　　2. 综合布线工程不计取。

5. 工程点交、场地清理费

工程点交、场地清理费 = 人工费 × 相关费率，工程点交、场地清理费费率如表七所示。

表七　工程点交、场地清理费费率表

工 程 名 称	计 算 基 础	费率（%）
通信设备安装工程	人工费	3.5
通信线路工程		5.0
通信管道工程		2.0

6. 临时设施费

临时设施费按施工现场与企业的距离划分为35km以内、35km以外两档，临时设施费 = 人工费 × 相关费率，临时设施费费率如表八所示。

表八　临时设施费费率表

工 程 名 称	计 算 基 础	费率（%）	
		距离≤35km	距离>35km
通信设备安装工程	人工费	6.0	12.0
通信线路工程	人工费	5.0	10.0
通信管道工程	人工费	12.0	15.0

7. 工程车辆使用费

工程车辆使用费 = 人工费 × 相关费率，工程车辆使用费费率如表九所示。

表九　工程车辆使用费费率表

工 程 名 称	计 算 基 础	费率（%）
无线通信设备安装工程、通信线路工程	人工费	6.0
有线通信设备安装工程、通信电源设备安装工程、通信管道工程		2.6

8. 夜间施工增加费

夜间施工增加费 = 人工费 × 相关费率，夜间施工增加费费率如表十所示。

表十　夜间施工增加费费率表

工 程 名 称	计 算 基 础	费率（%）
通信设备安装工程	人工费	2.0
通信线路工程（城区部分）、通信管道工程		3.0

注：此项费用不考虑施工时段均按相应费率计取。

9. 冬雨季施工增加费

冬雨季施工增加费 = 人工费 × 相关费率，冬雨季施工增加费费率如表十一所示。

表十一　冬雨季施工增加费费率表

工 程 名 称	计 算 基 础	费率（%）
通信设备安装工程（室外天线、馈线部分）	人工费	2.0
通信线路工程、通信管道工程		

注：1. 此项费用不分施工所处季节均按相应费率计取。

　　2. 综合布线工程不计取。

10. 生产工具用具使用费

生产工具用具使用费 = 人工费 × 相关费率，生产工具用具使用费费率如表十二所示。

表十二　生产工具用具使用费费率表

工 程 名 称	计 算 基 础	费率（%）
通信设备安装工程	人工费	2.0
通信线路工程、通信管道工程		3.0

11. 施工用水电蒸汽费

通信线路、通信管道工程依照施工工艺要求按实计列施工用水电蒸汽费。

12. 特殊地区施工增加费

各类通信工程按 3.20 元/工日标准，计取特殊地区施工增加费，特殊地区施工增加费 = 概（预）算总工日 ×3.20 元/工日。

13. 已完工程及设备保护费

承包人依据工程发包的内容范围报价，经业主确认计取已完工程及设备保护费。

14. 运土费

通信线路（城区部分）、通信管道工程根据市政管理要求，按实计取运土费，计算依据参照地方标准。

15. 施工队伍调遣费

施工队伍调遣费按调遣费定额计算，施工现场与企业的距离在 35km 以内时，不计取此项费用。施工队伍调遣费 = 单程调遣费定额 × 调遣人数 ×2，施工队伍单程调遣费定额如表十三所示，施工队伍调遣人数定额如表十四所示。

表十三　施工队伍单程调遣费定额表

调遣里程 L/km	调遣费/元	调遣里程 L/km	调遣费/元
$35 < L \leq 200$	106	$2400 < L \leq 2600$	724
$200 < L \leq 400$	151	$2600 < L \leq 2800$	757
$400 < L \leq 600$	227	$2800 < L \leq 3000$	784
$600 < L \leq 800$	275	$3000 < L \leq 3200$	868
$800 < L \leq 1000$	376	$3200 < L \leq 3400$	903
$1000 < L \leq 1200$	416	$3400 < L \leq 3600$	928
$1200 < L \leq 1400$	455	$3600 < L \leq 3800$	964
$1400 < L \leq 1600$	496	$3800 < L \leq 4000$	1042
$1600 < L \leq 1800$	534	$4000 < L \leq 4200$	1071
$1800 < L \leq 2000$	568	$4200 < L \leq 4400$	1095
$2000 < L \leq 2200$	601	$L > 4400$km 时，每增加 200km 增加	73
$2200 < L \leq 2400$	688		

表十四　施工队伍调遣人数定额表

通信设备安装工程			
概（预）算技工总工日	调遣人数/人	概（预）算技工总工日	调遣人数/人
500 工日以下	5	4000 工日以下	30
1000 工日以下	10	5000 工日以下	35
2000 工日以下	17	5000 工日以上，每增加 1000 工日增加调遣人数	3
3000 工日以下	24		

（续）

通信线路、通信管道工程

概（预）算技工总工日	调遣人数/人	概（预）算技工总工日	调遣人数/人
500 工日以下	5	8000 工日以下	50
1000 工日以下	10	9000 工日以下	55
2000 工日以下	17	10000 工日以下	60
3000 工日以下	24	15000 工日以下	80
4000 工日以下	30	20000 工日以下	95
5000 工日以下	35	25000 工日以下	105
6000 工日以下	40	30000 工日以下	120
7000 工日以下	45	30000 工日以上，每增加 5000 工日增加调遣人数	3

16. 大型施工机械调遣费

大型施工机械调遣费 = 2 × [单程运价 × 调遣运距 × 总吨位]，大型施工机械调遣费单程运价为：0.62 元/t·单程公里，大型施工机械调遣吨位如表十五所示。

表十五 大型施工机械调遣吨位表

机 械 名 称	吨位/t	机 械 名 称	吨位/t
光缆接续车	4	水下光（电）缆沟挖冲机	6
光（电）缆拖车	5	液压顶管机	5
微管微缆气吹设备	6	微控钻孔敷管设备	25t 以下
气流敷设吹缆设备	8	微控钻孔敷管设备	25t 以上

第十一条 间接费

间接费包括规费与企业管理费两项内容。

（一）规费

1. 工程排污费

根据施工所在地政府部门相关规定。

2. 社会保障费

社会保障费包含养老保险费、失业保险费和医疗保险费三项内容。

社会保障费 = 人工费 × 相关费率

3. 住房公积金

住房公积金 = 人工费 × 相关费率

4. 危险作业意外伤害保险费

危险作业意外伤害保险费 = 人工费 × 相关费率

规费费率如表十六所示。

表十六 规费费率表

费 用 名 称	工 程 名 称	计 算 基 础	费率（%）
社会保障费			26.81
住房公积金	各类通信工程	人工费	4.19
危险作业意外伤害保险费			1.00

（二）企业管理费

企业管理费＝人工费×相关费率，企业管理费费率如表十七所示。

表十七　企业管理费费率表

工 程 名 称	计 算 基 础	费率（%）
通信线路工程、通信设备安装工程	人工费	30.0
通信管道工程		25.0

第十二条　利润

利润＝人工费×相关费率，利润计算如表十八所示。

表十八　利润计算表

工 程 名 称	计 算 基 础	费率（%）
通信线路、通信设备安装工程	人工费	30.0
通信管道工程		25.0

第十三条　税金

税金＝（直接费＋间接费＋利润）×税率，税率如表十九所示。

表十九　税率表

工 程 名 称	计 算 基 础	税率（%）
各类通信工程	直接费＋间接费＋利润	3.41

注：通信线路工程计取税金时将光缆、电缆的预算价从直接工程费中核减。

第十四条　设备、工器具购置费

设备、工器具购置费＝设备原价＋运杂费＋运输保险费＋采购及保管费
＋采购代理服务费

式中：

1）设备原价：供应价或供货地点价；

2）运杂费＝设备原价×设备运杂费费率，设备运杂费费率如表二十所示。

表二十　设备运杂费费率表

运输里程 L/km	取费基础	费率（%）	运输里程 L/km	取费基础	费率（%）
$L \leq 100$	设备原价	0.8	$750 < L \leq 1000$	设备原价	1.7
$100 < L \leq 200$	设备原价	0.9	$1000 < L \leq 1250$	设备原价	2.0
$200 < L \leq 300$	设备原价	1.0	$1250 < L \leq 1500$	设备原价	2.2
$300 < L \leq 400$	设备原价	1.1	$1500 < L \leq 1750$	设备原价	2.4
$400 < L \leq 500$	设备原价	1.2	$1750 < L \leq 2000$	设备原价	2.6
$500 < L \leq 750$	设备原价	1.5	$L > 2000$km 时，每增 250km 的增加量	设备原价	0.1

3）运输保险费 = 设备原价 × 保险费费率0.4%。

4）采购及保管费 = 设备原价 × 采购及保管费费率，采购及保管费费率如表二十一所示。

表二十一　采购及保管费费率表

项 目 名 称	计 算 基 础	费率（%）
需要安装的设备	设备原价	0.82
不需要安装的设备（仪表、工器具）		0.41

5）采购代理服务费按实计列。

6）引进设备（材料）的国外运输费、国外运输保险费、关税、增值税、外贸手续费、银行财务费、国内运杂费、国内运输保险费、引进设备（材料）国内检验费、海关监管手续费等按引进货价计算后进入相应的设备材料费中。单独引进软件不计关税只计增值税。

第十五条　工程建设其他费

一、建设用地及综合赔补费

1）根据应征建设用地面积、临时用地面积，按建设项目所在省、市、自治区人民政府制定颁发的土地征用补偿费、安置补助费标准和耕地占用税、城镇土地使用税标准计算。

2）建设用地上的建（构）筑物如需迁建，其迁建补偿费应按迁建补偿协议计列或按新建同类工程造价计算。

二、建设单位管理费

建设单位管理费参照财政部财建［2002］394号《基建财务管理规定》执行，建设单位管理费总额控制数费率如表二十二所示。

表二十二　建设单位管理费总额控制数费率表

工程总概算/万元	费率（%）	算　　例	
		工程总概算/万元	建设单位管理费/万元
1000 以下	1.5	1000	1000 × 1.5% = 15
1001 ~ 5000	1.2	5000	15 + (5000 - 1000) × 1.2% = 63
5001 ~ 10000	1.0	10000	63 + (10000 - 5000) × 1.0% = 113
10001 ~ 50000	0.8	50000	113 + (50000 - 10000) × 0.8% = 433
50001 ~ 100000	0.5	100000	433 + (100000 - 50000) × 0.5% = 683
100001 ~ 200000	0.2	200000	683 + (200000 - 100000) × 0.2% = 883
200000 以上	0.1	280000	883 + (280000 - 200000) × 0.1% = 963

如建设项目采用工程总承包方式，其总包管理费由建设单位与总包单位根据总包工作范围在合同中商定，从建设单位管理费中列支。

三、可行性研究费

可行性研究费参照《国家计委关于印发〈建设项目前期工作咨询收费暂行规定〉的通知》（计投资［1999］1283 号）的规定。

四、研究试验费

1）根据建设项目研究试验内容和要求进行编制。

2）研究试验费不包括以下项目：

① 应由科技三项费用（即新产品试制费、中间试验费和重要科学研究补助费）开支的项目；

② 应在建筑安装费用中列支的施工企业对材料、构件进行一般鉴定、检查所发生的费用及技术革新的研究试验费；

③ 应由勘察设计费或工程费中开支的项目。

五、勘察设计费

勘察设计费参照国家计委、建设部《关于发布〈工程勘察设计收费管理规定〉的通知》（计价格［2002］10 号）规定。

六、环境影响评价费

环境影响评价费参照国家计委、国家环境保护部《关于规范环境影响咨询收费有关问题的通知》（计价格［2002］125 号）规定。

七、劳动安全卫生评价费

劳动安全卫生评价费参照建设项目所在省（市、自治区）劳动行政部门规定的标准计算。

八、建设工程监理费

建设工程监理费参照国家发改委、建设部［2007］670 号文，关于《建设工程监理与相关服务收费管理规定》的通知进行计算。

九、安全生产费

安全生产费参照财政部、国家安全生产监督管理总局财企［2006］478 号文，《高危行业企业安全生产费用财务管理暂行办法》的通知：安全生产费按建筑安装工程费的 1.0% 计取。

十、工程质量监督费

参照国家发改委、财政部计价格［2001］585 号文的相关规定。

十一、工程定额测定费

工程定额测定费 = 直接费 × 费率 0.14%

十二、引进技术和引进设备其他费

1）引进项目图样资料翻译复制费：根据引进项目的具体情况计列或按引进设备到岸价的比例估列。

2）出国人员费用：依据合同规定的出国人次、期限和费用标准计算。生活费及制装费按照财政部、外交部规定的现行标准计算，旅费按中国民航公布的国际航线票价计算。

3）来华人员费用：应依据引进合同有关条款规定计算。引进合同价款中已包括的费用内容不得重复计算。来华人员接待费用可按每人次费用指标计算。

4）银行担保及承诺费：应按担保或承诺协议计取。

十三、工程保险费

1）不投保的工程不计取此项费用。

2）不同的建设项目可根据工程特点选择投保险种，根据投保合同计列保险费用。

十四、工程招标代理费

参照国家计委《招标代理服务费管理暂行办法》计价格〔2002〕1980号规定。

十五、专利及专用技术使用费

1）按专利使用许可协议和专用技术使用合同的规定计列；

2）专用技术的界定应以省、部级鉴定机构的批准为依据；

3）项目投资中只计取需要在建设期支付的专利及专用技术使用费。协议或合同规定在生产期支付的使用费应在成本中核算。

十六、生产准备及开办费

新建项目按设计定员为基数计算，改扩建项目按新增设计定员为基数计算：

生产准备费 = 设计定员 × 生产准备费指标（元/人）

生产准备费指标由投资企业自行测算。

第十六条　预备费

预备费 =（工程费 + 工程建设其他费）× 相关费率，预备费费率如表二十三所示。

表二十三　预备费费率表

工　程　名　称	计　算　基　础	费率（%）
通信设备安装工程	工程费 + 工程建设其他费	3.0
通信线路工程		4.0
通信管道工程		5.0

第十七条　建设期利息

按银行当期利率计算。

附录 B　2008 版通信电源工程部分定额

安装高压配线柜

定额编号		TSD1-001	TSD1-002	TSD1-003	TSD1-004	TSD1-005	TSD1-006	TSD1-007
项　目		断路器柜	互感器柜	电容器柜、其他柜	母线桥	断路器柜	互感器柜	电容器柜、其他柜
			安装单母线柜				安装双母线柜	
定额单位		台	台	台	组	台	台	台
	单位							
				数　量				
人工 技工	工日	4.11	3.27	1.97	1.49	4.98	4.04	2.28
普工	工日	—	—	—	—	—	—	—
主要材料 螺栓 M12×100 以内	套	6.10	6.10	6.10	6.10	6.10	6.10	6.10
机械 汽车式起重机 (5t)	台班	0.12	0.10	0.12	0.10	0.16	0.16	0.16
载重汽车 (5t)	台班	0.09	0.06	0.09	0.06	0.10	0.10	0.10
交流电焊机 (21kVA)	台班	0.15	0.15	0.15	0.15	0.15	0.15	0.15
仪表								

安装组合型箱式变电站

定额编号		TSD1-008	TSD1-009	TSD1-010	TSD1-011	TSD1-012	TSD1-013	TSD1-014
项目		不带高压开关柜（变压器容量）			带高压开关柜（变压器容量）			
		100kVA 以下	315kVA 以下	630kVA 以下	100kVA 以下	315kVA 以下	630kVA 以下	1000kVA 以下
定额单位		台						
名　称	单位	数　量						
人工 技工	工日	4.68	5.56	6.70	6.04	7.92	9.36	11.54
普工	工日	—	—	—	—	—	—	—
主要材料 钢板垫板	kg	8.00	10.50	14.00	11.00	14.50	18.50	21.00
镀锌扁钢 60×6	kg	72.00	96.00	120.00	144.00	168.00	190.00	216.00
螺栓 M16×250 以内	套	6.10	6.10	6.10	6.10	6.10	6.10	6.10
机械 汽车式起重机 (5t)	台班	0.50	0.50	0.50	0.50	0.50	0.50	0.50
载重汽车 (5t)	台班	0.50	0.50	0.50	0.50	0.50	0.50	0.50
交流电焊机 (21kVA)	台班	0.20	0.20	0.20	0.25	0.25	0.25	0.25

调试高压配电系统

定 额 编 号			TSD1-015	TSD1-016	TSD1-017
项 目			送配电装置系统调试	两路市电自投装置调试	母线系统调试（10kV 以下）
定 额 单 位			系 统	系 统	段
名 称		单位	数 量	数 量	数 量
人 工	技工	工日	20.00	6.90	10.64
	普工	工日	—	—	—
主 要 材 料					
主 要 仪 表	仪表费基价	元	—	—	335.00

安装油浸电力变压器

定额编号		TSD1-018	TSD1-019	TSD1-020	TSD1-021	TSD1-022
项 目		安装油浸电力变压器（容量）				
		250kVA以下	500kVA以下	1000kVA以下	2000kVA以下	4000kVA以下
定额单位		台				
名 称	单位	数 量				
人工 技工	工日	4.46	5.72	9.80	12.70	22.88
普工	工日	—	—	—	—	—
主要材料 钢板垫板	kg	5.00	5.00	6.00	6.00	8.00
镀锌扁钢 40×4	kg	4.50	4.50	4.50	4.50	4.50
螺栓 M18×100以内	套	4.10	4.10	4.10	4.10	4.10
机械 汽车式起重机（5t）	台班	0.60	0.64	0.20	0.26	0.48
汽车式起重机（8t）	台班	—	—	0.50	0.51	0.52
载重汽车（5t）	台班	0.10	0.14	0.16	—	—
载重汽车（8t）	台班	—	—	—	0.19	0.25
交流电焊机（21kVA）	台班	0.30	0.30	0.30	0.30	0.30
滤油机	台班	0.75	0.75	1.00	1.50	2.50

安装干变压器及温控箱

定额编号			TSD1-023	TSD1-024	TSD1-025	TSD1-026	TSD1-027	TSD1-028	TSD1-029	TSD1-030
项 目			安装干式变压器（容量）							安装变压器温控箱
			100kVA以下	200kVA以下	500kVA以下	800kVA以下	1000kVA以下	2000kVA以下	2500kVA以下	
定额单位			台							
名 称	单位		数 量							
人工	技工	工日	3.63	4.07	5.40	6.40	7.07	8.44	10.13	1.25
	普工	工日	—	—	—	—	—	—	—	—
主要材料	钢板垫板	kg	4.00	4.00	4.00	6.00	6.00	6.50	7.00	—
	镀锌扁钢40×4	kg	4.50	4.50	4.50	4.50	4.50	4.50	4.50	—
	螺栓M18×100以内	套	4.10	4.10	4.10	4.10	4.10	4.10	4.10	—
机械	汽车式起重机（5t）	台班	0.10	0.10	0.12	0.15	—	—	—	—
	汽车式起重机（8t）	台班	—	—	—	—	0.40	0.45	0.50	—
	载重汽车（5t）	台班	0.10	0.10	0.12	0.15	—	—	—	—
	载重汽车（8t）	台班	—	—	—	—	0.22	0.25	0.30	—
	交流电焊机（21kVA）	台班	0.30	0.30	0.30	0.30	0.30	0.40	0.40	—

调试电力变压器系统

定额编号				TSD1-037	TSD1-038	TSD1-039
项　目					变压器系统调试（容量）	
				800kVA以下	2000kVA以下	4000kVA以下
定额单位					台	
名　称			单位		数　量	
人工	技工		工日	30.00	45.00	50.00
	普工		工日	—	—	—
主要材料						
机械						
主要仪表	仪表费基价		元	1000.00	1500.00	2000.00

安装低压配电设备

定 额 编 号				TSD1-040	TSD1-041	TSD1-042	TSD1-043
项 目				安装低压开关柜	安装低压电容器柜	安装转换、控制屏	屏边安装
定 额 单 位						台	
	名 称		单位			数 量	
人工	技工		工日	2.28	3.00	3.24	0.30
	普工		工日	—	—	—	—
主要材料	螺栓 M10×100 以内		套	6.10	10.00	6.10	4.10
机械	汽车式起重机 (5t)		台班	0.10	0.10	0.04	—
	载重汽车 (5t)		台班	0.06	0.10	0.04	—
	交流电焊机 (21kVA)		台班	0.10	0.10	0.15	—

调试低压配电系统

定额编号				TSD1-044	TSD1-045	TSD1-046	TSD1-047
项　目				交流供电系统调试（1kV 以下）	电容器调试（1kV 以下）	母线系统调试（1kV 以下）	备用电源自投装置调试
定额单位				系统	套	段	系统
	名　称		单位	数　　量			
人工	技工		工日	6.00	3.00	4.00	10.00
	普工		工日	—	—	—	—
主要材料							
机械							
主要仪表	仪表费基价		元	150.00	180.00	160.00	500.00

安装与调试直流操作电源屏

定额编号		TSD1-048	TSD1-049	TSD1-050	TSD1-051	TSD1-052	TSD1-053	TSD1-054	TSD1-055
项 目		安装直流电源屏	安装蓄电池屏	安装屏内电池组				屏内蓄电池组无放电	直流电源屏调试
				6V/100Ah	6V/200Ah	12V/100Ah	12V/200Ah		
定额单位		台		组		件		组	系 统
名 称	单位					数 量			
人工	技工	工日	1.95	1.90	0.28	0.32	0.40	0.45	33.00	5.50
	普工	工日	—	—	—	—	—	—	—	—
主要材料	螺栓 M10×100 以内	套	12.20	12.00						
机械	汽车式起重机（5t）	台班	0.04	—	0.03	0.03	0.03	0.03	—	—
	载重汽车（5t）	台班	0.04	—	0.03	0.03	0.03	0.03	—	—
	电动卷扬机（3t）	台班	0.06	—	—	—	—	—	—	—
主要仪表	仪表费基价	元	—	—	—	—	—	—	—	200.00

安装与调试控制设备

定额编号		TSD1-056	TSD1-057	TSD1-058	TSD1-059	TSD1-060	TSD1-061	TSD1-062	TSD1-063	TSD1-064
项目		安装继电器、信号屏	安装模拟控制屏 1m宽	安装模拟控制屏 2m宽	安装模拟控制屏 2m以上宽	安装组合控制开关	安装熔断器	安装断路器	带自更换熔断器/空开	中央信号装置调试
定额单位		台	台	台	台	个	个	个	个	系统
名称	单位					数　量				
人工　技工	工日	2.50	2.77	4.64	5.6	0.14	0.33	0.29	1.50	20.00
普工	工日	—	—	—	—	—	—	—	—	—
主要材料　螺栓 M10×100 以内	套	6.10	6.10	12.20	16.30	2.02	2.02	4.10	—	—
熔断器空开	个	—	—	—	—	—	—	—	—	—
机械　汽车式起重机（5t）	台班	0.06	0.06	0.10	0.10	—	—	—	—	—
载重汽车（5t）	台班	0.60	0.06	0.10	0.10	—	—	—	—	—
电动卷扬机（3t）	台班	0.10	0.10	0.10	0.10	—	—	—	—	—
主要仪表　仪表费基价	元	—	—	—	—	—	—	—	—	500.00

安装发电机组

定额编号			TSD2-001	TSD2-002	TSD2-003	TSD2-004	TSD2-005	TSD2-006	TSD2-007	TSD2-008	TSD2-009	TSD2-010
项目			30kW以下	75kW以下	200kW以下	400kW以下	600kW以下	1000kW以下	1400kW以下	1800kW以下	2000kW以下	2000kW以上
			安装发电机组（容量）									
定额单位			台									
	名称	单位				数量						
人工	技工	工日	12.00	17.25	22.00	26.00	35.00	45.50	57.50	70.00	76.50	99.00
	普工	工日	—	—	—	—	—	—	—	—	—	—
主要材料												
机械	载重汽车（8t）	台班	—	—	0.30	0.50	0.50	—	—	—	—	0.50
	载重汽车（12t）	台班	—	—	—	—	—	0.80	0.80	—	—	—
	载重汽车（20t）	台班	—	—	—	—	—	—	—	1.00	1.00	1.50
	叉式装载机（5t）	台班	0.20	0.20	0.40	0.40	—	—	—	—	—	—
	汽车式起重机（8t）	台班	0.20	0.20	0.40	—	—	—	—	—	—	—
	汽车式起重机（16t）	台班	—	—	—	0.30	0.40	—	—	—	—	—
	汽车式起重机（25t）	台班	—	—	—	—	—	0.50	0.50	1.00	1.00	1.00
	电动卷扬机（5t）	台班	—	—	—	—	1.50	1.50	2.50	2.50	3.50	3.50
	交流电焊机（21kVA）	台班	0.10	0.10	0.10	0.20	0.20	0.30	0.30	0.50	0.50	1.00

安装蓄电池组

定额编号		TSD3-006	TSD3-007	TSD3-008	TSD3-009	TSD3-010	TSD3-011	TSD3-012
项 目		安装24V蓄电池组						
		200Ah以下	600Ah以下	1000Ah以下	1500Ah以下	2000Ah以下	3000Ah以下	3000Ah以上
定额单位		组						
名 称	单 位	数 量						
人工 技工	工日	2.16	3.96	6.60	8.16	11.40	14.40	17.00
普工	工日	—	—	—	—	—	—	—
主要材料								
机械 叉式装载机 (3t)	台班	—	—	—	0.30	0.50	0.80	0.80

蓄电池充放电及容量试验

定 额 编 号		TSD3-031	TSD3-032	TSD3-033
项 目		启动电池充放电	蓄电池补充电	蓄电池容量试验
定 额 单 位		组	组	组
名 称	单位	数 量	数 量	数 量
人工 技工	工日	8.00	8.00	18.00
普工	工日	—	—	—
主要材料				
主要仪表 仪表费基价	元	100.00	—	150.00

安装开关电源设备

定额编号		TSD3-057	TSD3-058	TSD3-059	TSD3-060	TSD3-061
项目		安装组合开关电源			安装高频开关整流模块	
		300A以下	600A以下	600A以上	50A以下	50A以上
定额单位		架			个	
名称	单位	数量				
技工	工日	10.00	12.00	15.00	1.50	2.00
普工	工日	—	—	—	—	—
人工						
主要材料						
机械						

附录 C　2008版有线通信设备安装工程部分定额

安装缆线槽道、走线架、机架、列柜

定额编号			TSY1—001	TSY1—002	TSY1—003	TSY1—004	TSY1—005	TSY1—006	TSY1—007	TSY1—008
项　目			安装电缆槽道	安装电缆走线架	安装软光纤走线槽	安装综合架、柜	安装端机机架	增(扩)装子机框	安装列头柜	安装壁挂式小型设备
定额单位			m	m	m	架	架	个	架	架
名　称		单位	数　量							
人工	技工	工日	0.50	0.40	0.30	2.50	3.00	0.15	6.00	2.50
	普工	工日	—	—	—	—	—	—	—	—
主要材料	电缆槽道	m	1.01	—	—	—	—	—	—	—
	电缆走线架	m	—	1.01	—	—	—	—	—	—
	软光纤走线槽	m	—	—	1.01	—	—	—	—	—
	加固角钢夹板组	套	—	—	—	2.02	2.02	—	2.02	—
机械										

布放电力电缆

定额编号		TSY4-075	TSY4-076	TSY4-077	TSY4-078	TSY4-079	TSY4-080	TSY4-081
项　目				布放单芯电力电缆				安装列内电源线
		16mm²以下	35mm²以下	70mm²以下	120mm²以下	185mm²以下	240mm²以下	
定额单位				10米条				列
名　称	单　位				数　量			
人工	技工	工日	0.18	0.25	0.36	0.49	0.60	0.76	1.70
	普工	工日	—	—	—	—	—	—	—
主要材料	电力电缆	m	10.15	10.15	10.15	10.15	10.15	10.15	—
	接线端子	个	2.03	2.03	2.03	2.03	2.03	2.03	—
机械									

安装测试数字传输设备（PDH）

定 额 编 号				TSY2—001	TSY2—002	TSY2—003	TSY2—004
项 目				安装测试 PDH 设备基本子架及公共单元盘	安装测试 PDH 设备接口盘		安装测试 PCM 设备
					光口	电口	
定 额 单 位				套	端 口	端 口	端
	名 称		单 位	数 量			
人工	技工		工日	3.00	1.50	0.80	5.00
	普工		工日	—	—	—	—
主要材料							
主要仪表	数字传输分析仪		台班	—	0.10	0.05	0.05
	光可变衰耗器		台班	—	0.03	—	—
	光功率计		台班	—	0.10	—	—
	频率计		台班	—	—	0.05	—
	PCM 通道测试仪		台班	—	—	—	0.05

安装测试数字传输设备（SDH，DXC）

定额编号				TSY2—005	TSY2—006	TSY2—007
项　目				安装测试 SDH 设备基本子架及公共单元盘		安装测试 DXC 设备基本子架及公共单元盘
				2.5Gbit/s 以下	2.5Gbit/s 以上	
定额单位				套		
名　称			单　位	数　量		
人工	技工		工日	3.50	4.50	5.50
	普工		工日	—	—	—
主要材料						
机械						
主要仪表						

安装/测试波分复用设备（WDM）

定额编号			TSY2-020	TSY2-021	TSY2-022	TSY2-023	TSY2-024	TSY2-025	TSY2-026	TSY2-027	TSY2-028
项目			安装、测试基本子架及公共单元	安装、测试波分复用设备				增装、测试合波器、分波器（扩波）			
				16波以下	48波以下	96波以下	192波以下	10波以下	20波以下	48波以下	96波以下（扩波）
定额单位			套	端				套			
名　称		单位	数　量								
人工	技工	工日	5.00	20.00	42.00	66.00	105.00	5.00	10.00	18.00	30.00
	普工	工日	—	—	—	—	—	—	—	—	—
主要材料											
主要仪表	光功率计	台班	—	0.60	1.00	1.50	3.00	0.30	0.50	0.70	1.50
	光可变装耗器	台班	—	0.60	1.00	1.50	3.00	0.30	0.50	0.70	1.50
	光谱分析仪	台班	—	0.60	1.00	1.50	3.00	0.30	0.50	0.70	1.50

（续）

定额编号			TSY2—029	TSY2—030	TSY2—031
项　目			单方向二SAN波上下	安装、测试光分插复用器（OADM）	
				16波以下每增加一波上下	16波以上每增加一波上下
定额单位			系统		波
名　称		单位	数　量		
人工	技工	工日	15.00	2.00	1.00
	普工	工日	—	—	—
主要材料					
主要仪表	光功率计	台班	0.10	0.02	0.10
	光可变衰耗器	台班	0.10	0.02	0.10
	光谱分析仪	台班	0.20	0.04	0.20

（续）

定额编号		TSY2—036	TSY2—037	TSY2—038
项　目		安装、测试光谱分析模块	安装、测试光线路放大器（OLA）	
定额单位			系　　　统	
		40波以下	40波以上	
名称	单位	数　　　量		
人工 技工	工日	3.00	20.00	25.00
普工	工日	—	—	—
主要材料				
主要仪表 光可变衰耗器	台班	—	150	2.00
光功率计	台班	0.03	1.50	2.00
光谱分析仪	台班	0.06	—	—

安装、调测再生中继器及远供电源架

定额编号				TSY2—039	TSY2—040	TSY2—041
项　目				安装、调测再生中继架		安装、调测远端供电电源架（含电源盘）
				双向系统架	每增加一个双向系统	
定额单位				架	系统	架
名　称			单位	数　量		
人工	技工		工日	9.00	3.50	12.00
	普工		工日	—	—	—
主要材料	加固角钢夹板组		组	(2.02)	—	(2.02)
主要仪表	数字传输分析仪		台班	0.30	0.15	—
	光可变衰耗器		台班	0.30	0.15	—
	光功率计		台班	0.30	0.15	—

安装、测试网络管理系统设备

定额编号			TSY2—042	TSY2—043	TSY2—044	TSY2—045
项目			安装、配合调测网络管理系统		配合调测 ASON 控制层面	数字公务系统运行试验
			新建工程	纳入原有网管系统		
定额单位			套	站	系统／站	方向·系统
名称	单位		数 量			
人工	技工	工日	20.00	15.00	25.00	2.00
	普工	工日	—	—	—	—
主要材料						
机械						
主要仪表						

调测系统通道

定额编号		TSY2—046	TSY2—047	TSY2—048	TSY2—049	TSY2—050
项 目		线路段光端对测		复用设备系统调测		保护倒换测试
		中继站	端站	光口	电口	
定额单位		方向·系统		端口		环·系统
名 称	单位	数 量				
人工 技工	工日	2.00	3.00	1.00	0.80	5.00
普工	工日	—	—	—	—	—
主要材料						
机械 数字传输分析仪	台班	—	0.10	0.01	0.01	0.20
主要仪表 光功率计	台班	0.50	0.10	0.10	—	—
光可变衰耗器	台班	0.50	0.10	0.05	—	0.20
误码测试仪	台班	—	—	0.50	0.25	—

调测波分复用（WDM）系统通道

定额编号		TSY2—051	TSY2—052	TSY2—053	TSY2—054	TSY2—055	TSY2—056
项　目		线路段光端对端测				光通道调测	
		光放站	分路站	端站/再生站	2.5Gbit/s 以下	10Gbit/s	40Gbit/s
定额单位		方向·系统				方向·系统	
名　称		数　量					
技工	工日	5.00	8.00	10.00	3.00	5.00	6.00
普工	工日	—	—	—	—	—	—
主要材料							
主要仪表	光谱分析仪 台班	1.00	0.50	0.50	0.06	0.06	0.06
	数字传输分析仪 台班	—	0.50	0.50	0.06	0.06	0.06

安装测试同步网设备

定 额 编 号			TSY2—063	TSY2—064	TSY2—065	TSY2—066	TSY2—067
项　　　目			安装同步网设备	调测同步网设备	安装、调测全球定位系统（GPS）	GPS 馈线布放	
						10m	每增加 10m
定 额 单 位			架		套		
名　　称	单　位		数　　　量				
人工	技工	工日	10.00	35.00	5.00	0.50	0.30
	普工	工日	—	—	—	—	—
主要材料							
主要仪表	数字示波器	台班	—	1.50	—	—	—
	漂移测试仪	台班	—	5.00	—	—	—

调测智能网设备

定额编号		TSY3—033	TSY3—034	TSY3—035	TSY3—036	TSY3—037	TSY3—038
项目		调测交换点 (SSP) 设备	调测业务控制点 (SCP) 设备	调测业务数据点 (SDP) 设备	调测业务管理点 (SMP) 设备	调测业务管理接入点/生成环境点 (SMAP/SCEP) 设备	调测智能外围设备
定额单位				套			
名称	单位	数			量		
人工 技工	工日	10.00	25.00	16.00	16.00	7.00	7.00
普工	工日	—	—	—	—	—	—
主要材料							
主要仪表 中继模拟呼叫器	台班	1.00	1.00	—	—	—	—

安装调测信令网设备

定额编号				TSY3—039	TSY3—040	TSY3—041
项　目				安装信令转接点（STP）设备	调测低级信令转接点（LSTP）设备	调测高级信令转接点（HSTP）设备
定额单位				架		链路
	名　称		单　位	数　量		
人工	技工		工日	10.00	0.90	0.80
	普工		工日	—	—	—
主要材料						
主要仪表	信令分析仪		台班	—	0.10	0.06

安装调测宽带接入设备

定额编号		TSY4—012	TSY4—013	TSY4—014	TSY4—015	TSY4—016	TSY4—017	TSY4—018
项目		安装接入复用设备（DSLAM）		调测接入复用设备	安装宽带接入服务器（BAS）		调测宽带接入服务器（BAS）	安装、调测无线局域网接入点（AP）设备
		安装机柜、箱	扩装板卡	复用设备	安装机箱及电源模块	安装接口板	调测宽带接入服务器	
定额单位		台	块	用户端口	台	块	套	台
名称	单位	数　　　量						
人工　技工	工日	3.00	0.50	1.00	2.00	0.50	25.00	3.50
人工　普工	工日	—	—	—	—	—	—	—
主要材料								
机械　数字传输分析仪	台班	—	—	0.02	—	—	0.10	0.10
主要仪表								

安装调测路由器设备

定额编号		TSY4—019	TSY4—020	TSY4—021	TSY4—022
项 目		安装路由器（整机型）	安装调测路由器机箱及电源模块（模块化）	安装路由器接口母板	综合调测低端路由器
			安装调测低端路由器		
定额单位		台	块		套
名 称	单 位	数	量		
人工	技工	工日	3.00	2.50	0.50	15.00
	普工	工日	—	—	—	—
主要材料						
机械						
主要仪表	数字传输分析仪	台班	—	—	—	0.10
	网络测试仪	台班	—	—	—	2.00
	协议分析仪	台班	—	—	—	2.00

附录 D 2008 版无线通信设备安装工程部分定额

安装电缆走道及支撑加固设施

定额编号		TSW1—001	TSW1—002	TSW1—003	TSW1—004	TSW1—005
项　目		安装室内电缆槽道	安装室内电缆走线架	安装室外馈线走道		安装软光纤走线槽
				水平	沿外墙垂直	
定额单位				m		
名　称	单位	数　量				
人工 技工	工日	0.50	0.40	1.00	1.50	0.30
普工	工日	—	—	—	—	—
主要材料 室内电缆槽道	m	1.01	—	—	—	—
室内电缆走线架	m	—	1.01	—	—	—
室内馈线走道	m	—	—	1.01	1.01	—
软光纤走线槽	m	—	—	—	—	1.01
机械						

安装机架（柜）、配线架（箱）、附属设备

定额编号			TSW1-006	TSW1-007	TSW1-008	TSW1-009	TSW1-010	TSW1-011	TSW1-012	TSW1-013
项目			安装综合架、柜	增（扩）装子机框	安装电源分配柜、箱 落地式	安装电源分配柜、箱 壁挂式	安装数字分配架、箱 落地式	安装数字分配架、箱 壁挂式	安装数字、光分配架单元	安装壁挂式、囲告警监控箱外
定额单位			架	个	架	架	架	箱	个	个
	名称	单位	数量							
人工	技工	工日	2.50	0.15	3.00	2.00	5.00	2.50	0.25	1.50
	普工	工日	—	—	—	—	—	—	—	—
主要材料	加固角钢夹板组	组	2.02	—	2.02	—	2.02	—	—	—
	膨胀螺栓 M10×80	套	—	—	—	4.04	—	4.04	—	4.04
机械										

布放设备缆线

定额编号				TSW1—023	TSW1—024	TSW1—025	TSW1—026	TSW1—027	TSW1—028
项目				平衡电缆		SYV 类同轴电缆		数据电缆	
				双芯	多芯	单芯	多芯	10 芯以下	10 芯以上
定额单位				100 米条					
名称			单位	数 量					
人工	技工		工日	1.40	2.00	1.50	2.00	1.00	1.50
	普工		工日	—	—	—	—	—	—
主要材料	电缆		m	102.00	102.00	102.00	102.00	102.00	102.00
机械									

安装测试移动通信天线、馈线

定额编号	TSW2—001	TSW2—002	TSW2—003	TSW2—004	TSW2—005	TSW2—006	TSW2—007	TSW2—008
项目	楼顶铁塔上（高度）		安装全向天线 地面铁塔上（高度）				拉线塔上	支撑杆上
	20m以下	20m以上每增加10m	40m以下	40m以上至80m之间每增加10m	80m以上至90m以下	90m以上每增加10m		
定额单位				副				

	名称	单位	数量							
人工	技工	工日	7.00	1.00	8.00	1.00	16.00	2.00	9.00	5.00
	普工	工日	—	—	—	—	—	—	—	—
主要材料										
主要仪表										

233

（续）

定额编号			TSW2—018	TSW2—019	TSW2—020
项　目			安装调测塔顶信号放大器（有源）	安装调测卫星全球定位系统（GPS）天线	安装室内天线
定额单位			套	副	
名　称		单位	数　量		
人工	技工	工日	2.50	2.50	2.00
	普工	工日	—	—	
主要材料					
机械					
主要仪表					

安装移动通信馈线

定额编号	TSW2—021	TSW2—022	TSW2—023	TSW2—024	TSW2—025	TSW2—026
项目	布放射频同轴电缆1/2in以下	布放射频同轴电缆1/2in以下	布放射频同轴电缆7/8in以下	布放射频同轴电缆7/8in以下	布放射频同轴电缆7/8in以上	布放射频同轴电缆7/8in以上
	布放10m	每增加10m	布放10m	每增加10m	布放10m	每增加10m
定额单位	10米条	10米条	条	10米条	条	10米条
名称	单位			数　量			
人工 技工	工日	0.50	0.30	1.50	0.80	2.50	1.20
普工	工日	—	—	—	—	—	—
主要材料 射频同轴电缆1/2in以下	m	10.20	10.20	—	—	—	—
馈线卡子1/2in以下	套	9.60	8.60	—	—	—	—
射频同轴电缆7/8in以下	m	—	—	10.20	10.20	—	—
馈线卡子7/8in以下	套	—	—	9.60	8.60	—	—
射频同轴电缆7/8in以上	m	—	—	—	—	10.20	10.20
馈线卡子7/8in以上	套	—	—	—	—	9.60	8.60
主要仪表							

安装调测天、馈线附属设备

定额编号		TSW2—027	TSW2—028	TSW2—029	TSW2—030	TSW2—031
项 目		放大器或中继器	分路器（功分器、耦合器）	匹配器（假负载）	光纤分布主控单元	光纤分布远端单元
定额单位		个	个	个	架	单元
名 称	单位	数 量				
人工 技工	工日	1.00	0.50	0.50	3.00	1.00
普工	工日	—	—	—	—	—
主要材料						
主要仪表 微波信号发生器	台班	0.50	0.50	—	—	—
功率计	台班	0.50	0.50	—	—	—

调测天、馈线系统

定额编号			TSW2—032	TSW2—033	TSW2—034	TSW2—035
项　　目			基站天、馈线系统调测	分布式天、馈线系统调测	泄漏式电缆调测	配合调测天、馈线系统
定额单位			条	副	100 米条	站
	名　称	单位	数　　量			
人工	技工	工日	4.00	1.50	3.00	3.00
	普工	工日	—	—	—	—
主要材料						
主要仪表	天馈线测试仪	台班	0.50	0.20	0.40	—
	操作测试终端（电脑）		0.50	0.20	0.40	—

安装调测基站设备

定额编号			TSW2—036	TSW2—037	TSW2—038	TSW2—039	TSW2—040	TSW2—041	TSW2—042
项目			安装基站设备		安装室外基站设备		增(扩)装信道板	安装调测直放站设备	安装室外射频拉远单元
			落地式	壁挂式	杆高≤20m	杆高>20m			
定额单位			架		套		载频	站	单元
名称		单位	数　　量						
人工	技工	工日	10.00	8.00	10.00	12.00	1.00	12.00	4.00
	普工	工日	—	—	—	—	—	—	—
主要材料	膨胀螺栓 M12×80	套	4.04	—	—	—	—	4.04	—
	膨胀螺栓 M10×80	套	—	4.04	—	—	—	—	—
主要仪表	频谱分析仪	台班	—	—	—	—	—	1.00	—
	射频功率计	台班	—	—	—	—	—	1.00	—
	数字传输测试仪	台班	—	—	—	—	—	1.00	—
	操作测试终端（电脑）	台班	—	—	—	—	1.00	1.00	—

基站系统调测

定额编号		TSW2—043	TSW2—044	TSW2—045	TSW2—046	TSW2—047	TSW2—048
项　目		GSM 基站系统调测			CDMA 基站系统调测		配合基站系统测试
		3个载频以下	6个载频以下	6个载频以上每增加一个载频	6个扇·载以下	每增加一个扇载	
定额单位		站	站	载频	站	扇·载	站
名　称	单位	数　量					
人工　技工	工日	20.00	30.00	1.50	40.00	2.50	10.00
普工	工日	—	—	—	—	—	—
主要材料							
主要仪表　操作测试终端（电脑）	台班	2.00	3.00	0.40	3.00	0.40	—
射频功率计	台班	2.00	3.00	0.40	3.00	0.40	—
微波频率计	台班	2.00	3.00	0.40	3.00	0.40	—
误码测试仪	台班	2.00	3.00	0.40	3.00	0.40	—

安装调测基站控制、管理设备

定额编号			TSW2—049	TSW2—050	TSW2—051	TSW2—052	TSW2—053	TSW2—054
项　　目			操作维护中心设备（OMCR）		基站控制器、变码器		分组控制单元	
			安装	调测	安装	调测	安装	调测
定额单位			套		架	中继	单元	
名　称		单位	数　　量					
人工	技工	工日	4.00	26.00	10.00	2.00	2.00	6.00
	普工	工日	—	—	—	—	—	—
主要材料								
主要仪表	操作测试终端（电脑）	台班	—	4.00	—	0.25	—	2.00

联网调测

定额编号		GSM 基站联网调测		CDMA 基站联网调测		配合联网调测	配合基站割接、开通
		TSW2—055	TSW2—056	TSW2—057	TSW2—058	TSW2—059	TSW2—060
项　目		全向天线站	定向天线站	全向天线站	定向天线站		
定额单位				站			
名　称	单位	数　量					
人工 技工	工日	25.00	40.00	30.00	45.00	5.00	3.00
普工	工日	—	—	—	—	—	—
主要材料							
主要仪表 射频功率计	台班	1.00	1.00	1.00	1.00	—	—
移动路测系统	台班	1.00	1.00	1.00	1.00	—	1.00
操作测试终端（电脑）	台班	1.00	1.00	1.00	1.00	—	1.00
传输测试仪	台班	—	—	—	—	—	0.20

安装馈线、分路系统

定额编号		TSW3—036	TSW3—037	TSW3—038	TSW3—039	TSW3—040	TSW3—041	TSW3—042	TSW3—043
项　目		天线至室外单元连接射频电缆	室内、室外单元连接电缆		楼房上椭圆馈线		铁塔上椭圆馈线		分路系统
			安装10m	每增加10m	安装10m	每增加10m	安装10m	每增加10m	
定额单位		条	条	10米条	条	10米条	条	10米条	套
名　称	单位	数　　量							
人工 技工	工日	2.00	2.00	1.00	7.00	3.00	22.00	7.00	1.50
普工	工日	—	—	—	—	—	—	—	—
主要材料									
机械									

调测微波天、馈线

定额编号			TSW3—044	TSW3—045	TSW3—046	TSW3—047	TSW3—048	TSW3—049	TSW3—050
项　目			调测天线						调测馈线
			山头、楼房上（天线直径）			铁塔上（天线直径）			
			φ1.0m以下	φ3.2m以下	φ4.0m以下	φ1.0m以下	φ3.2m以下	φ4.0m以下	
定额单位			副						条
名　称		单位	数　量						
人工	技工	工日	4.00	5.50	6.40	7.00	10.50	13.40	1.50
	普工	工日	—	—	—	—	—	—	—
主要材料									
主要仪表	频谱分析仪	台班	1.00	1.00	1.00	1.00	1.00	1.00	0.05
	微波信号发生器	台班	1.00	1.00	1.00	1.00	1.00	1.00	0.05
	射频功率计	台班	1.00	1.00	1.00	1.00	1.00	1.00	0.05
	微波网络分析仪	台班	0.50	0.50	0.50	0.50	0.50	0.50	0.05

安装测试数字微波设备

定额编号				TSW3—051	TSW3—052	TSW3—053	TSW3—054
项　　目				安装收发信机单元	安装中频基带处理单元	\multicolumn{2}{c}{安装微波室外单元}
						杆高≤20	杆高>20m
定额单位				系统	系统	\multicolumn{2}{c}{套}
名　称			单位	\multicolumn{4}{c}{数　量}
人工	技工		工日	1.00	1.00	7.00	9.00
	普工		工日	—	—	—	—
主要材料							
机械				—	—	—	—

微波系统调测

定额编号				TSW3—069	TSW3—070
项　目				中继段调测	
定额单位				1 系统/每中继段	每增加一个系统
名　称		单位		中继段	系统
			数　量		
人工	技工	工日		8.00	2.00
	普工	工日		—	—
主要材料					
主要仪表	微波传输测试仪	台班		0.50	0.20
	频谱分析仪	台班		0.50	0.20
	数字示波器（500MHz）	台班		0.50	0.20
	操作测试终端（电脑）	台班		0.50	0.20

附录 E 2008 版通信线路工程部分定额

施工测量

定额编号		TXL1—001	TXL1—002	TXL1—003	TXL1—004	TXL1—005	TXL1—006
项　目		直埋光（电）缆工程施工测量	架空光（电）缆工程施工测量	管道光（电）缆工程施工测量	海上光（电）缆工程施工测量（100m）		GPS 定位
					自航船	驳船	
定额单位		100m	100m	100m			点
名　称	单位	数　量					
人工	技工	工日	0.70	0.60	0.50	4.25	4.25	0.05
	普工	工日	0.30	0.20	—	—	—	—
主要材料								
机械	海缆施工自航船（5000t 以下）	艘班	—	—	—	0.02	—	—
	海缆施工驳船（500t 以下）带拖轮	艘班	—	—	—	—	0.02	—
仪表	地下管线探测仪	台班	0.10	0.05	—	—	—	—
	GPS 定位仪	台班	—	—	—	—	—	0.05

开挖路面

人工开挖路面

定额编号		TXL1 —007	TXL1 —008	TXL1 —009	TXL1 —010	TXL1 —011	TXL1 —012	TXL1 —013	TXL1 —014	TXL1 —015	TXL1 —016	TXL1 —017	TXL1 —018	TXL1 —019
项　目		混凝土路面（150mm以下）	混凝土路面（250mm以下）	混凝土路面（350mm以下）	混凝土路面（450mm以下）	柏油路面（150mm以下）	柏油路面（250mm以下）	柏油路面（350mm以下）	柏油路面（450mm以下）	砂石路面（150mm以下）	砂石路面（250mm以下）	混凝土砌块路面	水泥花砖路面	条石路面
定额单位								100m						
名　称	单位					数　　量								
人工　技工	工日	6.88	16.16	25.44	34.72	3.80	6.90	10.00	13.10	1.60	3.00	0.60	0.50	4.40
普工	工日	61.92	104.80	147.68	190.56	34.20	62.10	90.00	117.90	14.40	27.00	5.40	4.50	39.60
主要材料														
机械　燃油式路面切割机	台班	0.70	0.70	0.70	0.70	0.70	0.70	0.70	0.70	—	—	—	—	—
燃油式空气压缩机（含风镐）6m³/min	台班	1.50	2.50	3.50	4.50	—	—	—	—	—	—	—	—	—
仪表														

挖、松填光（电）缆沟及接头坑

单位：100m³

定额编号		TXL2—001	TXL2—002	TXL2—003	TXL2—004	TXL2—005	TXL2—006	TXL2—007
项目		普通土	硬土	砂砾土	冻土	软石	坚石（爆破）	坚石（人工）
单位定额		挖、松填光（电）缆沟及接头坑						
名称	单位	数量						
人工	技工 工日	—	—	—	—	5.00	24.00	50.00
	普工 工日	42.00	59.00	81.00	150.00	185.00	217.00	448.00
主要材料	硝胺炸药 kg	—	—	—	—	33.00	100.00	—
	火雷管（金属壳）个	—	—	—	—	100.00	300.00	—
	导火索 m	—	—	—	—	100.00	300.00	—
机械	燃油式空气压缩机（含风镐）6m³/min 台班	—	—	—	—	3.00	—	10.00
仪表								

敷设埋式光（电）缆

定额编号			单位	TXI2—017	TXI2—018	TXI2—019	TXI2—020	TXI2—021	TXI2—022
项　目				12 芯以下	36 芯以下	平原地区敷设埋式光缆 60 芯以下	84 芯以下	108 芯以下	144 芯以下
定额单位				千米条					
名　称			单位	数　量					
人工		技工	工日	12.20	16.68	21.16	25.64	30.12	36.84
		普工	工日	35.70	37.86	40.02	42.18	44.34	47.58
主要材料		光缆	m	1005.00	1005.00	1005.00	1005.00	1005.00	
机械									
仪表		光时域反射仪	台班	0.10	0.15	0.20	0.25	0.30	0.38
		偏振模色散测试仪	台班	(0.10)	(0.15)	(0.20)	(0.25)	(0.30)	(0.38)

人工铺设小口径塑料管管道

定额编号	TX12—044	TX12—045	TX12—046	TX12—047	TX12—048	TX12—049	TX12—050	TX12—051
项目	1管	2管	3管	4管	5管	6管	7管	8管
				平原地区人工敷设小口径塑料管				
定额单位					km			
名称	单位				数量			
人工 技工	工日	5.79	10.59	16.42	21.22	27.06	31.85	36.64	41.44
普工	工日	17.98	32.36	49.87	64.25	81.77	96.15	110.53	124.91
主要材料 塑料管	m	1010.00	2020.00	3030.00	4040.00	5050.00	6060.00	7070.00	8080.00
接续器器材	套	*	*	*	*	*	*	*	*
堵头	个	*	*	*	*	*	*	*	*
扎带	条	*	*	*	*	*	*	*	*
机械									
仪表									

埋式光（电）缆保护与防护

定额编号				TXI2—109	TXI2—110	TXI2—111	TXI2—112	TXI2—113	TXI2—114
项目				地下定向钻孔敷管					
				φ120mm以下		φ240mm以下		φ360mm以下	
				30m以下	每增加10m	30m以下	每增加10m	30m以下	每增加10m
定额单位				处	10m	处	10m	处	10m
名称			单位	数　量					
人工	技工		工日	2.64	0.53	3.96	0.79	5.94	1.19
	普工		工日	7.98	1.60	10.26	2.05	13.34	2.67
主要材料	管材		m	*	*	*	*	*	*
	机械式管口堵头		个	*	—	*	—	*	—
机械	微控钻孔敷管设备（25t以下）		台班	1.07	0.21	1.50	0.30	2.10	0.42
	载重汽车（5t）		台班	1.00	0.20	1.40	0.28	1.96	0.39
	汽车式起重机（5t）		台班	1.00	0.20	1.40	0.28	1.96	0.39
仪表									

敷设架空光（电）缆

定额编号		TXL3—001	TXL3—002	TXL3—003	TXL3—004	TXL3—005	TXL3—006	TXL3—007	TXL3—008	TXL3—009	TXL3—010	TXL3—011	TXL3—012
项目		立9m以下水泥杆			立11m以下水泥杆			立13m以下水泥杆			立13m以下水泥H杆		
		综合土	软石	坚石	综合土	软石	坚石	综合土	软石	坚石	综合土	软石	坚石
定额单位		根									座		
名称	单位	数					量						
人工 技工	工日	0.61	0.64	1.18	0.88	0.94	1.76	1.26	1.38	2.59	3.02	3.09	5.68
普工	工日	0.61	1.28	1.18	0.88	1.88	1.76	1.26	2.76	2.59	3.02	6.18	5.68
主要材料 水泥电杆（梢径13~17cm）	根	1.01	1.01	1.01	1.01	1.01	1.01	1.01	1.01	1.01	2.01	2.01	2.01
H杆腰梁（带抱箍）	套	—	—	—	—	—	—	—	—	—	1.01	1.01	1.01
硝胺炸药	kg	—	0.30	0.70	—	0.40	0.80	—	0.60	1.20	—	4.00	7.50
火雷管（金属壳）	个	—	1.00	2.00	—	2.00	3.00	—	2.00	3.00	—	8.00	15.00
导火索	m	—	1.00	2.00	—	2.00	3.00	—	2.00	3.00	—	8.00	15.00
水泥32.5	kg	0.20	0.20	0.20	0.20	0.20	0.20	0.20	0.20	0.20	0.40	0.40	0.40
机械 汽车式起重机（5t）	台班	0.04	0.04	0.04	0.04	0.04	0.04	0.06	0.06	0.06	0.12	0.12	0.12
仪表													

电杆根部加固

定额编号		TXL3—034	TXL3—035	TXL3—036	TXL3—037	TXL3—038	TXL3—039	TXL3—040	TXL3—041	TXL3—042	TXL3—043	TXL3—044
项　目		护桩	木围桩	石笼	石护墩	卡盘	底盘	水泥帮桩	木帮桩	打桩单杆	打桩品接杆	打桩分水架
定额单位		处			块		根			处		
名　称	单位	数　量										
水泥	kg	—	—	—	150.00	—	—	—	—	—	—	—
防腐木杆 8m×16cm	根	—	—	—	—	—	—	—	—	1.01	3.01	2.01
铁桩鞋	个	—	—	—	—	—	—	—	—	1.01	2.02	2.02
铁桩箍	个	—	—	—	—	—	—	—	—	1.01	2.02	2.02
主要材料												
机械		—	—	—	—	—	—	—	—	—	—	—
仪表												

表头标注：电杆根部加固及保护

安装拉线

定额编号		TXL3-051	TXL3-052	TXL3-053	TXL3-054	TXL3-055	TXL3-056	TXL3-057	TXL3-058	TXL3-059
项目		夹板法装7/2.2 单股拉线			夹板法装7/2.6 单股拉线			夹板法装7/3.0 单股拉线		
定额单位		综合土	软石	坚石	综合土	软石	坚石	综合土	软石	坚石
名称	单位	数　量								
人工　技工	工日	0.78	0.85	1.76	0.84	0.92	1.82	0.98	1.07	1.96
普工	工日	0.60	1.50	0.07	0.60	1.60	0.11	0.60	1.70	0.11
主要材料　镀锌钢绞线	kg	3.02	3.02	3.02	3.80	3.80	3.80	5.00	5.00	5.00
镀锌铁线 φ1.5	kg	0.02	0.02	0.02	0.04	0.04	0.04	0.04	0.04	0.04
镀锌铁线 φ3.0	kg	0.30	0.30	0.30	0.55	0.55	0.55	0.45	0.45	0.45
镀锌铁线 φ4.0	kg	0.22	0.22	0.22	0.22	0.22	0.22	0.22	0.22	0.22
地锚铁柄	套	1.01	1.01	—	1.01	1.01	—	1.01	1.01	—
水泥拉线盘	套	1.01	1.01	—	1.01	1.01	—	1.01	1.01	—
岩石钢地锚	套	—	—	1.01	—	—	1.01	—	—	1.01
三眼双槽夹板	块	2.02	2.02	2.02	2.02	2.02	2.02	4.04	4.04	4.04
拉线衬环	个	2.02	2.02	2.02	2.02	2.02	2.02	2.02	2.02	2.02
拉线抱箍	套	1.01	1.01	10.1	1.01	1.01	1.01	1.01	1.01	1.01
硝胶炸药	kg	—	0.70	—	—	0.70	—	—	0.70	—
火雷管（金属壳）	个	—	2.00	—	—	2.00	—	—	2.00	—
导火索	m	—	2.00	—	—	2.00	—	—	2.00	—

架设吊线

定额编号		TX13—163	TX13—164	TX13—165	TX13—166	TX13—167	TX13—168	TX13—169	TX13—170
项目		水泥杆架设7/2.2吊线				水泥杆架设7/2.6吊线			
		平原	丘陵	山区	城区	平原	丘陵	山区	城区
定额单位		千米条							
名称	单位	数　量							
人工　技工	工日	5.42	7.05	8.07	8.00	5.60	7.28	8.40	8.50
普工	工日	5.64	7.34	8.46	8.50	5.82	7.57	8.74	9.00
镀锌钢绞线	kg	221.27	221.27	221.27	221.27	322.77	322.77	322.77	322.27
吊线担	根	—	—	—	(25.25)	—	—	—	(25.25)
吊线箍	副	22.22	23.23	24.24	(25.25)	22.22	23.23	24.24	(25.25)
吊线压板（带穿钉）	副	—	—	—	(25.25)	—	—	—	(25.25)
镀锌穿钉（长50mm）	副	22.22	23.23	24.24	28.28	22.22	23.23	24.24	28.28
镀锌穿钉（长100mm）	副	1.01	1.01	1.01	1.01	1.01	1.01	1.01	1.01
主要材料　三眼单槽夹板	副	22.22	23.23	24.24	28.28	22.22	23.23	24.24	28.28
镀锌铁线φ4.0	kg	2.00	2.00	2.00	2.00	2.00	2.00	2.00	2.00
镀锌铁线φ3.0	kg	1.00	1.20	2.00	1.00	1.00	1.20	2.00	1.50
镀锌铁线φ1.5	kg	0.10	0.10	0.10	0.10	0.10	0.10	0.10	0.10
拉线抱箍	副	4.04	4.04	4.04	4.04	4.04	4.04	4.04	4.04
拉线衬环	个	8.08	8.08	8.08	8.08	8.08	8.08	8.08	8.08
三眼双槽夹板	块	(6.06)	(7.07)	(8.08)	(11.11)	(6.06)	(7.07)	(8.08)	(14.14)
U形卡子	个	(*)	(*)	(*)	(*)	(*)	(*)	(*)	(*)
机械									
仪表									

255

架设光（电）缆

定额编号		TXL3—176	TXL3—177	TXL3—178	TXL3—179	TXL3—180	TXL3—181	TXL3—182	TXL3—183	TXL3—184	TXL3—185	TXL3—186	TXL3—187
项目		架设架空光缆											
		平原				丘陵、城区、水田				山区			
		12芯以下	36芯以下	60芯以下	96芯以下	12芯以下	36芯以下	60芯以下	96芯以下	12芯以下	36芯以下	60芯以下	96芯以下
定额单位		千米条											
名称	单位	数量											
人工 技工	工日	10.35	11.79	13.23	15.39	14.23	16.55	18.15	19.15	16.84	19.21	21.57	25.11
普工	工日	8.43	9.60	10.77	12.52	11.24	12.79	14.34	17.87	13.13	14.97	16.82	19.60
主要材料 架空光缆	m	1007.00	1007.00	1007.00	1007.00	1007.00	1007.00	1007.00	1007.00	1007.00	1007.00	1007.00	1007.00
电缆挂钩	只	2060.00	2060.00	2060.00	2060.00	2060.00	2060.00	2060.00	2060.00	2060.00	2060.00	2060.00	2060.00
保护软管	m	25.00	25.00	25.00	25.00	25.00	25.00	25.00	25.00	25.00	25.00	25.00	25.00
镀锌铁线 φ1.5	kg	0.61	1.02	1.02	1.02	0.61	1.02	1.02	1.02	0.61	1.02	1.02	1.02
光缆标志	个	*	*	*	*	*	*	*	*	*	*	*	*
机械													
仪表 光时域反射仪	台班	0.10	0.15	0.20	0.25	0.15	0.15	0.20	0.25	0.10	0.15	0.20	0.25
偏振模色散测试仪	台班	(0.10)	(0.15)	(0.20)	(0.25)	(0.15)	(0.15)	(0.20)	(0.25)	(0.10)	(0.15)	(0.20)	(0.25)

光缆接续

定额编号		TX15—001	TX15—002	TX15—003	TX15—004	TX15—005	TX15—006	TX15—207	TX15—008
项　目		光缆接续							
		12芯以下	24芯以下	36芯以下	48芯以下	60芯以下	72芯以下	84芯以下	96芯以下
定额单位		头							
名　称	单位	数　量							
人工	技工 工日	3.00	4.98	6.84	8.58	10.20	11.70	13.08	14.34
	普工 工日	—	—	—	—	—	—	—	—
主要材料	光缆接续器材 套	1.01	1.01	1.01	1.01	1.01	1.01	1.01	1.01
	光缆接头托架 套	(＊)	(＊)	(＊)	(＊)	(＊)	(＊)	(＊)	(＊)
机械	光缆接续车 台班	0.50	0.80	1.00	1.20	1.40	1.60	1.80	2.00
	燃油发电机(10kW) 台班	0.30	0.40	0.50	0.60	0.70	0.80	0.90	1.00
	光纤熔接机 台班	0.50	0.80	1.00	1.20	1.40	1.60	1.80	2.00
仪表	光时域反射仪 台班	1.00	1.20	1.40	1.60	1.80	2.00	2.20	2.40

中继段光缆与用户光缆测试

定额编号			TX15—038	TX15—039	TX15—040	TX15—041	TX15—042	TX15—043	TX15—044	TX15—045	TX15—046	TX15—047	TX15—048	TX15—049
项目			40km以上中继段光缆测试											
定额单位			中继段											
名称		单位	12芯以下	24芯以下	36芯以下	48芯以下	60芯以下	72芯以下	84芯以下	96芯以下	108芯以下	132芯以下	144芯以下	168芯以下
			数 量											
人工	技工	工日	6.72	11.76	16.80	19.32	21.84	25.20	28.00	31.08	32.76	34.44	36.12	38.64
	普工	工日	—	—	—	—	—	—	—	—	—	—	—	—
主要材料														
机械														
仪表	光时域反射仪	台班	0.96	1.68	2.28	2.88	3.36	3.84	4.20	4.56	4.80	5.04	5.28	5.52
	稳定光源	台班	0.96	1.68	2.28	2.88	3.36	3.84	4.20	4.56	4.80	5.04	5.28	5.52
	光功率计	台班	0.96	1.68	2.28	2.88	3.36	3.84	4.20	4.56	4.80	5.04	5.28	5.52
	偏振模色散测试仪	台班	(0.96)	(1.68)	(2.28)	(2.88)	(3.36)	(3.84)	(4.20)	(4.56)	(4.80)	(5.04)	(5.28)	(5.52)

电缆接续与测试

定额编号			TXL5-125	TXL5-126	TXL5-127	TXL5-128	TXL5-129	TXL5-130	TXL5-131	TXL5-132
项目			成端电缆芯线接续		塑隔电缆芯线接续				电缆芯线改接	
			0.6mm以下	0.9mm以下	0.6mm以下		0.9mm以下		0.6mm以下	0.9mm以下
					接线子式	模块式	接线子式	模块式		
定额单位			百对							
名称	单位		数　量							
人工	技工	工日	1.20	1.35	1.10	0.66	1.40	0.84	3.50	4.00
	普工	工日	—	—	—	—	—	—	—	—
主要材料	接线子	只	(204.00)	(204.00)	204.00	—	204.00	—	204.00	204.00
	接线模块(25回线)	块	4.04	4.04	—	4.04	—	4.04	4.04	4.04
机械										
仪表										

附录 F 2008 版通信管道工程部分定额

施工测量与开挖路面

定额编号		TGD1—001	TGD1—002	TGD1—003	TGD1—004	TGD1—005	TGD1—006	TGD1—007	TGD1—008
项目		施工测量	混凝土路面（150mm 以下）	混凝土路面（250mm 以下）	混凝土路面（350mm 以下）	混凝土路面（450mm 以下）	柏油路面（150mm 以下）	柏油路面（250mm 以下）	柏油路面（350mm 以下）
						人工开挖路面			
定额单位	单位	km	100m²						
名称					数 量				
人工	技工 工日	30.00	6.88	16.16	25.44	34.72	3.80	6.90	10.00
	普工 工日	—	61.92	104.80	147.68	190.56	34.20	62.10	90.00
主要材料									
机械	燃油式路面切割机 台班	—	0.70	0.70	0.70	0.70	0.70	0.70	0.70
	燃油式空气压缩机（含风镐）6m³/min 台班	—	1.50	2.50	3.50	4.50	—	—	—
仪表									

开挖与回填管道沟人（手）孔坑

定额编号				TGD1—015	TGD1—016	TGD1—017	TGD1—018	TGD1—019	TGD1—020	TGD1—021
项目				普通土	硬土	砂砾土	软石	坚石（人工）	坚石（爆破）	冻土
				开挖管道沟及人（手）孔坑						
定额单位				100m³						
名称			单位	数量						
人工	技工		工日	—	—	—	5.00	24.00	50.00	—
	普工		工日	26.00	43.00	65.00	170.00	458.00	180.00	124.03
主要材料	硝铵炸药		kg	—	—	—	33.00	—	100.00	—
	雷管（金属壳）		个	—	—	—	100.00	—	300.00	—
	导火索		m	—	—	—	100.00	—	300.00	—
机械	燃油式空气压缩机（含风镐）6m³/min		台班	—	—	—	3.00	10.00		—
仪表										

混凝土管道基础

定额编号	单位	TGD2-008	TGD2-009	TGD2-010	TGD2-011	TGD2-012	TGD2-013	TGD2-014	TGD2-015
项目		一立型（350mm 宽）				一平型（460mm 宽）			
		C10	C15	C20	C25	C10	C15	C20	C25
定额单位		100m							
名称	单位	数 量							
人工　技工	工日	5.48	5.48	5.48	5.48	6.96	6.96	6.96	6.96
普工	工日	8.21	8.21	8.21	8.21	10.43	10.43	10.43	10.43
水泥32.5	t	0.71	0.87	1.03	1.21	0.94	1.14	1.35	1.60
粗砂	t	2.21	1.98	1.81	1.65	2.91	2.60	2.37	2.16
碎石5~32mm	t	3.67	3.75	3.76	3.74	4.82	4.93	4.95	4.91
主要材料　圆钢φ6	kg	1.18	1.18	1.18	1.18	1.54	1.54	1.54	1.54
圆钢φ10	kg	7.84	7.84	7.84	7.84	9.78	9.78	9.78	9.78
板方材Ⅲ等	m³	0.09	0.09	0.09	0.09	0.10	0.10	0.10	0.10
机械									
仪表									

混凝土管道基础加筋

定额编号			TGD2—036	TGD2—037	TGD2—038	TGD2—039	TGD2—040	TGD2—041
项　目			一立型（350mm 宽）	一平型（460mm 宽）	二立型（615mm 宽）	四平 B 型（725mm 宽）	三立或二平型（880mm 宽）	八立型（1145mm 宽）
					混凝土管道基础加筋			
定额单位					100m			
名　称	单位				数　量			
人工	技工	工日	0.57	0.71	0.99	1.14	1.42	1.98
	普工	工日	0.85	1.07	1.49	1.70	2.12	2.96
主要材料	钢筋 φ6	kg	40.97	53.47	73.61	86.11	107.64	140.28
	钢筋 φ10	kg	272.22	339.58	475.00	543.75	679.17	954.86
机械								
仪表								

铺设管道

铺设水泥管道

定额单位 100m

定额编号		TGD2—042	TGD2—043	TGD2—044	TGD2—045	TGD2—046	TGD2—047	TGD2—048	TGD2—049	TGD2—050
项目		四孔管	一立型	一平型	二立型	二平型	三立型	三平型	四立A型	四平A型
名称	单位	数 量								
人工 技工	工日	3.82	4.32	4.72	8.21	8.97	11.90	13.00	15.60	17.04
普工	工日	5.73	6.48	7.08	12.31	13.45	17.85	19.50	23.39	25.56
主要材料 水泥管（4孔）	根	167.00	—	—	—	—	—	—	—	—
水泥管（6孔）	根	—	167.00	167.00	334.00	334.00	501.00	501.00	668.00	668.00
水泥32.5	t	0.39	0.41	0.48	0.81	0.95	1.22	1.43	1.62	1.91
粗砂	t	1.33	1.40	1.64	2.97	3.28	4.19	4.92	5.58	6.56
机械										
仪表										

（续）

定额编号				TGD2—068	TGD2—069	TGD2—070	TGD2—071	TGD2—072	TGD2—073	TGD2—074	TGD2—075
项　目				敷设塑料管管道							
				24孔（6×4）	30孔（6×5）	36孔（6×6）	42孔（6×7）	48孔（8×6）	54孔（6×9）	64孔（8×8）	72孔（8×9）
定额单位				100m							
名　　称			单位	数　　量							
人工	技工		工日	10.98	13.44	15.92	18.38	20.86	23.20	26.89	30.24
	普工		工日	16.46	20.17	23.87	27.58	31.28	34.80	40.33	45.36
主要材料	塑料管（含连接件）		m	2424.00	3030.00	3636.00	4242.00	4848.00	5454.00	6464.00	7272.00
	塑料管支架		套	50.00	50.00	50.00	50.00	50.00	50.00	50.00	50.00
	PVC胶		kg	(18.00)	(22.50)	(27.00)	(31.50)	(36.00)	(40.50)	(48.00)	(54.00)
机械											
仪表											

（续）

定额编号		TGD2—076	TGD2—077	TGD2—078	TGD2—079	TGD2—080	TGD2—081	TGD2—082	TGD2—083	TGD2—084	TGD2—085	TGD2—086
项目		敷设镀锌钢管管道（100m）										
		2孔 (2×1)	3孔 (3×1)	4孔 (2×2)	6孔 (3×2)	9孔 (3×3)	12孔 (4×3)	18孔 (6×3)	24孔 (6×4)	30孔 (6×5)	36孔 (6×6)	48孔 (8×6)
定额单位		100m										
名 称	单位	数 量										
人工 技工	工日	1.28	1.82	2.43	3.46	5.02	6.58	9.54	12.50	15.32	18.13	23.76
普工	工日	1.92	2.74	3.65	5.20	7.54	9.87	14.32	18.76	22.97	27.20	35.63
主要材料 镀锌钢管（80～114mm）	m	200.00	300.00	400.00	600.00	900.00	1200.00	1800.00	2400.00	3000.00	3600.00	4800.00
管箍	个	40.00	60.00	80.00	120.00	180.00	240.00	360.00	480.00	600.00	720.00	960.00
扁钢50×5	kg	—	—	12.94	19.40	38.81	51.74	77.62	116.42	155.23	194.04	258.72
机械 交流电焊机（21kVA）	台班	(0.64)	(0.91)	(1.21)	(1.73)	(2.51)	(3.29)	(4.77)	(6.25)	(7.66)	(9.06)	(11.88)
仪表												

管道填充水泥砂浆、混凝土包封

定额编号		TGD2—087	TGD2—088	TGD2—089	TGD2—090	TGD2—091	TGD2—092	TGD2—093
项　目		管道填充水泥砂浆		管道混凝土包封				
		1:2.5	1:3	C10	C15	C20	C25	C30
定额单位					m³			
名　称	单位				数　量			
人工 技工	工日	1.54	1.54	1.74	1.74	1.74	1.74	1.74
普工	工日	1.54	1.54	1.74	1.74	1.74	1.74	1.74
主要材料 水泥32.5	t	0.49	0.42	0.25	0.31	0.37	0.43	
水泥42.5	t	—	—	—	—	—	—	0.40
粗砂	t	1.51	1.58	0.79	0.71	0.65	0.59	0.62
碎石5～32mm	t	—	—	1.31	1.34	1.34	1.33	1.34
板方材Ⅲ等	m³	—	—	0.06	0.06	0.06	0.06	0.06
机械								
仪表								

267

砌筑通信光（电）缆通道

定额编号		TGD2—094	TGD2—095	TGD2—096	TGD2—097
项目		砖砌通信光（电）缆通道（240mm砖砌体、无人孔口圈部分）			
		1.6m宽通道	1.5m宽通道	1.4m宽通道	1.2m宽通道
定额单位		100m			
名称	单位	数　量			
人工　技工	工日	218.09	213.13	208.03	197.98
普工	工日	235.31	229.97	224.47	213.62
主要材料　水泥32.5	t	31.53	30.64	29.81	27.98
粗砂	t	113.70	110.95	108.49	102.79
碎石5~32mm	t	84.60	80.60	77.20	68.70
机制砖	千块	44.93	44.93	44.93	44.93
钢筋φ14	kg	2174.00	2063.00	1735.00	—
钢筋φ12	kg	—	—	—	1270.00
钢筋φ8	kg	—	—	—	149.00
钢筋φ6	kg	192.00	192.00	151.00	—
板方材Ⅲ等	m³	1.51	1.43	1.36	1.20
原木Ⅲ等	m³	1.44	1.44	1.44	1.44
甲式支架120cm	根	254.00	254.00	254.00	254.00
支架穿钉M16	副	508.00	508.00	508.00	508.00

（续）

砖砌通信光（电）缆通道（370mm砖砌体、无人孔口圈部分）

定额单位：100m

定额编号		名称	单位	数量 TGD2—098	TGD2—099	TGD2—100	TGD2—101
项目				1.6m宽通道	1.5m宽通道	1.4m宽通道	1.2m宽通道
人工		技工	工日	263.37	258.41	253.41	243.26
		普工	工日	303.40	298.06	292.56	281.71
主要材料		水泥32.5	t	37.37	36.48	35.65	33.82
		粗砂	t	130.08	127.33	124.87	119.17
		碎石5~32	t	89.83	85.83	82.43	73.93
		机制砖	千块	71.13	71.13	71.13	71.13
		钢筋φ14	kg	2174.00	2063.00	1735.00	1270.00
		钢筋φ12	kg	—	—	—	149.00
		钢筋φ8	kg	—	—	—	—
		钢筋φ6	kg	192.00	192.00	151.00	—
		板方材III等	m³	1.51	1.43	1.36	1.20
		原木III等	m³	1.44	1.44	1.44	1.44
		甲式支架120cm	根	254.00	254.00	254.00	254.00
		支架穿钉M16	副	508.00	508.00	508.00	508.00
机械							

砌筑人孔口圈处通道

定额编号			TGD2—102	TGD2—103	TGD2—104	TGD2—105
项　目			砖砌通信光（电）缆通道（240mm砖砌体、人孔口圈部分）			
定额单位			2m/处			
			1.6m 宽通道	1.5m 宽通道	1.4m 宽通道	1.2m 宽通道
名　称	单位		数　量			
人工	技工	工日	5.57	5.17	4.98	4.87
	普工	工日	6.13	5.69	5.47	5.36
主要材料	水泥32.5	t	0.70	0.68	0.66	0.63
	粗砂	t	2.48	2.43	2.38	2.26
	碎石5~32mm	t	1.85	1.77	1.71	1.54
	机制砖	千块	0.91	0.91	0.91	0.91
	钢筋 φ14	kg	45.75	43.28	41.42	—
	钢筋 φ12	kg	—	—	—	26.70
	钢筋 φ8	kg	7.63	7.51	7.29	5.57
	板方材Ⅲ等	m³	0.03	0.03	0.03	0.03
	原木Ⅲ等	m³	0.03	0.03	0.03	0.03
	电缆托架120cm	根	6.06	6.06	6.06	6.06
	电缆托架穿钉 M16	副	12.12	12.12	12.12	12.12
	人孔口圈	套	1.01	1.01	1.01	1.01
	积水罐	套	1.01	1.01	1.01	1.01
	拉力环	个				

（续）

定额编号		TGD2—106	TGD2—107	TGD2—108	TGD2—109
项　目		砖砌通信电缆通道（370mm砖砌体、人孔口圈部分）			
		1.6m 宽通道	1.5m 宽通道	1.4m 宽通道	1.2m 宽通道
定额单位		2m/处			
名　称	单位	数　量			
人工 技工	工日	6.48	6.08	5.89	5.78
普工	工日	7.49	7.05	6.83	6.72
主要材料 水泥32.5	t	0.82	0.80	0.78	0.75
粗砂	t	2.81	2.76	2.71	2.59
碎石5~32mm	t	1.95	1.87	1.81	1.64
机制砖	千块	1.44	1.44	1.44	1.44
钢筋φ14	kg	45.75	43.28	41.42	—
钢筋φ12	kg	—	—	—	26.70
钢筋φ8	kg	7.63	7.51	7.29	5.57
板方材Ⅲ等	m³	0.03	0.03	0.03	0.03
原木Ⅲ等	m³	0.03	0.03	0.03	0.03
电缆托架120cm	根	6.06	6.06	6.06	6.06
电缆托架穿钉M16	副	12.12	12.12	12.12	12.12
人孔口圈	套	1.01	1.01	1.01	1.01
积水罐	套	1.01	1.01	1.01	1.01
拉力环	个				

砌筑通道端墙

定额编号		TGD2—110	TGD2—111	TGD2—112	TGD2—113
项　目		砖砌通信光（电）缆通道（240mm砖砌体、两端头、侧墙部分）			
定额单位		两端			
名　称	单位	1.6m宽通道	1.5m宽通道	1.4m宽通道	1.2m宽通道
		数　　量			
人工　技工	工日	1.77	1.66	1.55	1.33
普工	工日	1.91	1.79	1.67	1.43
主要材料　水泥32.5	t	0.21	0.20	0.19	0.16
粗砂	t	0.91	0.85	0.80	0.68
机制砖	千块	0.72	0.67	0.63	0.54
机械					
仪表					

砖砌人（手）孔（现场浇筑上覆）

定额编号		TGD3—001	TGD3—002	TGD3—003	TGD3—004	TGD3—005	TGD3—006	TGD3—007	TGD3—008
项目		小号直通型	小号三通型	小号四通型	小号15°斜通型	小号30°斜通型	小号45°斜通型	小号60°斜通型	小号75°斜通型
						砖砌人孔（现场浇灌上覆）			
定额单位		个							
名称	单位	数量							
人工 技工	工日	9.99	14.32	14.61	10.32	10.72	11.52	11.67	12.38
普工	工日	12.20	17.50	17.85	12.61	13.10	14.08	14.26	15.14
主要材料 水泥32.5	t	1.01	1.48	1.52	1.04	1.09	1.14	1.23	1.25
粗砂	t	3.25	4.67	4.67	3.36	3.50	3.66	3.91	3.98
碎石5～32mm	t	1.82	2.86	2.96	1.89	2.02	2.40	2.36	2.40
机制砖	千块	1.83	2.56	2.60	1.90	1.96	2.04	2.14	2.18
圆钢φ14	kg	31.80	66.90	69.20	35.50	40.20	51.60	59.50	62.90
圆钢φ8	kg	12.90	18.80	18.80	12.10	12.10	14.90	16.60	16.70
板方材III等	m³	0.03	0.04	0.05	0.03	0.03	0.03	0.04	0.04
人孔口圈（车行道）	套	1.01	1.01	1.01	1.01	1.01	1.01	1.01	1.01
电缆托架120cm	根	6.06	8.08	6.06	7.07	8.08	8.08	8.08	9.09
电缆托架60cm	根	—	5.05	7.07	—	—	—	—	—
电缆托架穿钉M16	副	12.12	26.26	26.26	14.14	16.16	16.16	16.16	18.18
积水罐	套	1.01	1.01	1.01	1.01	1.01	1.01	1.01	1.01
拉力环	个	2.02	3.03	4.04	2.02	2.02	2.02	2.02	2.02

（续）

定额编号		单位	TGD3—009	TGD3—010	TGD3—011	TGD3—012	TGD3—013	TGD3—014	TGD3—015	TGD3—016
项目			砖砌人孔（现场浇筑上覆）							
			中号直通型	中号三通型	中号四通型	中号15°斜通型	中号30°斜通型	中号45°斜通型	中号60°斜通型	中号75°斜通型
定额单位			个							
名　称		单位	数　　量							
人工	技工	工日	12.89	22.32	23.06	13.51	13.93	14.76	17.86	17.81
	普工	工日	13.90	24.08	24.88	14.57	15.04	15.93	19.28	19.22
主要材料	水泥32.5	t	1.25	2.21	2.27	1.40	1.46	1.50	1.91	1.90
	粗砂	t	3.43	7.34	7.52	4.29	4.43	4.60	6.23	8.20
	碎石5~32mm	t	2.55	4.19	4.39	3.07	3.21	3.21	3.86	3.84
	机制砖	千块	2.08	4.71	4.79	2.16	2.22	2.35	3.88	3.85
	圆钢φ14	kg	43.50	85.60	103.70	49.40	53.10	66.00	72.70	73.70
	圆钢φ8	kg	17.10	23.10	23.40	15.30	16.40	20.20	21.60	21.20
	板方材Ⅲ等	m³	0.04	0.06	0.06	0.05	0.05	0.05	0.06	0.06
	人孔口圈（车行道）	套	1.01	1.01	1.01	1.01	1.01	1.01	1.01	1.01
	电缆托架120cm	根	8.08	10.10	8.08	8.08	10.10	10.10	10.10	11.11
	电缆托架60cm	根	—	6.06	8.08	—	—	—	—	—
	电缆托架穿钉M16	根	16.16	32.32	32.32	16.16	20.20	20.20	20.20	22.22
	积水罐	套	1.01	1.01	1.01	1.01	1.01	1.01	1.01	1.01
	拉力环	个	2.02	3.03	4.04	2.02	2.02	2.02	2.02	2.02

管道防护工程及其他

单位：m²

定额编号		TGD4—001	TGD4—002	TGD4—003	TGD4—004	TGD4—005	TGD4—006	TGD4—007	TGD4—008	TGD4—009	TGD4—010
项目		防水砂浆抹面法（五层）		油毡防水法			玻璃布防水法			聚氨脂防水	
		混凝土墙面	砖砌墙	二油一毡	三油二毡	增一油一毡	二油一布	三油二布	增一油一布	一布一面	增一布一面
名称	单位	数　量									
人工 技工	工日	0.08	0.08	0.10	0.14	0.07	0.21	0.28	0.14	0.48	0.28
普工	工日	0.24	0.24	—	—	—	—	—	—	—	—
主要材料 水泥32.5	kg	20.89	21.49	—	—	—	—	—	—	18.00	—
粗砂	kg	29.00	30.00	—	—	—	—	—	—	29.00	—
防水填加剂	kg	*	*	—	—	—	—	—	—	—	—
油毡	m²	—	—	1.21	2.42	1.21	—	—	—	—	—
沥青	kg	—	—	4.14	6.46	2.32	4.96	6.58	1.62	—	—
玻璃布	m²	—	—	—	—	—	1.22	2.44	1.22	1.22	1.22
石粉	kg	—	—	—	—	—	0.85	1.13	0.28	—	—
聚氨脂	kg	—	—	—	—	—	—	—	—	2.00	2.00

参 考 文 献

[1] 高华. 通信工程概预算 [M]. 北京：化学工业出版社，2012.

[2] 丁士昭. 建设工程施工管理 [M]. 北京：中国建筑工业出版社，2014.

[3] 丁士昭. 建设工程经济 [M]. 北京：中国建筑工业出版社，2013.